Ökologische und ökonomische Bewertung
von Agrarumweltprogrammen

Europäische Hochschulschriften
Publications Universitaires Européennes
European University Studies

Reihe V
Volks- und Betriebswirtschaft

Série V Series V
Sciences économiques, gestion d'entreprise
Economics and Management

Bd./Vol. 2542

PETER LANG
Frankfurt am Main · Berlin · Bern · Bruxelles · New York · Wien

Jürgen Wilhelm

Ökologische und ökonomische Bewertung von Agrarumweltprogrammen

Delphi-Studie, Kosten-Wirksamkeits-Analyse und Nutzen-Kosten-Betrachtung

PETER LANG
Europäischer Verlag der Wissenschaften

Die Deutsche Bibliothek - CIP-Einheitsaufnahme

Wilhelm, Jürgen:

Ökologische und ökonomische Bewertung von Agrarumweltprogrammen : Delphi-Studie, Kosten-Wirksamkeits-Analyse und Nutzen-Kosten-Betrachtung / Jürgen Wilhelm. - Frankfurt am Main ; Berlin ; Bern ; Bruxelles ; New York ; Wien : Lang, 1999
(Europäische Hochschulschriften : Reihe 5, Volks- und Betriebswirtschaft ; Bd. 2542)
Zugl.: Göttingen, Univ., Diss., 1999
ISBN 3-631-35593-9

D 7
ISSN 0531-7339
ISBN 3-631-35593-9

Danksagung

Ich glaube, daß der Instinkt im Menschen dem geschlossenen Räsonnement vorgreift. In fast jeder Überlegung geht ja ein gewisses bestimmendes Gefühl vorher, das bei glücklichen Gemütsbeschaffenheiten selten trügt und das der Verstand nachher gleichsam nur ratifiziert. G. Ch. Lichtenberg (1742-1799)

Sollte Lichtenberg Recht haben, dann wäre zu wünschen, daß die vorliegende Arbeit überwiegend unter glücklichen Gemütsbeschaffenheiten entstanden sei. Als Autor kann ich dies ein wenig beurteilen, und ich denke, es waren überwiegend glückliche Gemütsbeschaffenheiten. Dazu hat in einem nicht unerheblichen Maße die fruchtbare und angenehme Arbeitsatmosphäre am Fachgebiet Umwelt- und Ressourcenökonomik des Instituts für Agrarökonomie in Göttingen beigetragen. Das Fachgebiet wird von Herrn Prof. Dr. Rainer Marggraf, meinem Betreuer und Erstgutachter, geleitet, der für diese Atmosphäre maßgeblich verantwortlich ist. Bei Ihm möchte ich mich ganz besonders herzlich bedanken! Auch meinen Kolleginnen und Kollegen Frau Christine Schnorrer, Frau Ursula Stratmann, Herrn Holger Bergmann, Herrn Ingo Breuer, Herrn Dr. Ulrich Enneking, Herrn Matthias Krämer und Herrn Felix Rauschmayer gilt mein besonderer Dank.

Bedanken möchte ich mich auch bei meinem Zeitgutachter, Herrn Prof. Dr. Johannes Isselstein, der vor allem in der Endphase der Arbeit noch wichtige Hinweise und Anregungen gegeben hat. Nicht unerwähnt bleiben soll auch die gute Zusammenarbeit mit dem Studienzentrum für Landwirtschaft und Umwelt der Universität Göttingen, insbesondere mit der wissenschaftlichen Koordinatorin des Zentrums Frau Dr. Bärbel Gerowitt.

Teile der Arbeit wurden vom Bundesministerium für Ernährung, Landwirtschaft und Forsten finanziert. Auch dafür möchte ich mich bei den Verantwortlichen bedanken. Insbesondere Herr Jobst Jungehülsing und Herr Jörg Lotz waren stets hilfsbereite Ansprechpartner in Bundesministerium. Die Zusammenarbeit mit der Bundesforschungsanstalt für Landwirtschaft in Braunschweig wurde vor allem von Herrn Bernhard Osterburg sehr gefördert, auch bei ihm möchte ich mich bedanken.

Vielen Dank auch an Frau Anne Fuhrberg, die während eines gemeinsamen Skiurlaubs Teile des Manuskripts Korrekturlesen mußte. Last but not least hat meine Familie, insbesondere meine Frau Dr. Ute Grolms und meine Tochter Elisabeth, viel zu den glücklichen Gemütsbeschaffenheiten, die das Gelingen der Arbeit beflügelt haben, beigetragen!

Göttingen, im Juli 1999 Jürgen Wilhelm

Inhaltsverzeichnis

Verzeichnisse

Tabellen

Abbildungen

Übersichten

Karten

Abkürzungen der Bundesländer

BB	Brandenburg	NI	Niedersachsen
BE	Berlin	NW	Nordrhein-Westfalen
BW	Baden-Württemberg	RP	Rheinland-Pfalz
BY	Bayern	SH	Schleswig-Holstein
HB	Hansestadt Bremen	SL	Saarland
HH	Hansestadt Hamburg	SN	Sachsen
HE	Hessen	ST	Sachsen-Anhalt
MV	Mecklenburg-Vorpommern	TH	Thüringen

1 Einleitung

Die Landwirtschaft ist bei ihren Produktionsprozessen auf die Nutzung von Natur und Landschaft angewiesen. Sie hat über Jahrhunderte hinweg die Kulturlandschaft geprägt und in ihrer Vielfalt gestaltet - die Umwelt aber auch belastet. Die Bedeutung der Land- und Forstwirtschaft für die Erhaltung der natürlichen Lebensgrundlagen ist groß, weil in Deutschland über 50 % der Landesfläche landwirtschaftlich genutzt werden und knapp 30 % mit Wald bedeckt sind (AGRARBERICHT 1999). Das Leitbild einer „Nachhaltigen Entwicklung" geht davon aus, die natürlichen Lebensgrundlagen so zu nutzen, daß sie auch zukünftigen Generationen Entfaltungsmöglichkeiten bieten. Eine nachhaltige Land- und Forstwirtschaft soll sozial- und umweltverträglich sein, qualitativ hochwertige Nahrungsmittel erzeugen, nachwachsende Rohstoffe produzieren, die Kulturlandschaft und deren Biotop- und Artenvielfalt erhalten und dem internationalen Wettbewerb gewachsen sein (LINCKH et al. 1997).

Den wachsenden Anforderungen der Gesellschaft an die Umweltverträglichkeit der Landbewirtschaftung begegnet die europäische und nationale Agrarpolitik seit einigen Jahren mit der verstärkten Förderung von Agrarumweltprogrammen. Im Gegensatz zur Markt- und Preispolitik, mit der die landwirtschaftlichen Erzeugerpreise gestützt werden sollen, setzen Agrarumweltprogramme direkt bei den Leistungen der Landwirtschaft zur Pflege und Erhaltung der Kulturlandschaft an (KOM 1999). Für die Finanzierung der Programme werden Steuergelder verwendet, die von allen Gesellschaftsmitgliedern aufgebracht werden und für alternative Zwecke nicht mehr zur Verfügung stehen. Eine ökonomisch rationale Agrarumweltpolitik zeichnet sich dadurch aus, daß Agrarumweltprogramme dann umgesetzt werden, wenn die Gesellschaft den dadurch entstehenden Nutzen höher bewertet als die damit verbundenen Kosten. Ziel dieser Arbeit ist es deshalb, eine ökologische und ökonomische Bewertung der Agrarumweltprogramme in Deutschland unter Berücksichtigung der mit ihnen verbundenen volkswirtschaftlichen Nutzen und Kosten durchzuführen.

Bisher wurden die Agrarumweltprogramme in Deutschland vor allem im Hinblick auf ihre Akzeptanz bei den Landwirten, ihre einzelbetrieblichen Einkommenswirkungen und hinsichtlich der ökologischen Wirkungen von Teilaspekten untersucht (KOM 1998c, WILHELM 1999). In anderen Arbeiten wurde ermittelt, wie hoch die Gesellschaft den Nutzen einer artenreichen und schönen Kulturlandschaft oder einer umweltverträglicheren Landwirtschaft einschätzt (z.B. PRUCKNER 1994 u. JUNG 1996). Eine Untersuchung, die die Nutzen und Kosten der Programme zur Überprüfung ihrer gesamtwirtschaftlichen Effizienz betrachtet, wird mit dieser Arbeit erstmals vorgelegt. Eine weitere Besonderheit dieser Arbeit besteht darin, daß alle im Jahre 1996 in Deutschland umgesetzten Agrarumweltprogramme einer vergleichenden Bewertung unterzogen werden.

Die ökologisch-ökonomische Bewertung der in Deutschland von den Bundesländern umgesetzten Agrarumweltprogramme erfordert ein Vorgehen in mehreren Arbeitsschritten. Im ersten Arbeitsschritt wird ein ökologisches Referenzsystem für die Wirkungsanalyse der Programme entwickelt, damit unter den gegebenen Programmen diejenigen mit der größten Zielwirkung bestimmt werden können. Im zweiten Arbeitsschritt wird der Finanzmitteleinsatz analysiert und das Kriterium der Ausgabeneffizienz erläutert. In beiden Arbeitsschritten ist darauf zu achten, daß der Umgang mit den empirischen Daten so erfolgt, daß eine vergleichende Bewertung der sehr unterschiedlich ausgestalteten Länderprogramme ermöglicht wird. Im Anschluß hieran werden mit Hilfe von Kosten-Wirksamkeits-Berechnungen die ausgabenineffizienten Programme ausgesondert, d.h. diejenigen, die das gleiche Umweltziel wie andere Programme erreichen, jedoch mit höheren Staatsausgaben. Im letzten Arbeitsschritt können schließlich unter den ausgabeneffizienten Programmen unter Berücksichtigung von Nutzen-Kosten-Aspekten die volkswirtschaftlich effizienten Politikalternativen ermittelt werden.

In Kapitel 2 werden die Agrarumweltprogramme in den Kontext der gegenwärtigen Agrarpolitik eingeordnet, die Ziele der Programme kritisch hinterfragt und die ökonomischen Methoden, die bei der Bewertung der Programme zur Anwendung kommen, erläutert.

Die drei folgenden Kapitel widmen sich der ökologischen Wirkungsanalyse der Programme. Während in Kapitel 3 die Umweltwirkungen landwirtschaftlicher Wirtschaftsweisen anhand einer Literaturauswertung dargestellt werden, wird in Kapitel 4 ein kurzer Überblick über die laufenden Aktivitäten zur Entwicklung von Umweltindikatorensystemen zur Erfassung und Beschreibung einer umweltgerechten und nachhaltigen Landwirtschaft gegeben. In Kapitel 5 wird auf Grundlage dieser Erkenntnisse ein ökologisches Referenzsystem zur Wirkungsanalyse der in Deutschland umgesetzten Agrarumweltprogramme mit Hilfe der Delphi-Methode entwickelt.

In Kapitel 6 werden die finanziellen Kosten der Programme so aufgearbeitet und dargestellt, daß ein länderübergreifender Vergleich möglich wird. Im sich anschließenden Kapitel 7 werden die Ergebnisse der beiden vorangegangenen Kapitel in Form von Kosten-Wirksamkeits-Berechnungen zusammengeführt, und es erfolgt die ökonomische Bewertung der Programme sowie die Auswahl der ausgabeneffizienten Politikalternativen unter den gegebenen Agrarumweltprogrammen der Länder. Unter Einbeziehung von Nutzen-Kosten-Überlegungen wird schließlich das aus volkswirtschaftlicher Sicht effizienteste Programm ermittelt.

Eine Diskussion der Ergebnisse und die Überprüfung von Möglichkeiten für weitere Effizienzverbesserungen im Rahmen der Agrarumweltpolitik erfolgt in Kapitel 8. Am Schluß der Arbeit werden die wichtigsten Ergebnisse zusammengefaßt.

2 Theoretische Vorüberlegungen zur Bewertung von Agrarumweltprogrammen

Die Bewertung von Agrarumweltprogrammen ist keine leichte Aufgabe, da mit ihnen mehrere politische Ziele verfolgt werden und die ökonomischen und ökologischen Auswirkungen dieser Politikmaßnahmen vielschichtig sind. Wie können die Programme bewertbar gemacht werden? Bei der agrarpolitischen Ziel-Mittel-Analyse sind grundsätzlich zwei Vorgehensweisen möglich (HENRICHSMEYER u. WITZKE 1994, S. 69):

- Entweder man untersucht die Zielwirkungen gegebener bzw. vorläufig ausgewählter Maßnahmen und entscheidet sich für die Maßnahmen oder Maßnahmenkombinationen mit den günstigsten Zielwirkungen
- oder man betrachtet die Ziele als gegeben und fragt nach der günstigsten Kombination und Dosierung von Maßnahmen zur Erreichung dieser Ziele.

In dieser Arbeit wird die erste Möglichkeit gewählt und unter den gegebenen Agrarumweltprogrammen dasjenige mit den günstigsten Zielwirkungen bestimmt. Zu diesem Zweck müssen die Ziele der Programme in einem ersten Schritt identifiziert werden. Im zweiten Schritt soll herausgearbeitet werden, welche Ziele davon sinnvolle Ziele sind. Erst dann werden Bewertungsmaßstäbe entwickelt, mit denen überprüft werden kann, welches der gegebenen Programme die günstigsten Zielwirkungen hat.

Bevor in Abschnitt 2.2 näher auf die Ziele und Inhalte der Programme einzugehen ist, wird in Abschnitt 2.1 die Problematik der einzel- und gesamtwirtschaftlich optimalen Produktionsintensität in der Landwirtschaft diskutiert und auf diese Weise der Stellenwert der Agrarumweltprogramme im Rahmen der Agrarpolitik herausgearbeitet. In Abschnitt 2.3 werden die Möglichkeiten und Grenzen für eine ökonomische Bewertung der Programme unter Nutzen-Kosten-Aspekten aufgezeigt. In Abschnitt 2.4 wird die Methode der Kosten-Wirksamkeits-Analyse dargestellt und der Begriff der Ausgabeneffizienz erläutert. Am Ende dieses Abschnittes wird unter 2.5 auf Besonderheiten der Kosten-Wirksamkits-Analyse eingegangen.

2.1 Einzel- und gesamtwirtschaftlich optimale Produktionsintensität in der Landwirtschaft

Mit der Agarreform von 1992 wurden die Preise für wichtige landwirtschaftliche Produkte deutlich gesenkt und direkte Transferzahlungen eingeführt. Mit der Agenda 2000 wird dieser Weg der Entkopplung von Preis- und Einkommenspolitik in der Landwirtschaft weiterverfolgt (KOM 1998a). Die ökonomische Produktionstheorie lehrt, daß in Verbindung mit Produktpreissenkungen (ceteris paribus) die optimale Einsatzmenge von Produktionsfaktoren sinkt. Manche Autoren stellen deshalb die Hypothese auf, daß mit einer Agrarpreissenkung auf das Niveau des Weltmarktes ein großer Teil der von der Landwirtschaft verursachten Umweltprobleme gelöst werden könnte (DLG 1995). In diesem Abschnitt wird deshalb untersucht, inwieweit die bisherigen Preissenkungen bereits zu einer Annäherung von einzel- und gesamtwirtschaftlich optimaler Produktionsintensität in der Landwirtschaft geführt haben und welche Schlußfolgerungen daraus für die Zielsetzung und Bedeutung von Agrarumweltprogrammen gezogen werden können.

Mitte der 80er Jahre wurden die Umweltprobleme der Landwirtschaft in einem Gutachten des Rates von Sachverständigen für Umweltfragen (SRU 1985) erstmals umfassend erhoben und analysiert. Der Rat leitet darin einen dringenden agrarpolitischen Handlungsbedarf ab, wie die Sicherung und Freisetzung ausreichender Flächen für naturbetonte Biotope, eine Emissionsbegrenzung für intensive Wirtschaftsweisen und eine Erhöhung der Diversität der agrarischen Produktion, insbesondere durch Erweiterung der Fruchtfolgen. Die politische Umsetzung solcher Forderungen ist dann besonders schwierig, wenn, wie es bei hohen Agrarpreisen und hoher optimaler spezieller Produktionsintensität der Fall ist, bereits ein relativ geringer Verzicht auf den Einsatz ertragssteigernder Produktionsmittel zu ausgeprägten Einkommenseinbußen bei den Landwirten führt.

In Perioden hoher Agrarpreise im Vergleich zu den Produktionsmittelpreisen, wie sie besonders Mitte der 80er Jahre vorherrschten, ist die Intensität der Landnutzung, gemessen im Verbrauch ertragssteigernder Produktionsmittel pro ha landwirtschaftlich genutzter Fläche (LF), hoch (STOYKE u. WAIBEL 1997). Das Potential negativer Stoffeinträge aus der Landwirtschaft in die Umwelt ist unter diesen Bedingungen ebenfalls groß. Seit dem Ende der 80er Jahre sind die Preise für die wichtigsten landwirtschaftlichen Produkte deutlich gesunken. Wir befinden uns seit etwa 10 Jahren in einer Periode fallender Agrarpreise. Deshalb stellt sich die Frage, inwieweit diese Preissenkungen zu einer nachhaltigen Absenkung der speziellen Intensität in der Landwirtschaft (insbesondere im Ackerbau) geführt haben, und ob der agrarumweltpolitische Handlungsdruck im Vergleich zu den 80er Jahren abgenommen hat. Zu diesem Zweck soll kurz auf einige grundlegende produktionsökonomische Zusammenhänge eingegangen werden.

Um abschätzen zu können, in welchem Ausmaß Agrarpreissenkungen eine Intensitätssenkung induzieren, müssen die folgenden Sachverhalte berücksichtigt werden:

- Wie verändern sich die Faktorpreise von Betriebsmitteln (die zu den proportionalen Spezialkosten zählen) im Verhältnis zu den Produktpreisen?
- Wie ist der Verlauf der Produktionsfunktion?
- Wie verändert sich die Lage der Produktionsfunktion im Zeitablauf durch technischen Fortschritt?

Diese Zusammenhänge werden anhand der folgenden Abbildung 2-1 grafisch analysiert.

In der Ausgangssituation (vor 1992) des Modells wirtschaften die Landwirte gemäß der Produktionsfunktion PF 1. Ein Gewinn maximierender Landwirt setzt in dieser Situation bei einem Preisverhältnis $(q/p)_1$ Düngemittel in Höhe von v_1 ein und erzielt einen Hektarertrag von x_1. Mit der Agrarreform wurden die (institutionellen) Agrarpreise um ca. 35 % gesenkt (WAIBEL u. STOYKE 1992).

Abbildung 2-1: Einzelbetrieblich optimale Düngungsintensität in der Landwirtschaft

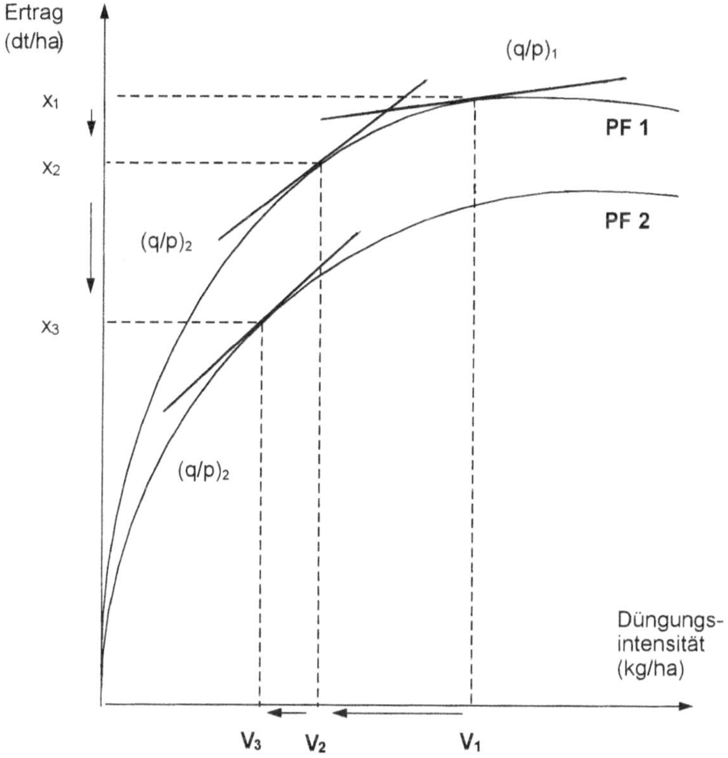

PF 1: Schematische Produktionsfunktion für konventionelle Bewirtschaftung vor 1992 bei relativ hohem Pflanzenschutzmitteleinsatzniveau

PF 2: Schematische Produktionsfunktion für konventionelle Bewirtschaftung nach 1992 bei verringertem Pflanzenschutzmitteleinsatzniveau

q/p: Faktor- / Produktpreisverhältnis

v: Düngungsintensität in kg/ha (z.B. Stickstoff)

x: Hektarertrag

In der oben dargestellten Grafik führt dies zu einem steileren Verlauf der Preisgeraden (von $(q/p)_1$ zu $(q/p)_2$) mit der Folge einer Verminderung der Düngungsintensität (von v_1 nach v_2) sowie des Hektarertrages (von x_1 nach x_2). Weitergehende theoretische Überlegungen führen zu der Hypothese, daß ein den neuen Preisverhältnissen angepaßtes Pflanzenschutzmitteleinsatzniveau darüber hinaus zu einem flacherem Verlauf der Produktionsfunktion führt, mit der Folge einer Verlagerung von PF 1 nach PF 2 (DE HAEN

1985). Aus theoretischer Sicht führt eine Senkung der Produktpreise zu einer Erhöhung der wirtschaftlichen Schadensschwelle[1] des Pflanzenschutzmitteleinsatzes. Folge ist eine sukzessive Einschränkung einzelner Bekämpfungsmaßnahmen, wie beispielsweise der Ährenbehandlung im Getreideanbau, mit der Konsequenz einer verminderten optimalen Düngungsintensität. Treffen diese Annahmen zu, würden sich die spezielle Intensität und der Hektarertrag aufgrund der Komplementarität von Dünge- und Pflanzenschutzmitteleinsatz weiter verringern (von v_2 nach v_3 und von x_2 nach x_3). Voraussetzung hierfür ist, daß die Faktorpreise nicht in dem gleichen Ausmaß sinken wie die Produktpreise.

Nach Berechnungen von STOYKE u. WAIBEL (1997) ist das Faktor-/Produktpreisverhältnis von N-Mineraldünger und Winterweizen von Ende der 80er Jahre im Vergleich zu 1994/95 angestiegen. D.h. die Weizenpreise sind im Betrachtungszeitraum stärker gesunken (um ca. - 30 %) als die Preise für mineralischen Stickstoffdünger (ca. - 18 %). Ihren Berechnungen zufolge ist im früheren Bundesgebiet der Verbrauch von mineralischem Stickstoff im Wirtschaftsjahr 1994/95 um 17,4 % gegenüber dem Durchschnitt am Ende der 80er Jahre zurückgegangen. Das entsprach einem Rückgang um ca. 23 kg N/ha LF von 131 kg auf ein Niveau von 108 kg N/ha LF. Korrigiert man die gesamte landwirtschaftlich genutzte Fläche (LF) um jene Flächen, auf denen der Einsatz von Mineralstickstoff aufgrund von Stillegungsverpflichtungen, Agrarumweltprogrammen oder anderen Bewirtschaftungsvereinbarungen untersagt ist, reduziert sich diese Verringerung auf rd. 120 kg N/ha oder 9,6 %. Der Pflanzenschutzmitteleinsatz ist nach ihren Berechnungen im gleichen Betrachtungszeitraum gemessen am Unternehmensaufwand in DM/ha korrigierter LF um 24,3 % gesunken. Der Anteil von Dünge- und Pflanzenschutzmitteln am Kostenblock der variablen Produktionsfaktoren hat also wie erwartet abgenommen, und im Vergleich zu der Situation vor der Preissenkung ist die spezielle Intensität gemessen im monetären Pflanzenschutzmittelaufwand zurückgegangen.

Ob sich aus diesen Zahlen ein nachhaltiger Trend ableiten läßt, bezweifeln die Autoren jedoch. Die produktionstheoretischen Annahmen, die den obigen Überlegungen zu Grunde liegen, konnten empirisch nicht im vollen Umfang nachgewiesen werden. Langjährige Feldversuche haben gezeigt, daß es im Getreidebau kaum zu nennenswerten Intensitätsänderungen bei verringerten Produktpreisen kommt (FUCHS u. CHANZENBÄCHER 1992; SCHANZENBÄCHER 1995). Vielmehr liegen die Optima der N-Düngung aufgrund des flachen Verlaufes der Produktionsfunktionen im relevanten Bereich dicht beieinander, so daß sich selbst bei vermindertem Pflanzenschutzmitteleinsatz die N-Düngung kaum verändert (OHLHOFF 1987). WAGNER (1995) geht sogar davon aus, daß der einzelne Landwirt gemäß einer LIEBIG-Ertragsfunktion handelt, d.h. daß sich für ihn die optimale spezielle Intensität weder bei Faktorpreiserhöhung noch bei Preisreduktion für Produkte ändert. Erst ab einem gewissen Umschlagspunkt, wenn die Kosten die Erlöse übersteigen, wird der Landwirt darüber nachdenken, die Produktion auf den schlechtesten Flächen aufzugeben. Im Produktionsfall orientiert er sich am Maximalertrag des Standortes.

---

[1] Zur Erläuterung des Konzeptes der wirtschaftlichen Schadensschwelle vgl. Abschnitt 3.2.1.

WAIBEL u. STOYKE (1992) gehen davon aus, daß bei einer Produktpreissenkung eine Rückführung der Intensität langsamer von statten geht als eine Intensitätserhöhung bei einer Preissteigerung, weil sich das Risiko von Ertragsschwankungen bei der Einsparung von Dünge- und Pflanzenschutzmitteln tendenziell erhöht, während sich dieses Risiko bei dem Sprung auf ein höheres Intensitätsniveau tendenziell verringert. Ein weiteres Argument gegen eine nachhaltige Anpassung der speziellen Intensität im Zeitablauf nach Agrarpreissenkungen liegt in der Tatsache begründet, daß der technische Fortschritt die Produktionsfunktion ständig weiter nach oben verschiebt. Fallende Produktpreise würden lediglich kurzfristige Rücknahmen der speziellen Intensität erwarten lassen, die alsbald durch die intensitätssteigernde Wirkung weiterer Sortenfortschritte überlagert werden (KUHLMANN 1992), mit der Folge, daß die Produktionsfunktion PF 2 in Richtung PF 1 zurückverschoben wird.

Tatsächlich ist der bundesweite Inlandsabsatz[2] von stickstoffhaltigen Düngemitteln von 1993/94 bis 1994/95 deutlich angestiegen und geht bis 1996/97 nur leicht zurück (vgl. Abbildung 2-2). Der Inlandsabsatz von Wirkstoffen aus Pflanzenschutzmitteln hat sich von 1993 bis 1996 ebenfalls deutlich erhöht. Dies sind Anzeichen dafür, daß in Deutschland ab Mitte der neunziger Jahre wieder ein Anstieg der landwirtschaftlichen Produktionsintensität im Vergleich zum Anfang des Jahrzehnts festzustellen ist. Ein differenzierter Vergleich mit Zahlen von vor 1993 ist problematisch, da die Statistik bis dahin nur Werte für das frühere Bundesgebiet ausweist.

Abbildung 2-2: Entwicklung des Inlandsverbrauchs von stickstoffhaltigen Düngemitteln (in 1.000 t Nährstoff) und Pflanzenschutzmitteln (in t Wirkstoff) für das gesamte Bundesgebiet in den Jahren 1993/94-96/97

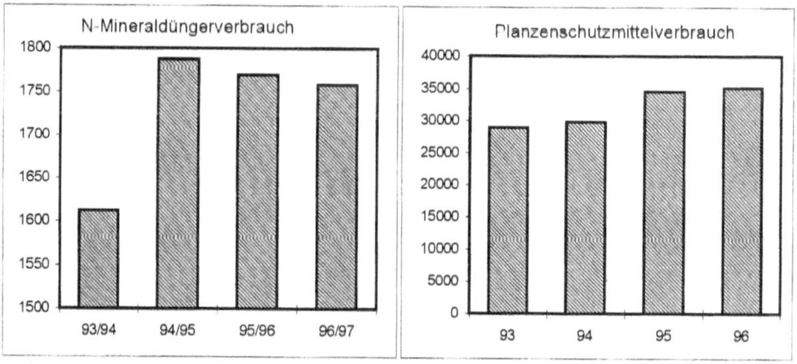

Quelle: Statistisches Jahrbuch für die Bundesrepublik Deutschland (Jgg. 1995-98)

Aus der Entwicklung der speziellen Produktionsintensität in der Landwirtschaft alleine läßt sich nicht ableiten, daß kein weiterer umweltpolitischer Handlungsbedarf mehr bestünde, um die negativen Auswirkungen der Landbewirtschaftung auf die Umwelt zu

2 Der Inlandsabsatz von Dünge- und Pflanzenschutzmitteln wird in der Literatur mit dem Verbrauch gleichgesetzt (vgl. z.B. STOYKE u. WAIBEL 1997).

verringern. Über die Betrachtung der einzelwirtschaftlichen Ebene hinaus, ist es zur Beantwortung dieser Frage erforderlich, die aus Sicht der Gesellschaft optimale Intensität der Landbewirtschaftung mit in die Betrachtungen einzubeziehen. Der Zusammenhang von einzel- und volkswirtschaftlich optimaler Inputintensität in der Landwirtschaft soll deshalb anhand der folgenden Abbildung 2-3 erläutert werden.

In der Abbildung 2-3 sind mit EF 1 und EF 2 zwei schematische Erlösfunktionen für die landwirtschaftliche Produktion in Abhängigkeit von der physischen Faktoreinsatzmenge pro ha abgebildet. Bei einem hohen Agrarpreisniveau sind die landwirtschaftlichen Erlöse pro Flächeneinheit höher (EF 1) als bei niedrigen Agrarpreisen (EF 2). Die Gerade IK stellt die mit zunehmendem Faktoreinsatz ansteigenden einzelwirtschaftlichen Produktionskosten dar. Die Kurve VK berücksichtigt darüber hinaus die externen Kosten der landwirtschaftlichen Produktion, wie beispielsweise negative externe Effekte im Umweltbereich. Es sei angenommen, daß die volkswirtschaftlichen Kosten des Faktoreinsatzes bei hoher Inputintensität überproportional ansteigen.

Abbildung 2-3: Einzelwirtschaftlich und volkswirtschaftlich optimale Inputintensität in der Landwirtschaft

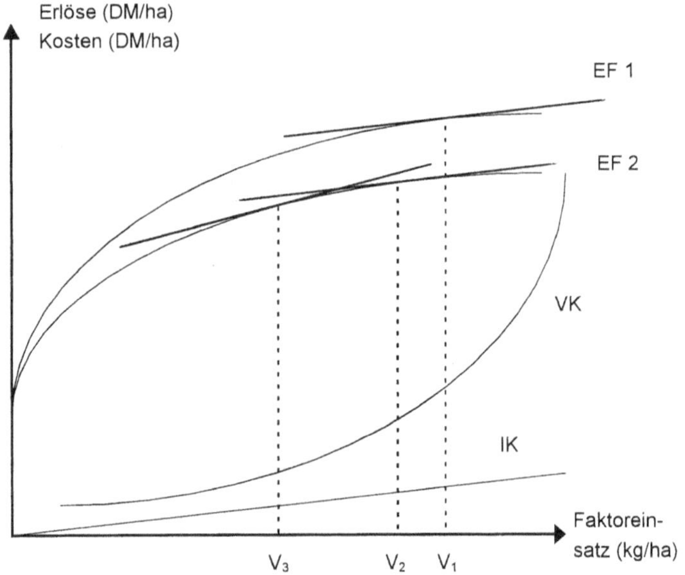

EF 1: Schematische Erlösfunktion für konventionelle Bewirtschaftung bei relativ hohem Agrarpreisniveau

EF 2: Schematische Erlösfunktion für konventionelle Bewirtschaftung bei Wegfall der Preisstützung

IK: Interne (einzelwirtschaftliche) Kosten des Faktoreinsatzes

VK: Externe (volkswirtschaftliche) Kosten des Faktoreinsatzes
v: Physische Faktoreinsatzmenge

Die optimalen Faktoreinsatzmengen sind aus einzel-, bzw. volkswirtschaftlicher Sicht dann erreicht, wenn die Abstände zwischen den Kurven EF und den Kurven IK bzw. VK maximal sind. Einige dieser Punkte sind in der Abbildung 2-3 durch Tangenten gekennzeichnet.

V_1 kennzeichnet die einzelwirtschaftlich optimale Faktoreinsatzmenge bei vergleichsweise hohen Agrarpreisen unter Berücksichtigung interner Produktionskosten in Höhe von IK. Agrarpreissenkungen führen zu einem darunter liegenden Verlauf der Erlösfunktion (EF 2) mit der Folge eines verringerten optimalen Faktoreinsatzniveaus in Höhe von v_2. Um die aus volkswirtschaftlicher Sicht optimale Faktoreinsatzmenge in der Landwirtschaft zu ermitteln, müssen die externen Kosten des Faktoreinsatzes in die Betrachtung einbezogen werden. Unter diesen Bedingungen verringert sich die optimale Höhe des Faktoreinsatzes auf v_3.

Welcher Kurvenverlauf stellt die heutige Situation im Agrarbereich am besten dar? Sicher ist, daß die meisten Agrarpreise auch heute noch durch staatliche Eingriffe gestützt werden. Diese Situation wird in der obigen Abbildung durch die Kurve EF 1 dargestellt, so daß man davon ausgehen kann, daß alleine schon aufgrund der überhöhten Preise die Produktionsintensität in der Landwirtschaft zur Zeit über dem volkswirtschaftlich optimalen Niveau liegt.

In welcher Weise werden die volkswirtschaftlichen Kosten des Faktoreinsatzes berücksichtigt oder internalisiert? Der Gesetzgeber bemüht sich, die negativen Auswirkungen der Landwirtschaft durch gesetzliche Vorgaben einzudämmen. Das landwirtschaftliche Ordnungsrecht, wie z.B. die Düngeverordnung von 1996, das Bodenschutzgesetz und das novellierte Pflanzenschutzrecht sollen den Faktoreinsatz in der Landwirtschaft begrenzen und negative Auswirkungen der Landbewirtschaftung auf die Umwelt verhindern helfen. Diese ordnungspolitischen Eingriffe dienen damit der Vermeidung negativer externer Effekte des Dünger- und Pflanzenschutzmitteleinsatzes und internalisieren einen Teil der volkswirtschaftlichen Kosten dieses Einsatzes durch die Einführung gesetzlich verbindlicher Ausbringungshöchstmengen. Folge hiervon ist eine Erhöhung der einzelwirtschaftlichen Kosten der landwirtschaftlichen Produktion, die durch eine Drehung der Kurve IK nach oben dargestellt werden kann. Einen weiteren Beitrag zur Verringerung der Differenz von einzelwirtschaftlichen und volkswirt-schaftlichen Kosten der Landbewirtschaftung kann von der obligatorischen Flächen-stillegung und den Agrarumweltprogrammen erwartet werden, da sich hierdurch die Faktoreinsatzmenge auf einem Teil der LF weiter verringert oder (vorübergehend) ganz eingestellt wird. Die Folgen dieser Maßnahmen könnten in der Abbildung 2-3 durch eine Verschiebung von v_1 nach links, also in Richtung von v_2 und v_3, dargestellt werden.

Bei der Betrachtung der volkswirtschaftlichen Kosten des Faktoreinsatzes (VK), die die Lage von v_3 bestimmt, ist zu berücksichtigen, daß sich die gesellschaftlichen Vorstellungen davon, was unter einer nachhaltigen, d.h. u.a. umweltgerechten Produktionsweise in der Landwirtschaft zu verstehen ist, einem zeitlichen Entwicklungsprozeß unterliegen. Es ist anzunehmen, daß sich im Zeitablauf die Ansprüche an eine umweltgerechte landwirtschaftliche Produktionsweise erhöhen, wie z.B. durch geringere Dünge- und Pflanzenschutzmittelaufwendungen und den Einsatz weiterentwickelter, immer umweltschonenderer Produktionstechniken. Dies bedeutet, daß sich die Lage der Kurve VK im Zeitablauf verschieben kann. Höhere gesellschaftliche Anforderungen an die Umweltwirkungen der Landwirtschaft führen zu einer Verlagerung der Kurve VK nach oben. Folge hiervon ist, daß sich die optimale Faktoreinsatzmenge v_3 weiter nach links verschiebt.

Da der tatsächliche Kurvenverlauf der volkswirtschaftlichen Kosten des Faktoreinsatzes in der Landwirtschaft nicht bekannt ist, besteht keine Einigkeit darüber, wie weit die reale Faktoreinsatzmenge von der volkswirtschaftlich optimalen entfernt liegt. Einige Wissenschaftler gehen davon aus, daß bereits bei einer geringen Einsparung ertragssteigernder Produktionsmittel (wie es beim Übergang von konventionellen zur integrierten Wirtschaftsweisen der Fall ist) das gesellschaftlich optimale Faktoreinsatzniveau erreicht wird (SCHMITZ u. HARTMANN 1993). Andere Wissenschaftler, wie z.B. STOYKE und WAIBEL (1997) sehen in der Einsparung des Dünge- und Pflanzenschutzmitteleinsatzes seit den Preissenkungen der Agrarreform von 1992 eine Entwicklung, die hinter den gesellschaftlichen Erwartungen zurückgeblieben ist, und sind der Meinung, daß aus den erzielten positiven Effekten nicht abgeleitet werden kann, daß kein agrarumweltpolitischer Handlungsbedarf mehr besteht, oder eine nachhaltige Landbewirtschaftung bereits verwirklicht ist.

Abschließend lassen sich die folgenden Punkte anführen, die für eine nach wie vor existierende Differenz zwischen einzel- und volkswirtschaftlich optimaler Produktionsintensität in der Landwirtschaft sprechen:

1. Die Verwendung von Schadensschwellen und die Beachtung der guten fachlichen Praxis oder eine Integrierte Landbewirtschaftung führen nicht automatisch zu einem volkswirtschaftlich optimalen Intensitätsniveau in der Landwirtschaft, weil es sich hierbei um rein einzelwirtschaftliche Kalküle handelt. Damit werden die externen Kosten der Landbewirtschaftung nicht internalisiert, sondern die negativen Auswirkungen der Landbewirtschaftung lediglich auf das einzelwirtschaftlich tolerierte Maß reduziert.

2. Die Ausrichtung der landwirtschaftlichen Bewirtschaftungsintensität richtet sich nach wie vor nach einem aus volkswirtschaftlicher Sicht verzerrten Preisniveau, weil die Preisstützung für landwirtschaftliche Produkte nicht völlig abgeschafft wurde und es weitere staatliche Markteingriffe, wie z.B. Produktionsquoten mit Preis stabilisierenden Auswirkungen, gibt.

3. Die Bindung der Transferzahlungen an den Anbau weniger Feldfrüchte (Grandes Cultures) wirkt allokationsverzerrend und aus pflanzenbaulicher und ökologischer Sicht sogar kontraproduktiv, da der Anbau standortangepaßter Fruchtfogen hierdurch erschwert werden kann (SRU 1994).

4. Über das Problem der abiotischen Umweltbelastungen hinausgehend (die i.d.R. Folge einer zu hohen Produktionsintensität sind; vgl. SRU 1998a) steht außer Frage, daß für einen wirksamen biotischen Ressourcenschutz (Artenschutz) ein erheblicher Bedarf an Flächen besteht, die aus der intensiven landwirtschaftlichen Bewirtschaftung genommen werden müssen (HAMPICKE 1991; ISERMEYER u. DE HAEN 1988; SRU 1985, 1994 und 1996).

Trotz eines Abbaus der Agrarpreisstützung in Verbindung mit direkten Einkommenstransfers spricht also vieles dafür, daß die bisherigen und mittelfristig zu erwartenden Preissenkungen alleine nicht ausreichen, um die gesellschaftlichen Anforderungen an die Landwirtschaft zu befriedigen. Der wissenschaftliche Beirat beim Bundesministerium für Ernährung, Landwirtschaft und Forsten empfiehlt deshalb die Abschaffung der staatlichen Marktinterventionen innerhalb von 10 Jahren und der Preisausgleichszahlungen innerhalb eines Zeitraumes von 15 Jahren sowie den Ausbau der Agrarumweltprogramme (WISSENSCHAFTLICHER BEIRAT 1998).

Eine Erweiterung der agrarumweltpolitischen Anreizprogramme ist dann einzuleiten, wenn die Gesellschaft den dadurch entstehenden ökologischen Nutzen höher bewertet als die dadurch verursachten Kosten. Bevor auf die ökonomischen Bewertungsmöglichkeiten für Agrarumweltprogramme eingegangen wird, sollen im folgenden Abschnitt die wesentlichen Inhalte und Ziele der Programme betrachtet werden.

2.2 Ziele und Inhalte der Agrarumweltprogramme

Als integraler Bestandteil der Agrarreform von 1992 wurden die Agrarumweltmaßnahmen (VO (EWG) Nr. 2078/92) verabschiedet, die die Förderung umweltschonender landwirtschaftlicher Wirtschaftsweisen zum Inhalt haben. Mit der Verordnung 2078/92 ist auf Ebene der Europäischen Gemeinschaft eine Beihilferegelung geschaffen worden, die den Mitgliedsstaaten die Möglichkeit bietet, Landwirten für erbrachte Umweltleistungen einen finanziellen Ausgleich zu zahlen. Für entsprechende Programme stellt die EU ihren Mitgliedsstaaten eine bis zu 75%ige Kofinanzierung aus den Mitteln des Europäischen Ausrichtungs- und Garantiefonds für die Landwirtschaft (EAGFL) zur Verfügung.

Die Ziele der Agrarumweltprogramme werden in Artikel 1 der EG-Verordnung 2078/92 festgelegt. Dort findet sich folgende Formulierung:

"Es wird eine ... Beihilferegelung geschaffen, um die im Rahmen der gemeinsamen Marktorganisationen vorgesehenen Änderungen abzustützen, zur Verwirklichung der Ziele der Agrar- und Umweltpolitik der Gemeinschaft beizutragen und den Landwirten ein angemessenes Einkommen zu sichern". An anderer Stelle heißt es: "Eine Beihilferegelung, die darauf abzielt, den Einsatz von Dünge- und Pflanzenschutzmitteln deutlich einzuschränken oder die Anwendung von biologischen Anbauverfahren zu fördern, ist geeignet, nicht nur zur Verringerung der Umweltbelastung durch die Landwirtschaft, sondern durch die Förderung weniger intensiver Produktionsverfahren auch zur Anpassung der einzelnen Produktionsbereiche an die Bedürfnisse des Marktes beizutragen".

Die EG-Verordnung verfolgt also drei Ziele: Die Umweltbelastung durch die Landwirtschaft zu verringern, die Märkte zu entlasten und den Landwirten weiterhin ein angemessenes Einkommen zu sichern. An diesen Zielen orientieren sich auch die auf nationaler, regionaler oder teilweise kommunaler Ebene entwickelten Förderprogramme im Rahmen der EG-Verordnung 2078/92.

Gesellschaftliche Ziele müssen gerechtfertigt (legitimiert) sein. Aus Sicht der einer individualistischen Ethik verpflichteten Ökonomik sind Ziele dann gesellschaftlich gerechtfertigt, wenn sie die freiwillige Zustimmung aller Betroffenen der heutigen und der zukünftigen Generationen findet. Es ist unmittelbar einsichtig, daß dieses Einstimmigkeitsprinzip nicht als Entscheidungsverfahren dienen kann. Man muß also eine Ersatzlösung suchen, die dem Ergebnis des Einstimmigkeitsprinzips ziemlich nahe kommt, mit dessen Hilfe also die Legitimationsdefizite von Zielen minimiert werden können. Eine solche Ersatzlösung hat GROSSEKETTLER (1991) in Form eines zweistufigen vertragstheoretischen Legitimationsverfahrens für staatliches Handeln entwickelt.

In einem ersten Schritt wird auf der Ebene der theoretischen Rekonstruktion gefragt, ob es plausibel erscheint, daß sich aufgeklärte Bürger in einem RAWLSschen Urzustand, also im wesentlichen unter Ungewißheit über die künftige persönliche Betroffenheit von der Zielsetzung, auf eben dieses Ziel einigen. In einem zweiten Schritt wird geprüft, ob es in der Erfahrungswelt Anzeichen dafür gibt, daß das zur Diskussion stehende Ziel vom Gros aufgeklärter und unparteilicher Bürger geteilt und Verstöße dagegen als soziale Mißstände aufgefaßt werden:

1. Prüfung, ob eine hypothetische Rechtfertigung vorliegt: Gibt es Argumente dafür, daß sich Individuen in einem RAWLSschen Urzustand auf das Ziel einigen würden?

2. Prüfung, ob konkludentes Verhalten zu beobachten ist: Lassen sich in der Realität Anzeichen dafür finden, daß das angestrebte Ziel ein Gemeinwohlziel ist?

Wendet man beide Prüfschritte auf die drei Ziele der EG-Verordnung an und bedenkt man, daß die sich aus diesen beiden Prüfschritten ergebende Wirtschaftsordnung vorrangig marktwirtschaftlich organisiert sein wird, dann erhält man zwei Ergebnisse:

„1. Weder die dauerhafte Sicherung der landwirtschaftlichen Einkommen, noch die Entlastung landwirtschaftlicher Märkte sind - für sich genommen - legitime Ziele staatlicher Politik. Das erste Ziel nicht, weil es in Marktwirtschaften keine oberhalb des Existenzminimums liegende Einkommensgarantie geben kann, und weil darüber hinaus dauerhafte staatliche Einkommenssicherungspolitik nur zur Verstärkung der strukturellen Anpassungsprobleme der Landwirtschaft beiträgt. Das zweite Ziel nicht, weil die Entlastung (nicht zu verwechseln mit der Stabilisierung) landwirtschaftlicher

Märkte nur deshalb ein Problem darstellt, weil durch nicht gerechtfertigte staatliche Eingriffe die Markträumungsfunktion außer Kraft gesetzt wurde.

2. Die Verringerung der Umweltbelastung stellt ein legitimes Ziel staatlicher Politik dar. Gute Gründe für staatliche Tätigkeiten, die über die Funktion des Staates als Ordnungsgarant hinausgehen, liegen immer dann vor, wenn auf Märkten Koordinationsmängel auftreten. Ein solcher Mangel liegt z.B. dann vor, wenn für Dinge, die die Individuen interessieren (wie z.B. die Umweltqualität) keine Märkte existieren, auf denen sie ihre Präferenzen äußern können." (MARGGRAF u. WILHELM 1997, S. 421)

Von den deklarierten Zielen der Agrarumweltprogramme kann nur das Ziel der Umweltverbesserung als legitimes und dauerhaft gerechtfertigtes staatliches Ziel identifiziert werden. Bei einer Bewertung der Programme sollte dieses Ziel deshalb im Vordergrund stehen. Diese Erkenntnis wird im Rahmen der vorliegenden Arbeit umgesetzt.

Die inhaltliche Definition der förderungswürdigen, das heißt extensiven und umweltschonenden Wirtschaftsweisen bleibt weitgehend den Mitgliedsstaaten überlassen. In den Leitlinien zur Verordnung heißt es in diesem Zusammenhang: "Die Begriffe 'Extensivierung' oder 'extensive Erzeugung' sind von den Mitgliedsstaaten im Hinblick auf eine positive Auswirkung auf die Umwelt zu definieren, ..." (KOM 1992, S. 2). Mit dieser weitgehenden Gestaltungsmöglichkeit der Mitgliedsstaaten trägt die EG-Verordnung den Erfordernissen des Subsidiaritätsprinzips Rechnung. Dies ist für eine gezielte Honorierung von Umweltleistungen der Landwirtschaft erforderlich, denn die Notwendigkeit zur Förderung solcher Leistungen und die Standortunterschiede unterscheiden sich in und zwischen den Regionen deutlich (WILHELM 1995).

Vier Jahre später konkretisierte die Europäische Kommission ihre Vorstellungen in einer Durchführungsverordnung folgendermaßen: "Normalerweise sollten gemäß der Verordnung (EWG) Nr. 2078/92 die von den Landwirten einzugehenden wesentlichen Verpflichtungen über die bloße Befolgung der Grundsätze der guten landwirtschaftlichen Praxis hinausgehen und insbesondere eine wesentliche Reduzierung des Einsatzes ertragssteigernder Produktionsmittel gewährleisten, ... " (KOM 1996, S. 1). Mit einer so ausgestalteten Rahmengesetzgebung verfolgt die Union das Ziel, in den Mitgliedsstaaten nur standortangepaßte Extensivierungs- und Landschaftspflegemaßnahmen zu fördern, die über die praxisüblichen Formen der Landwirtschaft hinausgehen.

Auf diese Weise wurden erstmals an Umweltauflagen gebundene Förderungsmaßnahmen in einer eigenen EU-Verordnung geregelt. Diese Maßnahmen setzen deutlich neue Akzente, was bereits die formale Ausgestaltung zeigt. "Während bisherige Maßnahmen in der Traditionslinie der Effizienzverordnung aus dem EAGFL, Abteilung Ausrichtung, bestritten wurden, zeigt sich die neue Qualität der flankierenden Agrarumweltmaßnahmen darin, daß die Finanzierung dem Bereich Garantie zugeordnet wurde, was die Dauerhaftigkeit und die Verbindlichkeit der Anwendung einer solchen Verordnung, ..., unterstreicht" (SCHEELE, 1994, S. 6). Diese Veränderungen können damit als wichtiger Schritt in die Richtung einer stärker an Umweltbelange orientierten europäischen Agrarpolitik gewertet werden, der mit der Agenda 2000 fortgeführt werden soll (FISCHLER 1997).

Grundsätzlich zeichnen sich die Agrarumweltprogramme dadurch aus, daß Landwirte nach eigener Entscheidung, also freiwillig, an ihnen teilnehmen können. Die Zahlungen sind an verschiedene Umwelt- und Produktionsauflagen gebunden. Die Prämien sollen den Deckungsbeitragsverlust eines durchschnittlichen Betriebes kompensieren und geben darüber hinaus einen Anreiz zur Teilnahme an den Programmen. Die zwischen Staat und Landwirt eingegangenen Verpflichtungen gelten fünf Jahre lang und werden vertraglich festgehalten sowie stichprobenartig kontrolliert. Die verwaltungstechnische Abwicklung ist meist ähnlich geregelt, wie sie jeder Landwirt bereits aus den Beihilfeanträgen mit Hofkatasterangaben für die großen Ackerkulturen und Tierprämien kennt.

Auf die Inhalte der Programme wird im Verlauf der Arbeit noch detaillierter eingegangen. An dieser Stelle sollen nur die wesentlichen Anreizelemente genannt werden: Das sind die finanzielle Abgeltung für den Verzicht auf chemisch-synthetische Dünge- und Pflanzenschutzmittel im landwirtschaftlichen Betrieb sowie die Förderung der Einführung und Beibehaltung des ökologischen Landbaus. Weitere Maßnahmen dienen der Verringerung des Viehbesatzes auf den Flächen und der Umwandlung von Ackerland in extensives Grünland. Aber auch Landschaftspflege- und Naturschutzmaßnahmen wie die Anlage von Randstreifen, die Pflege von Streuobstwiesen oder aufgegebener Flächen sowie eine 20jährige Stillegung zur Biotopgestaltung sind mögliche Förderungselemente dieser Verordnung. Darüber hinaus können die Erhaltung bedrohter Tierrassen und Pflanzenarten sowie umweltbezogene Fortbildungs- und Demonstrationsvorhaben unterstützt werden. Alle Maßnahmen sollen nach regionalen Gesichtspunkten differenziert werden.

Dieser von der EU-Rahmenregelung vorgegebene Spielraum kann gemäß dem Subsidiaritätsprinzip von den einzelnen Mitgliedsländern genutzt werden, um standortangepaßte Maßnahmen zu etablieren. Intention der EU-Verordnung 2078 ist es, eine ganz konkrete Bezahlung von Umweltleistungen und die Bereitstellung von Umweltgütern zu fördern. Dabei wird die ökologische Priorität der Maßnahmen und die ökonomische Begründung der Förderhöhen vorausgesetzt und zum Bestandteil der Genehmigungsvoraussetzung gemacht (SCHEELE, 1994, S. 6).

2.3 Nutzen-Kosten-Betrachtungen und Bewertungsmöglichkeiten

Die Durchführung und Ausgestaltung von Agrarumweltprogrammen wird bis hin zur Dosierung des Mitteleinsatzes von politischen Entscheidungen bestimmt. Durch das öffentliche Haushaltsrecht sind die politischen und administrativen Akteure beim Einsatz finanzieller Ressourcen zwar zu Sparsamkeit und Wirtschaftlichkeit verpflichtet, eine Überprüfung ihrer Entscheidungen findet aber in vielen Fällen nicht oder nur in unzureichender Weise statt. Dies ist auch bei den Agrarumweltprogrammen der EU der Fall, wie das Europäische Parlament beklagt (IVERSEN-BERICHT 1998). Das Parlament fordert eine Überprüfung der ökonomischen und ökologischen Wirkungen der Programme, bevor eine Verlängerung der Programme und gegebenenfalls eine Aufstockung der Mittel beschlossen wird.

Auch im Haushaltsrecht der Bundesrepublik Deutschland finden sich verschiedene Bestimmungen über die grundsätzliche Notwendigkeit der Bewertung öffentlich finanzierter Projekte mit dem Hinweis, daß für Maßnahmen von erheblicher finanzieller Bedeutung Kosten-Nutzen-Untersuchungen durchzuführen sind. Unter dem Oberbegriff Kosten-Nutzen-Untersuchungen versteht der Gesetzgeber in diesem Zusammenhang nicht nur die Methode der Nutzen-Kosten-Analyse (NKA), sondern auch die Nutzwert-Analyse (NWA) und die Kosten-Wirksamkeits-Analyse (KWA) (vgl. MÜHLENKAMP 1994, S. 6).

Die Nutzen-Kosten-Analyse unterscheidet sich von den beiden anderen Methoden in verschiedener Hinsicht. Während im Rahmen von Nutzen-Kosten-Analysen prinzipiell alle relevanten Kosten und Nutzen in Geldeinheiten quantifiziert werden, um die Wohlfahrtswirkungen bzw. die Effizienzgewinne der untersuchten Projekte zu ermitteln, wird bei der Anwendung von Nutzwert-Analysen und Kosten-Wirksamkeits-Analysen auf die monetäre Erfassung der Nutzen verzichtet (MÜHLENKAMP 1994). Bevor auf diese Bewertungsverfahren im Zusammenhang mit Agrarumweltprogrammen näher eingegangen wird, soll kurz erläutert werden, was Ökonomen unter „Effizienz“ und „Effizienzverbesserungen“ verstehen.

Effizientes Wirtschaften oder Handeln gemäß dem ökonomischen Prinzip bedeutet, entweder bei gegebenem Aufwand ein Maximum des erwünschten Ziels zu realisieren oder ein vorgegebenes Ziel mit einem Minimum an Aufwand zu erreichen. Ein ökonomisch effizienter Zustand in einer Volkswirtschaft ist dann erreicht, wenn, gemessen an dem Ziel der maximalen Bedürfnisbefriedigung der Individuen und unter Berücksichtigung der Knappheit der zur Verfügung stehenden Mittel (Konsumgüter), keine weiteren Verbesserungen durch Veränderung der Produktions- und Konsumstruktur mehr möglich sind (MARGGRAF u. STREB 1997, S. 29). In der ökonomischen Modellwelt vollkommener Märkte, d.h. insbesondere unter den Annahmen, daß auf allen Märkten vollständige Konkurrenz herrscht, keine Produktionsprozesse mit steigenden Skalenerträgen auftreten und der Staat sich durch eine Kopfsteuer finanziert, wird dieser Zustand automatisch erreicht (HANUSCH 1994, S. 58).

In realen Marktwirtschaften werden die Marktmechanismen z.B. durch staatliche Eingriffe, unvollständige Informationen oder das Vorhandensein von Marktmacht gestört. Für manche Güter, wie z.B. für Kollektiv- und Umweltgüter, gibt es gar keine Märkte. In realen Marktwirtschaften können deshalb Effizienzverbesserungen realisiert werden. Ein effizienter Umgang mit knappen Gütern macht es erforderlich, die mit der Verwendung dieser Güter verbundenen volkswirtschaftlichen Nutzen und Kosten gegeneinander abzuwägen. Die volkswirtschaftlichen Nutzen ergeben sich dabei aus dem Nutzen eines Gutes in der gewählten Verwendungsrichtung, die volkswirtschaftlichen Kosten bestehen aus dem nicht realisierten Nutzen in der nächstbesten alternativen Verwendungsrichtung (d.h. den Opportunitätskosten). Ein Gut wird dann effizient genutzt, wenn die Differenz zwischen volkswirtschaftlichen Nutzen und Kosten maximal ist (MARGGRAF u. STREB 1997, S. 29).

Die adäquate Methode, um beispielsweise zu bestimmen, ob die staatliche Bereitstellung eines öffentlichen Gutes effizient ist, ist die Nutzen-Kosten-Analyse. Jede Nutzen-Kosten-Analyse besteht aus drei Arbeitsschritten (vgl. MARGGRAF u. STREB 1997, S. 104 f.): In einem ersten Arbeitsschritt werden alle Folgen des zu beurteilenden Sachverhaltes (die die Bürger interessieren) identifiziert. Im zweiten Arbeitsschritt wird ermittelt, welcher volkswirtschaftliche Nutzen beziehungsweise welche volkswirtschaft-lichen Kosten mit den einzelnen Handlungsfolgen verbunden sind. Die aus den Projektfolgen resultierenden Nutzen und Kosten werden hierbei in Geldeinheiten ausgedrückt. Im dritten Arbeitschritt müssen die volkswirtschaftlichen Nutzen und Kosten der einzelnen Handlungsfolgen zusammengezählt werden. Man erhält so den volkswirtschaftlichen Nutzen und die volkswirtschaftlichen Kosten der gesamten Handlung. Für die Beurteilung der gesamten Handlung werden ihre volkswirtschaftlichen Nutzen und Kosten miteinander verglichen. Übersteigt der volkswirtschaftliche Nutzen die volkswirtschaftlichen Kosten, dann wird die Handlung positiv beurteilt, andernfalls negativ.

Die Nutzen-Kosten-Analyse basiert auf dem Prinzip der Konsumentensouveränität. In der Nutzen-Kosten-Analyse ist der volkswirtschaftliche Nutzen einer Handlungsfolge gleich der Summe der maximalen Zahlungsbereitschaften der Individuen dafür, daß diese Handlungsfolge eintritt. Die volkswirtschaftlichen Kosten entsprechen der Summe der minimalen Entschädigungsforderungen der Individuen dafür, daß sie diese Handlungsfolge hinnehmen müssen (MARGGRAF u. STREB 1997, S. 106). Am Beispiel des Baus einer Umgehungsstraße würde der gesamtwirtschaftliche Wert der Änderung des Umweltgutes „Ruhe“ der Summe der Geldbeträge entsprechen, die die Anwohner der jetzigen Durchgangstraße maximal dafür zu zahlen bereit sind, daß sie nach dem Bau der Umgehungsstraße ruhiger schlafen können. Würde durch den Bau der Straße ein Biotop zerstört, könnte der gesamtwirtschaftliche Wert des Biotops durch die Ermittlung der Geldbeträge bzw. Kompensationszahlungen erfolgen, die man den „Naturliebhabern“ geben müßte, damit sie durch die Zerstörung des Biotops keine Nutzenänderung erfahren (MARGGRAF u. STREB 1997, S. 106). D.h. die Kompensationsforderungen für das Biotop sind ein wesentlicher Teil der volkswirtschaftlichen Kosten des Baus der Straße. Werden bei einer Nutzen-Kosten-Analyse neben dem Ziel gesamtwirtschaftlicher Effizienz weitere Ziele, wie z.B. die Verteilungsgerechtigkeit einbezogen, spricht man von erweiterter Nutzen-Kosten-Analyse (ROMMEL 1998, S. 18).

Wie wäre bei einer Nutzen-Kosten-Analyse von Agrarumweltprogrammen vorzugehen? Die Operationalisierung aller Nutzen und Kosten sowie deren monetäre Bewertung ist bei Agrarumweltprogrammen sehr schwierig, wenn man bedenkt, wie unterschiedlich die Ausgestaltung und wie vielfältig die Auswirkungen der Programme sein können. Bei der Bestimmung der aus Nutzen-Kosten-Sicht relevanten Größen ist es wichtig, welche Referenzsituation der Bewertung zugrunde gelegt wird. Im folgenden soll das Prinzip des Mit-Ohne-Vergleichs angewendet werden, daß heißt, die Nutzen-Kosten-Bewertung erfolgt bei Fortführung der bisherigen Agrarpolitik mit bzw. ohne Agrarumweltprogramme.

Welche Auswirkungen von Agrarumweltprogrammen im Rahmen einer Nutzen-Kosten-Betrachtung berücksichtigt werden müssen, hängt davon ab, ob diese Auswirkungen das Nutzenniveau der Konsumenten beeinflussen, weil die Nutzen-Kosten-Analyse auf dem Prinzip der Konsumentensouveränität beruht (s.o.). Das Nutzenniveau einer Person kann formal durch die direkte oder indirekte Nutzenfunktion dargestellt werden. Durch einfache mathematische Umformungen kann die direkte Nutzenfunktion in die indirekte überführt werden, welche für die anschließenden Überlegungen die geeignetere ist, weil an den Variablen der indirekten Nutzenfunktion die Auswirkungen von Agrarumweltprogrammen erläutert werden können. Die indirekte Nutzenfunktion stellt einen Zusammenhang zwischen dem Nutzenniveau einer Person und den das Nutzenniveau beeinflussenden Faktoren dar, die der Einzelne nicht selbst beeinflussen kann (MARGGRAF u. STREB 1997). Das Nutzenniveau (V) einer indirekten Nutzenfunktion ist abhängig von den Güterpreisen (p_i), dem Einkommen der Konsumenten (E) sowie den vorhandenen Kollektiv- oder Umweltgütern (z_i). Die nutzen-kosten-analytisch relevanten Auswirkungen der Programme können dadurch identifiziert werden, daß ihre Einflüsse auf die Variablen der Funktion überprüft werden. Das soll im Folgenden geschehen.

Gegeben sei die indirekte Nutzenfuktion:

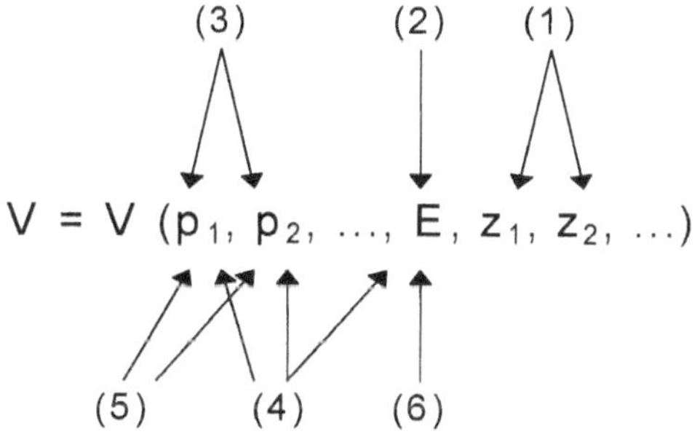

mit

V = Nutzenniveau
p_i = Preise von Marktgütern
E = Einkommen der Konsumenten
z_i = Umweltgüter

die Ziffern (1) - (6) symbolisieren die Einflußgrößen der Programme

Die Umsetzung von Agrarumweltprogrammen erhöht das Nutzenniveau V, weil die Programme das Angebot von Umweltgütern (1) in einer Volkswirtschaft verbessern, sie zu einer Erhöhung der Einkommen der teilnehmenden Landwirte (2) beitragen und sie zu sinkenden Güterpreisen (3) führen können. Eine verbesserte Umweltqualität wird durch die Vermeidung von Umweltbelastungen, durch die Bereitstellung von Umweltgütern und indirekte Effekte, wie eine verbesserte Ausbildung, Beratung und Sensibilisierung der

Landwirte für umweltschonende Wirtschaftsweisen realisiert. Zu Einkommenssteigerungen bei den teilnehmenden Landwirten kommt es, weil aufgrund des Freiwilligkeitsprinzips die Teilnahme nur dann erfolgt, wenn die gezahlten Prämien mindestens die Einkommensverluste der Landwirte ausgleichen (Prämien - Anpassungskosten > 0). Sinkende Güterpreise werden realisiert, weil aufgrund der extensiven Produktionsweise weniger Agrargüter produziert werden, was wiederum aufgrund eingesparter Exportsubventionen zu niedrigeren Steuern und damit niedrigeren Güterpreisen führen kann. Dieser Effekt wird allerdings klein sein, weil die marktentlastenden Effekte von Agrarumweltprogrammen als eher gering eingeschätzt werden (REITER 1994; ZEDDIES u. DOLUSCHITZ 1996).

Es können also folgende **Nutzenkomponenten** von Agrarumweltprogrammen bestimmt werden:

(1) Verbesserung der Umweltqualität durch
- Vermeidung von Umweltbelastungen der Landwirtschaft
- Verbesserung der Umwelt durch die Bereitstellung von Umweltgütern
- indirekte Effekte durch Ausbildung, Beratung und Sensibilisierung für umweltschonende Wirtschaftsweisen

(2) Einkommenssteigerungen bei den Landwirten infolge der Programmteilnahme
(3) Einsparungen von Steuermitteln beim Export von Überschußprodukten (verringerte Zusatzlast)

Welche Kostenkomponenten können ermittelt werden? Zu einer Verringerung des Nutzenniveaus der Konsumenten infolge von Agrarumweltprogrammen kommt es, weil die Programme steuerfinanziert sind, was zu steigenden Güterpreisen und niedrigeren Einkommen in einer Volkswirtschaft führt (4). Eine verringerte Produktion landwirtschaftlicher Marktgüter aufgrund extensiverer Wirtschaftsweisen kann bei Nichtüberschußprodukten zu steigenden Agrargüterpreisen führen (5), und die Einschränkung der landwirtschaftlichen Produktion sowie die Einsparung von Produktionsmitteln in der Landwirtschaft können die Einkommen vor- und nachgelagerter Wirtschaftsbereiche negativ beeinflussen (6).

Es gibt also folgende **Kostenkomponenten** von Agrarumweltprogrammen:

(4) Erhöhte Zusatzlast, weil die öffentlichen Ausgaben für die Programme steuerfinanziert sind
(5) Preissteigerungen bei Agrargütern aufgrund geringerer Produktion
(6) Gewinnabnahmen vor- und nachgelagerter Wirtschaftsbereiche von inländischen Unternehmen

Agrarumweltprogramme werden vollständig aus Steuermitteln finanziert. Durch die Erhebung von Steuern entstehen Wohlfahrtsverluste, die in der Literatur als Zusatzlast oder excess burden bezeichnet werden (AHLHEIM u. ROSE 1989, S. 98, KAY u. KEEN 1988). Vereinfacht ausgedrückt belastet eine Steuer in Höhe von 1.000 DM die Steuerzahler um mehr als diesen Betrag, weil z.B. die Erhebung von Steuern auf Verbrauchsgüter die Preise in einer Volkswirtschaft beeinflußt und die Erhebung von Steuern auf

Einkommen das Arbeitsangebot senkt, was sich negativ auf die Nutzenfunktion der Konsumenten bzw. die Volkswirtschaft auswirkt. Die erhobene Steuer wird dem Wirtschaftskreislauf zwar wieder zugeführt, die Erhebung einer Steuer beeinflußt oder verzerrt aber aufgrund der Preis- und Einkommensänderungen die ökonomischen Entscheidungen in einer Wirtschaft; was gemessen am Idealzustand zu Effizienzverlusten führt. Die Höhe der Effizienzverluste einer Steuererhebung sind von der Art der Steuer und vom Steuersatz abhängig. Im Normalfall sind die volkswirtschaftlichen Kosten der Steuererhebung aber kleiner als das Steueraufkommen (MUSGRAVE et al. 1993, S. 89 ff.).

Die volkswirtschaftlichen Kosten durch mögliche Agrarpreissteigerungen aufgrund von Agrarumweltprogrammen sind sehr gering oder treten gar nicht auf, weil die meisten Agrarmärkte Überschußmärkte sind, und die Mengeneffekte der Programme, wie bereits erwähnt, sehr klein sind. Ob deshalb unter den derzeit herrschenden Bedingungen auf den Agrarmärkten diese Wohlfahrtsverluste überhaupt auftreten, muß bezweifelt werden. Bei einem hohen Protektionsniveau in der Landwirtschaft kann man sogar davon ausgehen, daß der Preissenkungseffekt (3) den Preissteigerungseffekt (5) überkompensiert.

Im Rahmen nutzen-kosten-analytischer Untersuchungen sind die Einkommensveränderungen indirekt betroffener Wirtschaftsbereiche zwar grundsätzlich zu berücksichtigen, wie TRESCH (1981) zeigt. Er weist aber darauf hin, daß die betroffenen Unternehmen sich im Zeitablauf anpassen und diese Verluste langfristig kompensieren. Betroffene und nicht betroffene Unternehmen sind nur sehr schwer abzugrenzen, was die Quantifizierung dieses Effekts erschwert. Wenn man darüber hinaus bedenkt, daß die mengenmäßigen Einsparungen infolge der Agrarumweltprogramme gemessen am gesamten landwirtschaftlichen Faktoreinsatz gering sind, braucht Punkt (6) ebenfalls nicht weiter berücksichtigt zu werden.

Welche Nutzen- und Kosten-Komponenten müssen demnach berücksichtigt werden? Die wesentlichen Nutzenkomponenten der Programme resultieren aus einer Verbesserung der Umweltqualität. Die wesentlichen volkswirtschaftlichen Kosten sind in der Zusatzlast durch die für die Finanzierung der Programme notwendigen Steuern zu sehen. Dies bedeutet, daß das Agrarumweltprogramm mit den geringsten finanziellen Kosten auch die geringsten volkswirtschaftlichen Kosten verursacht. Außerdem gilt, daß die volkswirtschaftlichen Kosten der Programme kleiner sind als ihre finanziellen Kosten, weil die Zusatzlast einer Steuererhebung kleiner ist als das Steueraufkommen.

Welche Erkenntnisse liegen über die monetären Nutzen der verbesserten Umweltqualität vor? Der monetäre Nutzen einer verbesserten Umweltqualität kann mit Hilfe von Zahlungsbereitschaftsanalysen ermittelt werden. Ist die Zahlungsbereitschaft der Bevölkerung für die von den Programmen bereitgestellte „verbesserte Umweltqualität" größer als die finanziellen Kosten der Programme, steht fest, daß die Nutzen-Kosten-Differenz der Programme positiv ist, und ihre Umsetzung mit volkswirtschaftlichen Effizienzgewinnen verbunden ist. Die Ermittlung der Zahlungsbereitschaft für alle positiven Umweltwirkungen der Programme stößt allerdings auf Grenzen. Nicht nur, weil die Umweltwirkungen der Programme sehr vielfältig sind, sondern auch deshalb, weil die Befragungsinhalte aufgrund der Komplexität der zugrundeliegenden naturwissenschaftlichen Zusammenhänge nur schwer zu vermitteln sind. Bisher wurden deshalb immer Teilaspekte der Programmwirkungen untersucht, wie beispielsweise die Ermittlung der gesellschaftlichen Zahlungsbereitschaft für die Durchführung von Landschaftspflegemaßnahmen (z.B. CORELL 1994, ZIMMER 1994). Oder es wurde allgemein nach dem Wert einer verbesserten Umweltqualität in der Landwirtschaft gefragt (z.B. JUNG 1996). Auf die Ergebnisse dieser und weiterer Arbeiten wird in Kapitel 7 zurückgegriffen. Mit ihnen kann nicht geklärt werden, mit welchem Agrarumweltprogramm der höchste Umweltnutzen erzielt wird, oder wie ein solches Programm idealerweise ausgestaltet sein müßte. Eine ökologisch-ökonomische Bewertung der gegebenen Programme setzt aber genau dies voraus.

Es ist nicht anzunehmen, daß alle im Rahmen dieser Arbeit zu bewertenden Agrarumweltprogramme in gleichem Maße zu einer Verbesserung der Umweltqualität führen, sondern, daß es geeignete und weniger geeignete Programme zur Zielerreichung „Umweltqualität“ gibt. Aus diesem Grunde ist es sinnvoll, unter den gegebenen Programmen zuerst dasjenige mit dem höchsten Zielerreichungsgrad „Umweltqualität“ zu bestimmen, und die Ergebnisse der Zahlungsbereitschaftsanalysen nur auf dieses Programm anzuwenden. Alle anderen Programme sind schlechtere Alternativen. Zu diesem Zweck muß eine Methode zur Bewertung der Agrarumweltprogramme angewendet werden, die geringere Anforderungen an die Bewertung der Nutzen bzw. Wirkungen der Programme stellt als die Nutzen-Kosten-Analyse, die aber Aussagen über die relative Vorteilhaftigkeit der gegebenen Programmalternativen in Bezug auf die Erreichung des Ziels „Umweltqualität“ zuläßt.

Genau dies kann die Kosten-Wirksamkeits-Analyse leisten. Im Rahmen einer Kosten-Wirksamkeits-Analyse müssen die Kosten eines Programms monetär und die Nutzen des Programms mit Hilfe eines physischen Umweltindikators ermittelt werden. Die monetäre Bewertung der Nutzen, wie im Rahmen der Nutzen-Kosten-Analyse, entfällt (vgl. auch HUTCHINSON 1997, S. 110 u. HANLEY et al. 1999). Das Ergebnis der Kosten-Wirksamkeits-Analyse ist eine vergleichende Bewertung der Programme anhand eines definierten Zielerreichungsgrades (z.B. Umweltverbesserung). Eine Aussage über die aus volkswirtschaftlicher Sicht effizienteste Programmalternative kann so noch nicht getroffen werden. Zur Bestimmung des effizientesten Programms müssen deshalb auch Nutzen-Kosten-Aspekte in die Bewertung einfließen.

Mit Hilfe der Kosten-Wirksamkeits-Analyse werden im ersten Analyseschritt unter den gegebenen Programmen die vergleichsweise besten, d.h. diejenigen Programme mit der günstigsten Kosten-Wirksamkeits-Relation, ermittelt. Die Bestimmung der effizientesten Alternative erfolgt im zweiten Arbeitsschritt unter Berücksichtigung von Nutzen-Kosten-Aspekten. Durch den „Umweg“ über die Kosten-Wirksamkeits-Analyse kann die monetäre Bewertung der Nutzen auf die vergleichsweise besten Programme beschränkt werden.

Dieses Vorgehen setzt voraus, daß zur Bewertung der Umweltwirkungen der Programme ein Indikator entwickelt werden kann. Auf die Möglichkeiten und die gewählte Vorgehensweise bei der Entwicklung dieses Indikators wird in den Kapiteln 3, 4 und 5 umfassend eingegangen. In den beiden letzten Abschnitten dieses Abschnitts sollen spezielle Aspekte der Kosten-Wirksamkeits-Analyse und der dabei verwendete Kostenbegriff erläutert werden.

2.4 Kosten-Wirksamkeits-Analyse und Ausgabeneffizienz

Bei der Kosten-Wirksamkeits-Analyse werden die Kosten in Geldeinheiten und die Zielerreichungen oder Wirksamkeiten in nichtmonetären Größen ausgedrückt (MÜHLENKAMP 1994, S.7). Die quantitative Erfassung der Wirksamkeiten kann in Abhängigkeit vom Untersuchungsgegenstand in unterschiedlich skalierten Größen (nominal, kardinal oder ordinal) erfolgen. Liegt ein mehrdimensionales Zielsystem zugrunde, können die verschiedenen Zieleffekte der zu bewertenden Maßnahmen mit Hilfe einer Punktwertskala nutzwertanalytisch bewertet und - zusammengefaßt als Wirksamkeit oder Nutzwert - den Kosten der Maßnahmen gegenübergestellt werden (ZANGEMEISTER u. NOLTING 1997, S. 98). Die Definiton der Ziele im Rahmen von Kosten-Wirksamkeits-Analysen ist ein wichtiger und elementarer Schritt, weil die Vorteilhaftigkeit der zu beurteilenden Alternativen hieran gemessen wird (TODT 1990).

HILFENHANS (1991) und HANUSCH (1994) unterscheiden die folgenden Schritte bei der Durchführung einer Kosten-Wirksamkeits-Analyse:

1. Zielanalyse
   (vollständige, widerspruchsfreie und operationalisierbare Erfassung der angestrebten Ziele)
2. Erfassung von Nebenbedingungen
3. Alternativenbestimmung
   (Konzeption der untersuchten Handlungsalternativen unter Berücksichtigung der verfolgten Ziele und der ermittelten Nebenbedingungen)
4. Wirksamkeitsanalyse
   (Darstellung der positiven und negativen Wirkungen im Hinblick auf die angestrebten Ziele mit Hilfe geeigneter Maße und Indikatoren)
5. Kostenanalyse
   (Ermittlung, Messung und Bewertung der Kosten in monetären Einheiten)
6. Zeitliche Homogenisierung
   (Beziehen der zeitlich unterschiedlich anfallenden Kosten und Wirksamkeiten auf einen Zeitpunkt)
7. Berücksichtigung von Risiko und Unsicherheit
8. Zusammenstellung der Ergebnisse in Kosten-Wirksamkeits-Matrizen

Kosten-Wirksamkeits-Analysen wurden im militärischen Bereich entwickelt und werden heute vor allem zur Bewertung verschiedener Maßnahmen im Gesundheitswesen angewendet (TENGS et al. 1995). Die Beurteilung des Erfolgs einer Maßnahme geschieht dabei anhand von Wirksamkeitsgrößen, die von Medizinern festgelegt werden (SCHÖFFSKI u. ULBER 1998, S. 75). Die Anwendung von Kosten-Wirksamkeits-Analysen in weniger technischen Bereichen, wie z.B. zur Beantwortung politischer und sozialökonomischer Fragen wurde bereits früh kritisiert, weil die Überprüfung der absoluten Vorteilhaftigkeit einer Maßnahme, d.h. die Ermittlung der Nettowohlfahrtswirkungen verschiedener Politikalternativen nicht geleistet werden kann, und deshalb Nutzen-Kosten-Analysen durchzuführen sind (ARNOLD 1975). Da die Bewertung der Agrarumweltprogramme im Rahmen dieser Arbeit in Nutzen-Kosten-Betrachtungen eingebunden wird, stellt diese Kritik im vorliegenden Fall die Anwendung einer Kosten-Wirksamkeits-Analyse nicht in Frage.

Im folgenden soll der im Rahmen der Kosten-Wirksamkeits-Analyse verwendete Kostenbegriff erläutert werden.

Wird über Kosten, Kosten-Nutzen-Verhältnisse, staatliche Ausgaben und Effizienz gesprochen, so ist es von großer Bedeutung, sich bewußt zu machen, welche Ebene angesprochen wird. HAMPICKE (1994, S. 275 ff.) unterscheidet in diesem Zusammenhang drei hierarchische Stufen. Die höchste Ebene ist die Modellebene vollkommener Konkurrenz. Hier gibt es, wie bereits weiter vorne dargelegt wurde, keine Möglichkeiten zur Effizienzsteigerung. In der darunter liegenden Ebene der wirtschaftlichen Realität liegen oft Verzerrungen der Marktverhältnisse vor. Auf dieser Ebene kann die Ökonomie Wege zu einer Verbesserung der volkswirtschaftlichen Effizienz weisen. Was dies in Bezug auf den Agrarbereich bedeutet, wird im Folgenden erläutert, bevor die für die Kosten-Wirksamkeits-Analyse relevante Dritte Ebene der staatlichen Ausgabeneffizienz angesprochen wird.

Die oben angesprochene zweite Ebene erläutert HAMPICKE (1994, S. 278) am Beispiel einer finanziellen Förderung von Ackerrandstreifen in der Agrarlandschaft. Jede Naturschutz-DM kommt hier nicht für die Kompensation realer volkswirtschaftlicher Kosten auf, wie es auf den ersten Blick erscheint, sondern ersetzt staatliche Einkommensstützung. Mit anderen Worten ausgedrückt, zieht ein allgemein hohes Stützungsniveau landwirtschaftlicher Einkommen hohe Ausgaben für Naturschutz- und Umweltleistungen der Landwirtschaft nach sich, ohne daß hiermit die wahren volkswirtschaftlichen Knappheiten zum Ausdruck kommen.

Die folgende Präzisierung ist allerdings erforderlich: An Standorten, auf denen ohne Einkommensstützung eine wettbewerbsfähige Landbewirtschaftung betrieben werden kann, ersetzt nicht jede Naturschutz-DM Transferzahlungen, sondern ein großer Teil jeder Naturschutz-DM ersetzt hier schlichte Einkommensstützung, denn der Landwirt müßte bei der Bereitstellung von Randstreifen auf die Produktion von wettbewerbsfähigen Marktgütern verzichten. An Standorten, auf denen eine Landbewirtschaftung nicht zu volkswirtschaftlichen Knappheitspreisen wettbewerbsfähig ist, wäre abzuwägen, ob ein Brachfallen der Flächen für die Umwelt (überwiegend) Vor- oder Nachteile hätte. Ist auf diesen Flächen aktiver Naturschutz erwünscht (mit der Konsequenz einer staatlichen

Finanzierung), würde in diesem speziellen Fall die eine Transfer-DM nur durch eine andere ersetzt. Ein verteilungspolitisch umstrittener und unter Effizienzgesichtspunkten schlechter Transfer würde gegen Zahlungen für knappe und Nutzen stiftende ökologische Güter ausgetauscht. Diese für die Einordnung der finanziellen Zahlungen im Rahmen von Agrarumweltprogrammen sehr bedeutsamen Zusammenhänge sollen anhand der folgenden Abbildung verdeutlicht werden.

Abbildung 2-4: Stützung landwirtschaftlicher Einkommen und die dadurch erhöhten finanziellen Kosten für Agrarumweltprogramme

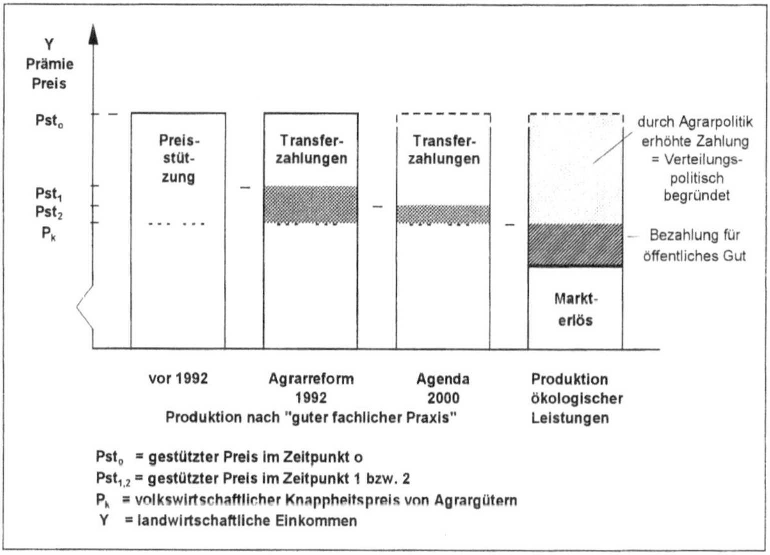

Quelle: Eigene Darstellung

Bis zu den Preissenkungen im Jahr 1992 etablierte die Agrarmarkt- und Preispolitik ein Produktpreisniveau Pst_0, das für die meisten Agrarprodukte weit über den Knappheitspreisen bzw. dem volkswirtschaftlichen Grenznutzen der landwirtschaftlichen Produktion P_k lag. Diese Form der Stützung landwirtschaftlicher Einkommen ist mit hohen volkswirtschaftlichen Opportunitätskosten verbunden, da die in der Landwirtschaft zuviel eingesetzten Produktionsfaktoren an anderer Stelle der Volkswirtschaft nicht mehr eingesetzt werden können. Die Stützung landwirtschaftlicher Einkommen über die Preise ist deshalb volkswirtschaftlich betrachtet eine ineffiziente politische Maßnahme (HENRICHSMEYER u. WITZKE 1994, S. 344 ff.). Mit der Agrarreform wurden die Preise der wichtigsten Agrarprodukte deutlich (in Richtung Weltmarkt- oder Knappheitspreise) gesenkt (auf Pst_1). Das Einkommensniveau in der Landwirtschaft, in der Abbildung als Säulen dargestellt, wurde im Durchschnitt der Betriebe durch die Einführung von direkten Transferszahlungen (Flächenprämien) auf dem gleichem Niveau wie vor der Reform gehalten. Diese direkt an die Landwirte gezahlten Prämien haben höhere Budgetausgaben für den Staat zur Folge, sie sind aus volkswirtschaftlicher Sicht aber die effizientere Lösung als eine Marktpreisstützung, da Direktzahlungen die Faktorallokation weniger stark verzerren und damit geringere volkswirtschaftliche Opportunitätskosten verursachen. Mit der Agenda 2000 wird dieser Trend im Grundsatz fortgesetzt.

Mit extensiven Wirtschaftsweisen und mit der Bereitstellung ökologischer Leistungen erzielen die Landwirte i.d.R. sehr viel geringere Markterlöse und Einkommen, weil sie geringere Erträge erzielen (rechte Einkommenssäule). Freiwillig wird ein Landwirt deshalb nur dann auf diese Weise produzieren, wenn sein Einkommen dabei genau so hoch ist wie bei konventioneller Produktionsweise mit Flächenprämien. Die Finanzmittel, die für eine Honorierung ökologischer Leistungen oder für Agrarumweltprogramme ausgegeben werden, sind folglich unmittelbar von der Höhe der übrigen Agrarsubventionen abhängig. Sie bestehen aus zwei Komponenten, einer historisch gewachsenen verteilungspolitischen Komponente und den volkswirtschaftlichen Kosten für die Bereitstellung des ökologischen Guts. Wird der Nutzen dieses Guts von der Gesellschaft höher bewertet als die Bereitstellungskosten, ist die Produktion volkswirtschaftlich effizient. Der volkswirtschaftliche Nutzen bei umweltfreundlicher Produktionsweise und insbesondere bei der Produktion ökologischer Leistungen ist höher als es die Marktpreise für die dabei erzeugten Produkte anzeigen. I.d.R. bilden sich gar keine Marktpreise für ökologische Leistungen der Landwirtschaft, weil diese Güter einen hohen Öffentlichkeitsgrad haben. Aus diesem Grund sind die staatlichen Mittel, die in eine Förderung umweltschonender Wirtschaftsweisen und die Bereitstellung ökologischer Güter der Landwirtschaft fließen (wie im Fall der Agrarumweltprogramme), volkswirtschaftlich effizienter eingesetzt als die Mittel, die für die übrige Agrarpolitik ausgegeben werden. Eine Umschichtung staatlicher Mittel in der obigen Abbildung von links nach rechts ist folglich mit volkswirtschaftlichen Effizienzgewinnen verbunden. Bezogen auf die Agrarumweltprogramme bedeutet dies, daß allein schon die Umschichtung von Mitteln innerhalb des Europäischen Ausrichtungs- und Garantiefonds für die Landwirtschaft (EAGFL) von Marktordnungsausgaben und Flächenprämien zugunsten von Agrarumweltprogrammen mit volkswirtschaftlichen Effizienzgewinnen verbunden ist. D.h. wenn die Agrarumweltprogramme zu Lasten der Mittel für die Agrarmarkt- und Preispolitik finanziert würden, wäre diese Politik mit Effizienzgewinnen verbunden. Wie kann aber die Effizienz der Mittelverwendung im Rahmen der Programme optimal gesteuert werden? Damit ist die Dritte von HAMPICKE erwähnte Ebene wirtschaftlicher Effizienz angesprochen.

Zur Erinnerung: Die höchste Effizienzebene wird repräsentiert durch die Modellwelt der vollständigen Konkurrenz. Darunter liegt die Ebene der durch Staatseingriffe, externe Effekte und andere Einflüsse verfälschten und damit reale Knappheiten nur unzureichend signalisierenden Preise. Auf dieser Ebene setzt die Nutzen-Kosten-Analyse an. Darunter liegt eine dritte Ebene, die für die praktische Umsetzung von Agrarumweltprogrammen eine große Bedeutung hat. Diese wird bestimmt durch Haushaltsordnungen, Ressortdenken, durch politische Zufälle und Wahlkalküle zustande gekommene Etats, unterschiedliche Beratung der Landwirte und vieles mehr. Effizienzverbesserungen auf dieser Ebene werden erreicht, wenn mit den gegebenen Finanzmitteln eine möglichst hohe Zielerreichung realisiert wird. Die adäquate Methode, um auf dieser Ebene Effizienzverbesserungen festzustellen, ist die Kosten-Wirksamkeits-Analyse. Als Kosten werden dabei die finanziellen Ausgaben der Programme herangezogen. Es handelt sich dann um eine Überprüfung der Ausgabeneffizienz der staatlichen Politik. An dieser Ebene der Effizienzmessung setzt die Kosten-Wirksamkeits-Analyse an:

Das Effizienzkriterium der im Rahmen dieser Arbeit durchgeführten Kosten-Wirksamkeits-Analyse besteht darin, ein gegebenes Budget im Rahmen der Agrarumweltprogramme optimal auf dringende Verwendungen aufzuteilen.

Es wurde bereits erwähnt, daß eine Kosten-Wirksamkeits-Analyse aus verschiedenen Schritten besteht. Auf die ökonomische Legitimation der Ziele, die mit den Agrarumweltprogrammen verfolgt werden, wurde bereits eingegangen. Die Spezifikation des Ziels „Umweltqualität" erfolgt in Kapitel 5. In diesem Zusammenhang wird für die Wirksamkeits-Analyse ein Indikator zur Messung der „Umweltwirkungen" der Programme entwickelt und mögliche Nebenbedingungen werden berücksichtigt. Die im Rahmen der Kosten-Wirksamkeits-Analyse zu bewertenden Alternativen sind die verschiedenen Agrarumweltprogramme der Bundesländer. Die Analyse der Kosten wird in Kapitel 6 vorgenommen. Eine zeitliche Homogenisierung entfällt, da alle Kosten und Wirkungen für das Jahr 1996 ermittelt werden. Die Ergebnisse der Kosten-Wirksamkeits-Berechnungen werden in Kapitel 7 dargestellt und um Nutzen-Kosten-Betrachtungen erweitert. Auf die Berücksichtigung von Risiko und Unsicherheit wird verzichtet, weil dies nur bei der Bewertung von öffentlichen Investitionsprojekten von besonderer Bedeutung ist.

2.5 Kosten-Wirksamkeits-Analyse und das Auswahlproblem

Die Kosten und Wirkungen der sehr unterschiedlich ausgestalteten Agrarumweltprogramme in den Bundesländern werden im Rahmen dieser Arbeit ermittelt und vergleichbar gemacht. Mit diesen beiden Komponenten alleine läßt sich ohne weitere Annahmen aber noch keine vorteilhafte Politikalternative auswählen, da die Kosten und Wirksamkeiten (anders als bei der Nutzen-Kosten-Analyse) in unterschiedlichen Dimensionen gemessen werden. Dieses spezielle Problem der Kosten-Wirksamkeits-Analyse soll anhand der folgenden Abbildung 2-5 näher betrachtet werden, wobei davon ausgegangen wird, daß für fiktive (alternativ ausgestaltete) Agrarumweltprogramme bereits eine Kosten-Wirksamkeits-Analyse durchgeführt wurde.

Abbildung 2-5: Kosten und Wirksamkeit von Agrarumweltprogrammen bei alternativer Ausgestaltung

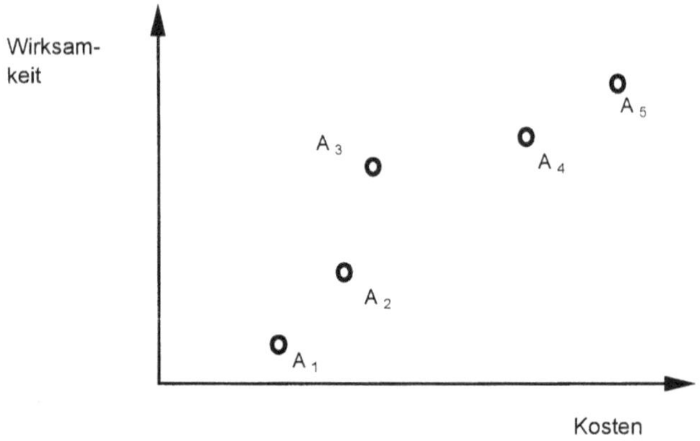

Quelle: Nach WEISSKIRCHEN 1994

Hinsichtlich der Ausgestaltung der Programme sind Alternativen denkbar, wie z.B. primär integrierte Wirtschaftsweisen fördernde Programme oder solche, die ihren Schwerpunkt auf spezielle Naturschutzmaßnahmen legen, finanziell umfangreiche und weniger umfangreiche Programme und anderes mehr. Aus der Vielzahl der möglichen Alternativen sind in Abbildung 2-5 fünf fiktive Varianten mit ihren unterschiedlichen Wirksamkeiten und Kosten dargestellt. In diesem Beispiel ist keine Alternative vorgesehen, die sowohl bei den Kosten als auch bei den Wirkungen über die anderen dominiert, d.h. bei gleichen Kosten eine höhere Wirksamkeit erreicht und bei gleicher Wirksamkeit geringere Kosten verursacht als alle anderen Varianten. D.h. es werden in diesem Sinne nur effiziente Alternativen abgebildet. Bei der in der Abbildung dargestellten Fallgestaltung ist es aufgrund der Ergebnisse der Wirksamkeits- und Kostenanalyse nicht möglich, ein Agrarumweltprogramm als vorteilhafte Alternative zu identifizieren. Das Programm 1 zeichnet sich durch die geringsten Kosten aus, hat aber auch die geringsten Umweltwirkungen zur Folge. Eine Entscheidung darüber, ob Programm 2 vorteilhafter ist, kann ad hoc nicht getroffen werden, da nicht entschieden ist, ob die höheren Kosten des Programms durch die Wirkungsverbesserung kompensiert werden oder nicht. Gleiches gilt für die anderen Alternativen.

Zur Lösung dieses Problems der Kosten-Wirksamkeits-Analyse empfehlen verschiedene Autoren, wie u. a. McKEAN (1967), das Verhältnis von Wirksamkeiten und Kosten als Entscheidungskriterium zu berechnen, um aus mehreren Alternativen die beste (ausgabeneffizienteste) auszuwählen. Auf unser Beispiel bezogen besteht das Ziel des Entscheidungsprozesses darin, jenes Agrarumweltprogramm zu bestimmen, bei dem das Verhältnis von Wirksamkeit zu Kosten am größten, bzw. das Verhältnis von Kosten zu Wirksamkeit am kleinsten ist. Dafür können die folgenden Entscheidungsregeln formuliert werden:

$$\max V_i = W_i / K_i \quad \text{oder} \quad \min V_i = K_i / W_i$$

mit:

V_i = Kosten-Wirksamkeit des Programms i
W_i = Wirksamkeit des Programms i
K_i = Kosten des Programms i

Das größte und damit vorteilhafteste Wirksamkeits-Kosten-Verhältnis weist in der folgenden Abbildung die Alternative mit dem größten Winkel zwischen Abzisse und Fahrstrahl zum Ursprung auf. Die graphische Darstellung dieses Verhältniskriteriums weist somit Alternative 3 als das vorteilhafteste Agrarumweltprogramm aus.

Abbildung 2-6: Wirksamkeits-Kosten-Verhältnis verschiedener Agrarumweltprogramme

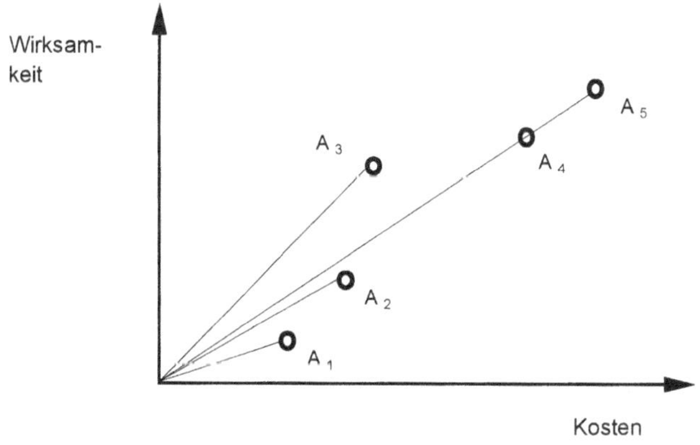

Quelle: Nach WEISSKIRCHEN 1994

Die Darstellung zeigt auch, daß keine Entscheidung im o.g. Sinne getroffen werden kann, wenn die Alternativen, wie im Fall der Programme A_4 und A_5, auf derselben Geraden liegen, also dasselbe Wirksamkeits-Kosten-Verhältnis aufweisen.

Die Anwendung des hier dargestellten Kriteriums, das in der Literatur als „effectiveness-cost-ratio" bezeichnet wird, als alleiniges Entscheidungskriterium wird von einigen Autoren kritisiert. Dabei bezieht sich das Hauptargument auf die Vernachlässigung der absoluten Werte von Wirksamkeiten und Kosten, die bei Anwendung des Verhältniskriteriums beliebige Werte annehmen können (SEILER 1969). Aus diesem Grund wird als weiteres Entscheidungskriterium die Vorgabe einer Mindestwirksamkeit oder eines begrenzten Finanzbudgets empfohlen.

Mit Hilfe vorgegebener Mindestwirksamkeiten („fixed effectiveness") und/oder eines maximalen Budgets („fixed costs") kann ein Bereich definiert werden, außerhalb dessen

Alternativen von vornherein unberücksichtigt bleiben, da sie entweder die angestrebte Wirksamkeit nicht erreichen (A_1, A_2, A_3) oder zu hohe Kosten verursachen (A_4, A_5). In diesem Fall kann, muß es aber nicht zu einer eindeutigen Lösung kommen, was in der folgenden Abbildung verdeutlicht wird.

Abbildung 2-7: Auswahl der besten Alternative bei Mindestwirksamkeits- und Kostenrestriktion

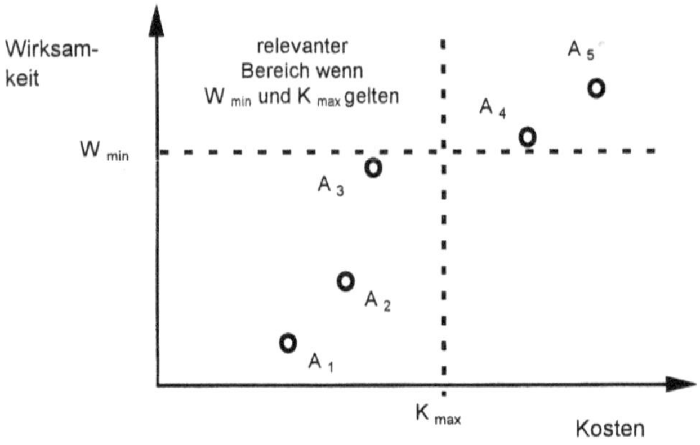

Quelle: Nach WEISSKIRCHEN 1994

Bei dem Kriterium der Mindestwirksamkeit interessiert die Alternative mit den geringsten Kosten und bei vorgegebenem Budget die Alternative mit der größten Wirksamkeit (WEISSKIRCHEN 1994, S. 170). Für die Alternativen A_i gilt:

$$\min K_i \text{, wenn } W_i \geq W_{min}$$

und

$$\max W_i \text{, wenn } K_i \leq K_{max}$$

Bei Berücksichtigung der Mindestwirksamkeit W_{min} führt die Alternative A_4 mit geringeren Kosten zu einer Lösung. Dieses Agrarumweltprogramm wäre ohne Betrachtung einer Budgetrestriktion die beste Politikalternative unter den dargestellten Programmen. Besteht hingegen die Kostenrestriktion in Höhe K_{max}, dominiert die Alternative A_3. Während in unserem Beispiel die Limitierung nur für die Wirksamkeit oder die Kosten galt, zeigt die Abbildung, daß es bei Berücksichtigung von Mindestwirksamkeit und Budgetbeschränkung zu keiner Lösung kommen muß, wenn keine Alternative in dem dann relevanten, links oben liegenden Bereich liegt. Liegen keine Informationen über K_{max} und W_{min} vor, besteht das Auswahlproblem weiterhin. Dieser Aspekt wird in Kapitel 7 wieder auftauchen. In den nun folgenden Kapiteln steht die Wirkungsanalyse der Programme im Mittelpunkt der Betrachtungen.

3 Umweltwirkungen integrierter und extensiver Wirtschaftsweisen

Im Rahmen von Agrarumweltprogrammen werden landwirtschaftliche Wirtschaftsweisen gefördert, die mit unterschiedlichen Bewirtschaftungsauflagen verbunden sind. Die Förderung reicht von eng an konventionellen landwirtschaftlichen Produktionsverfahren angelehnten Maßnahmen bis hin zu speziellen Naturschutz- und Landschaftspflegeleistungen. In dieser Arbeit wird hierfür der Oberbegriff Extensivierungsmaßnahmen verwendet. Im folgenden Abschnitt wird ein kurzer Literaturüberblick über die Umweltwirkungen von Extensiverungsmaßnahmen in der Landwirtschaft gegeben, um erste Anhaltspunkte für die Wirkungsanalyse von Agrarumweltprogrammen zu bekommen.

3.1 Zum Begriff „Extensivierung"

Das im Rahmen eines Wirtschaftsprozesses vorliegende Mengenverhältnis zweier eingesetzter Produktionsfaktoren wird als 'Intensität' bezeichnet (STOBBE 1983). Aus ökonomischer Sicht ist somit unter Extensivierung im Sinne von „De-Intensivierung" die Verminderung des Einsatzes eines Produktionsfaktors in Bezug auf einen anderen Produktionsfaktor, d.h. die Verringerung der Faktoreinsatzintensität zu verstehen. Im landwirtschaftlichen Betrieb bedeutet dies z.B. eine Verringerung des mineralischen Stickstoffdüngereinsatzes pro Flächeneinheit. Das in Bezug Setzen der variablen Betriebsmittel auf die landwirtschaftliche Fläche (LF) wird als Ermittlung der speziellen Intensität bezeichnet. Hiervon zu unterscheiden ist die Ermittlung der Organisationsintensität eines landwirtschaftlichen Betriebes, bei der die fixen und variablen Faktoren Arbeit und Kapital auf die LF bezogen werden.

ISSELSTEIN et. al. (1991) erweitern diese Definition aus agrarökologischer Sicht um den Begriff der Eingriffsintensität als die Häufigkeit aller acker- und pflanzenbaulicher Maßnahmen. Dieser Definition folgend ist unter Extensivierung die Verringerung der speziellen Intensität, die Erweiterung der Fruchtarten- und Nutzungsartenverhältnisse sowie die Umwidmung von Ackerflächen zu verstehen. Verschiedene Extensivierungsmaßnahmen können sich auf das Düngungs- und Pflanzenschutzmitteleinsatzniveau, die Art und Weise der Bodenbearbeitung, die Gestaltung der Fruchtfolgen und auf Landschaftselemente beziehen. Hieran wird deutlich, daß der Begriff 'Extensivierung' sich sowohl auf die landwirtschaftliche Flächennutzung als auch auf die Landschaftsnutzung erstrekken kann (GREINER u. GROSSKOPF 1990). Unter Landnutzungsintensität ist der Anteil der landwirtschaftlich genutzten Fläche an der offenen Landschaft und die Qualität dieser Nutzung im Sinne verschiedener Intensitätsparameter zu verstehen. Zur Charakterisierung der Intensität landwirtschaftlicher Flächen- und Landschaftsnutzung lassen sich in Anlehnung an GREINER und GROSSKOPF folgende quantitativ gut faßbare Parameter heranziehen:

1. Charakterisierung der Nutzungsintensität landwirtschaftlicher Flächen

1.1. Düngungsintensität bei Grünland- und Ackernutzung gemessen in
- kg N gesamt / ha

- N-Bilanz / ha (Düngung minus Ernteentzug)

1.2. Speziell für Ackernutzung die Pflanzenschutz- und Bodenbearbeitungsintensität
- Applikationshäufigkeit x relative Aufwandmenge x Substrattoxizität
- Anzahl der Bodenbearbeitungsgänge

1.3. Speziell für Grünlandnutzung
- Anzahl der Nutzungen pro Jahr
- Viehbesatz (GV / ha)
- chemische Bestandsregulation ja/nein

Als neueres Forschungsfeld hinzuzufügen sind:

1.4. Energiebilanzen
- Effizienzkriterien sind: Primärenergieinput pro kg Marktfrucht; Mega-Joule (MJ) Energieoutput je MJ fossilem Energieinput; Nettoenergiegewinn je Fruchtfolge u.a.

2. Charakterisierung der Landschaftsnutzungsintensität
- Anteil der landwirtschaftlich genutzten Fläche (LF) an der Gesamtfläche
- Anteil der LF an der unbebauten Fläche (UF = Gesamtfläche ohne Siedlungs- und Verkehrsfläche)
- Anteil von Landschaftselementen u. naturnahen Lebensräumen an der UF
- Nutzungsartenverhältnis (z.B. Anteil von Acker- und Grünlandfläche (GF) an der LF)
- Kulturartenverhältnis bezogen auf die Ackerfläche (AF)
- Durchschnittliche Schlaggröße
- Düngungsintensität und Viehbesatz einer Region (N / ha LF, DE / ha LF)
- Anteil von extensiven Nutzungsformen (z.B. Hutungen, Magerrasen, Heiden und Streuobstwiesen) an der GF

STOYKE (1995) nähert sich dem Begriff der Extensivierung (bezogen auf die landwirtschaftliche Flächennutzung) aus dem Blickwinkel des in der ökonomischen Produktionstheorie bekannten Konzeptes der Faktorsubstitution. Er unterscheidet intern regelnde Faktoren (Saatgut sowie Arbeitseinsatz und variable Maschinenkosten für Drillen und mechanische Unkrautbekämpfung) von extern regelnden Faktoren (Dünge- und Pflanzenschutzmitteleinsatz sowie Arbeitseinsatz und variable Maschinenkosten für alle übrigen Produktionsschritte). Eine relative oder absolute Erhöhung des Einsatzes intern regelnder Faktoren ist nach seiner Definition als Extensivierung zu verstehen. Ziel der Extensivierung sei es, auf diese Weise die Selbstregulationsfunktion von Agrarökosystemen zu stärken. Aus STOYKES Überlegungen folgt, daß bei der Analyse einzelbetrieblicher Anpassungsmaßnahmen an Extensivierungsauflagen der Substitutionsprozeß zwischen intern und extern regelnden Faktoren betrachtet werden muß, weil dieser das Anpassungsverhalten der Landwirte mitbestimmt.

Im folgenden werden in Anlehnung an die Definition von ISSELSTEIN et al. (1991) elf verschiedene Gruppen von landwirtschaftlichen Wirtschaftsweisen hinsichtlich ihrer Umwelt- und Ertragswirkungen untersucht.

3.2 Umwelt- und Ertragswirkungen integrierter Wirtschaftsweisen

In Abschnitt 3.2 werden die Umwelt- und Ertragswirkungen integrierter Wirtschaftsweisen betrachtet. Unter 3.2.1 wird erläutert, was unter integrierten landwirtschaftlichen Wirtschaftsweisen zu verstehen ist. In den beiden folgenden Giederungspunkten 3.2.2 und 3.2.3 werden die Ergebnisse einer Literaturrecherche zu den Ertrags- und Umweltwirkungen dieser Wirtschaftsweisen dargestellt.

3.2.1 Abgrenzung integrierter Wirtschaftsweisen

Vergleichsweise umfangreiche Literaturergebnisse liegen über die Auswirkungen von kontrollierten und/oder integrierten Wirtschaftsweisen vor. Unter dieser Extensivierungsform versteht man im weitesten Sinne einen partiellen Verzicht auf den Einsatz von Dünge- und Pflanzenschutzmitteln im Vergleich zur guten fachlichen Praxis, d.h. der konventionellen Bewirtschaftung nach den Empfehlungen der Offizialberatung. Es gibt verschiedene Formen des Kontrolliert-integrierten Ackerbaus, die es zu differenzieren gilt. Rechtlich ist der Begriff nicht fixiert.

HEITEFUSS (1994, S. 15) versteht unter **integriertem Landbau** "standort- und umweltgerechte Systeme der Pflanzenproduktion, in denen unter Beachtung ökologischer und ökonomischer Anforderungen alle geeigneten und vertretbaren Verfahren des Acker- und Pflanzenbaus, der Pflanzenernährung und des Pflanzenschutzes in möglichst guter Abstimmung aufeinander unter Nutzung sowohl des biologisch-technischen Fortschrittes als auch natürlicher Begrenzungsfaktoren eingesetzt werden, um langfristig sichere Erträge und betriebswirtschaftlichen Erfolg zu gewährleisten". Bei dieser aus dem wissenschaftlichen Bereich stammenden Definition des Begriffs liegt die Betonung auf der Berücksichtigung aller geeigneten und vertretbaren Verfahren der Produktionstechnik und der Beachtung wirtschaftlicher Gesichtspunkte. HEITEFUSS verwendet als Entscheidungskriterium für den Einsatz von Pflanzenschutzmitteln den Begriff der wirtschaftlichen Schadensschwelle. "Diese wirtschaftliche Schadensschwelle ist die zu einem gegebenen Zeitpunkt vorhandene Populationsdichte eines Schadorganismus oder das Ausmaß einer Erkrankung oder Verunkrautung, die bei Nichtbekämpfung Schäden in gleicher Höhe verursachen würden, wie an Kosten für die Bekämpfungsmaßnahme entstehen" (HEITEFUSS 1987, S. 27). Die Selbstregulationsfunktion von Agrarökosystemen soll durch eine Förderung von Nützlingen und die Fruchtfolgegestaltung gestärkt und unter diesen Einschränkungen nach betriebswirtschaftlichen Zielen gewirtschaftet werden. In der Betonung und Stärkung der Selbstregulationsfunktion von Agrarökosystemen ist auch der wesentliche Unterschied zur **konventionellen Bewirtschaftung** zu sehen. Acker- und pflanzenbauliche Maßnahmen zur Herabsetzung der Schadenswahrscheinlichkeit von Unkräutern, Krankheiten und Schädlingen haben im konventionellen Pflanzenbau eine geringere Bedeutung. Der konventionelle Pflanzenbau ist nach KERKHOF (1995) weitgehend nach ökonomischen Gesichtspunkten ausgerichtet; man könne von einem Vorrang der Ökonomie vor der Ökologie sprechen. Im Gegensatz zu KERKHOF sollte man schlußfolgern, daß der konventionelle Pflanzenbau unökonomisch ist, weil er nicht alle Möglichkeiten zur Herabsetzung der Schadenswahrscheinlichkeit nutzt.

In diesem Zusammenhang ist weiterhin die folgende Unterscheidung von Bedeutung: Von dem Begriff des **integrierten Pflanzen- oder Ackerbaus** muß der Begriff **integrierte Landbewirtschaftung** differenziert werden. Bei der Integrierten Landbewirtschaftung steht nicht nur der Anbau von Kulturpflanzen im Blickpunkt des Interesses, sondern in gleicher Weise die Belange der Landschaftsgestaltung, des Arten-, Gewässer- und Bodenschutzes sowie die tierische Produktion.

Die konsequente Berücksichtigung des Schadensschwellenprinzips hat sich auch die Fördergemeinschaft des Integrierten Pflanzenbaus (FIP) zur Grundlage der von ihr festgelegten Prinzipien für einen Integrierten Ackerbau gemacht (FIP 1991). Ihr geht es besonders unter Beachtung der Erfordernisse der Fruchtfolgegestaltung, der Sorten- und Saatgutwahl, der Bodenbearbeitung, der Pflanzenernährung und des Pflanzenschutzes um die Erzielung des einzelbetrieblich optimalen Ertrages unter gegebenen agrarpolitischen Rahmenbedingungen.

Der **kontrollierte Anbau** unterschiedet sich von der konventionellen Landbewirtschaftung im Wesentlichen dadurch, daß nach Anbaurichtlinien produziert wird, die einer Kontrolle unterliegen. Meistens umfassen die Anbaurichtlinien Bestimmungen hinsichtlich der produktionstechnischen Maßnahmen Sortenwahl, Fruchtfolge, Düngung, Pflanzenschutz und Qualitätsansprüche für das Produkt sowie hinsichtlich der Kontrollen. Häufig wird im Rahmen des Vertragsanbaus z.B. die Produktion von Qualitätsgetreide für eine bestimmte Brotsorte durchgeführt. Der kontrollierte Anbau ist zu definieren als eine Produktionsweise mit Kontrollen der ordnungsgemäßen oder der nach speziellen Anbaurichtlinien durchgeführten Agrarproduktion, die in der Regel als Vertragsanbau durchgeführt wird (KERKHOF 1995). Die Auflagen im Bereich der Düngung sind bei den verschiedenen Formen des kontrollierten Anbaus sehr unterschiedlich. Die Ausgestaltung reicht von nah an den konventionellen Anbau angelehnt bis zum vollständigen Verzicht. Gleiches gilt für die Verwendung von Pflanzenschutzmitteln.

Im Göttinger INTEX Projekt wird im Rahmen der Kontrollvariante praxisüblich nach den Empfehlungen der Offizialberatung gewirtschaftet. Es wird die Fruchtfolge Raps-Weizen-Gerste angebaut. Das System der flexiblen Extensivierung, also die im Folgenden als **INTEX-integriert** bezeichnete Bewirtschaftungsvariante, besteht im Vergleich hierzu aus einer erweiterten Fruchtfolge, einer reduzierten Bodenbearbeitung, einem um ca. 30 % reduzierten Stickstoffeinsatz, einem um 50 - 70 % reduzierten Pflanzenschutzeinsatz und der Anlage von Brachestreifen um die Einzelflächen (GEROWITT 1995). Dieser Ansatz geht deutlich über die Anforderungen der guten fachlichen Praxis bzw. des Integrierten Pflanzenbaus hinaus und stellt damit eine denkbare Form zukünftiger ordnungsgemäßer Landbewirtschaftung dar (WILDENHAYN 1996).

Im Rahmen der VO (EWG) 2078/92 werden ebenfalls Wirtschaftweisen gefördert, die unter den Begriff integrierte Wirtschaftsweisen gefaßt werden können. Die Europäische

Kommission hat ihre Vorstellungen davon, was unter solchen Wirtschaftsweisen zu verstehen ist, in der Durchführungsverordnung von 1996 folgendermaßen konkretisiert: "Normalerweise sollten gemäß der Verordnung (EWG) Nr. 2078/92 die von den Landwirten einzugehenden wesentlichen Verpflichtungen über die bloße Befolgung der Grundsätze der guten landwirtschaftlichen Praxis hinausgehen und insbesondere eine wesentliche Reduzierung des Einsatzes ertragssteigender Produktionsmittel gewährleisten, ... " (KOM 1996, S. 1). Konkrete Beispiele einer solchen Förderung sind die verschiedenen Varianten der Grundförderung in Bayern und Sachsen sowie der Integriert-kontrollierte Landbau in Rheinland-Pfalz und Thüringen und der Integriert-kontrollierte Garten- und Dauerkulturanbau in Brandenburg, Hamburg, Mecklenburg-Vorpommern und Sachsen. INTEX-integrierte Wirtschaftsweisen erfüllen folglich die Kriterien der Durchführungsverordnung, die bloße Anwendung des Integrierten Pflanzenbaus hingegen nicht, da dieser nicht zwangsläufig zu einer wesentlichen Einschränkung des Dünge- und Pflanzenschutzmitteleinsatzes gegenüber der konventionellen Bewirtschaftung führt.

3.2.2 Ertragswirkungen bei integrierter Produktion

In der Tabelle 3-1 werden die Versuchsergebnisse verschiedener Extensivierungsvarianten hinsichtlich der Ertragswirkungen dargestellt. In der Mehrzahl der Fälle sind Ertragsverringerungen von 5 - 10 % gegenüber einer konventionell bewirtschafteten Vergleichsvariante gemessen worden. Bei den konventionellen Vergleichsvarianten wurden i.d.R. die Intensitätsniveaus gefahren, die in der jeweiligen Versuchsperiode von der Offizialberatung empfohlen wurden. Wie in der Tabelle 3-1 dargestellt, sinken die Deckungsbeiträge entweder geringfügig oder steigen bei integrierter Bewirtschaftung leicht an. Dies ist insbesondere von dem Umfang des reduzierten Dünge- und Pflanzenschutzmitteleinsatzes, der Fruchtfolgegestaltung und der Bodenqualität der Versuchsflächen abhängig, und davon, ob ganze Betriebe, Fruchtfolgen oder einzelne Flächen betrachtet werden. Bei schlechteren Bodenqualitäten (z.B. leichte Böden, extrem tonige Böden, steinige Böden und Mittelgebirgslagen) treten i.d.R. höhere Ertrags- und DB-Einbußen auf. Die Berechnungen des INTEX Projektes führen zu dem Ergebnis, daß auf dem mittleren und schlechten Standort, die bezogen auf das Bundesgebiet eine größere Repräsentativität aufweisen dürften als der Versuchsstandort "Reinshof" mit überdurchschnittlicher Bodenqualität, mehrjährige DB-Verluste von rund 100 DM/ha im Vergleich zur Referenzsituation entstehen (STOYKE u. WAIBEL 1995). Seit 1995 wird das INTEX-Projekt in einer leicht modifizierten Form weitergeführt. Nach den ersten zwei Untersuchungsjahren zeichnen sich nach KÖHNE und TREMEL (1997) die folgenden Tendenzen ab:

- Durch die Reduktion der Dünge- und Pflanzenschutzmittel liegen die Naturalerträge bei integrierter Produktionsweise tendenziell unter denen der Kontrollvariante, aber auch Mehrerträge sind möglich.
- Es werden signifikante Einsparungen bei den variablen Spezialkosten erreicht.
- Auf den gut zu bearbeitenden leichten und hoch bonitierten Böden, nicht aber auf den schwer zu bearbeitenden Böden, können die naturalen Mindererträge durch

Einsparungen bei den variablen Spezialkosten überkompensiert werden. (Gut zu bearbeiten sind die Böden der Versuchsstandorte Reinshof (Ackerzahlen (AZ) 47-93) und Fuhrberg (AZ 17-24); schwer zu bearbeiten sind die Böden auf dem Versuchsgut Marienstein (AZ 41-78).)

- Beim Vergleich einzelner Fruchtarten können auf den gut zu bearbeitenden Standorten höhere Deckungsbeiträge erzielt werden.
- Durch die Aufnahme von Rotationsbrache sinkt der Fruchtfolgedeckungsbeitrag in den integrierten Systemen deutlich. Auf den gut zu bewirtschaftenden Standorten fällt er unter den DB der Kontrollvariante. Auf dem schwer zu bearbeitenden Standort liegt der DB der integrierten Fruchtfolge auch ohne Brache unter dem Niveau der Kontrollvariante.

Untersuchungen von DEERBERG (1996) zeigen, daß bei der Umstellung eines gesamten Betriebes auf integrierte Produktionsweise unter Berücksichtigung der Anlage zusätzlicher Flächen für Landschaftspflegemaßnahmen und ökologischen Ausgleich sowie unter Berücksichtigung der Kosten für die Pflege dieser Flächen, langfristig Mehraufwendungen in Höhe von ca. 300 DM/ha LF gegenüber einer konventionellen Bewirtschaftung des Beispielbetriebes entstanden sind.

Bei der Interpretation dieser Ergebnisse und bei dem Vergleich mit anderen Veröffentlichungen muß berücksichtigt werden, daß einige Arbeiten, wie beispielsweise die von KRAUS et al. (1984), zu einer Zeit durchgeführt wurden, als andere Preis-Kostenrelationen für landwirtschaftliche Produkte und Produktionsmittel galten als dies seit der Agrarreform von 1992 der Fall ist.

Seit kurzer Zeit liegt eine weitere vergleichende Untersuchung landwirtschaftlicher Produktionssysteme vor, die unter aktuellen Bedingungen ebenfalls nur relativ geringe Ertragsunterschiede zwischen konventionellem und integriertem Anbau aufzeigt (PIORR u. WERNER 1998, S. 15 ff.)

Tabelle 3-1: Auswirkungen kontrolliert-integrierter Anbauverfahren auf Naturalerträge und Deckungsbeiträge wichtiger Feldfrüchte

Untersuchung	Maßnahme		Erträge *									
	N	PSM	WW	WG	WR	SG	Hafer	Raps	ZR	Kartoffeln	Silomais	DB
INTEX (1995) (guter Standort)	-43	-78	80	85				102				102
INTEX (1995) (mittlerer Standort)	-40	-64	92	86				103				87
INTEX (1995) (schlechter Standort)	-33	-67	80	95				72				86
KRAUS et. al. (1984)	-50 bis -67	verringert	64			99	86			78		74
BOKERMANN (1988)	120 kg	konv.	91	97	99			87	99	96		95
TIMMERMANN (1994)	-20	konv.	95	97	91	93		90	109		97	
WILDENHAYN (1990)	-50	konv.	94	95					102			
WILDENHAYN (1990)	konv.	Verzicht	92	90					92			
KERKHOF (1995)	Richtlinien eines Verbandes		94		95							
FARACK (1994)	-40	reduziert	durchschnittliche Getreideerträge je nach Fruchtfolge 87 bis 96									94
EL TITI (1991)	-18	-30	WW niedriger, andere Früchte erhöht									leicht erhöht
BÄUMER (1994)	reduziert	-38	um 0,52 % höhere Erträge									106
DEERBERG (1996)	reduziert	-50	gesamter Betrieb integriert; Flächen für Landschaftspflege und ökologischen 9,3 % der LF; incl. Anlage und Pflege kurzfristig 600 DM/ha, langfristig 300 DM/ha höhere Kosten gegenüber konventioneller									

* Die Erträge werden in Prozent der konventionellen Vergleichsvariante angegeben.
N: Reduzierung der mineralischen Stickstoffgabe in Prozent gegenüber der konventionell bewirtschafteten Kontrollvariante.
PSM: Verringerung des Pflanzenschutzmitteleinsatzes in Prozent gegenüber der konventionell bewirtschafteten Kontrollvariante.
WW: Winterweizen. **WG:** Wintergerste. **WR:** Winterroggen. **SG:** Sommergerste. **ZR:** Zuckerrüben
DB: Durchschnittlicher Deckungsbeitrag der Fruchtfolge in Prozent der konventionellen Variante. **konv.** : konventionelle Bewirtschaftung

Quelle: Eigene Zusammenstellung und Berechnungen

3.2.3 Umweltwirkungen bei integrierter Produktion

Positive Umweltwirkungen können bei einer flexiblen Extensivierung im Sinne integrierter Wirtschaftsweisen in erster Linie von den Einsparungen in den Bereichen Dünge- und Pflanzenschutzmitteleinsatz erwartet werden. Folge des reduzierten Herbizideinsatzes im Rahmen des INTEX-Projektes sowie die konsequente Berücksichtigung der Bekämpfungsschwellen waren eine Verbesserung der floristisch-strukturellen Vielfalt, höhere Artenzahlen und eine geringere Dominanz der jeweiligen Kulturpflanze. Durch die Reduzierung der N-Düngung konnte kein großer Einfluß auf die Zusammensetzung der Wildkrautgesellschaften nachgewiesen werden, da überwiegend Stickstoffreserven in den Böden vorhanden waren. Die bodenbiologisch bedeutsame Regenwurmaktivität konnte leicht gefördert werden. Am positivsten wirkte sich die flexible Extensivierung im INTEX auf die Population der Spinnen aus. Die Menge des auswaschungsgefährdeten Nitrates vor dem Winter sank, während die Möglichkeit hoher Nitratwerte im Spätherbst auch bei der extensiven Produktionsweise in INTEX grundsätzlich gegeben blieb. Festzuhalten ist, daß im Vergleich zu den übrigen Anbausystemen des INTEX-Projektes bei flexibler Extensivierung im Sinne der integrierten Variante verbunden mit Ackerrandstreifen und Dauerbrachen die Bedürfnisse von Landwirtschaft und Naturschutz am Besten verwirklicht werden konnten.

Im Göttinger-INTEX-Projekt wurde auch die Extensivierungsvariante reduzierte Bewirtschaftung untersucht. Eine pauschale Reduktion der N-Düngung um 50 % kombiniert mit einem Verzicht auf Insektizide hatte auf allen Standorten ein deutliches Absinken der Erträge zur Folge. Die Deckungsbeitragsverluste waren z. T. erheblich und schwankten zwischen 23 und 482 DM/ha. Sie lagen damit deutlich über den Verlusten bei integrierter Bewirtschaftung.

In der Arbeit von DEERBERG (1996) wird die Umstellung eines gesamten Versuchsbetriebes auf integrierte Bewirtschaftung beschrieben. Neben einer Extensivierung der Nutzflächenbewirtschaftung wurden 9,3 % der LF für Landschaftspflegezwecke und ökologische Ausgleichsmaßnahmen umgewidmet. Damit konnten die Leistungen für den biotischen und ästhetischen Ressourcenschutz erheblich gesteigert werden. Die positiven Wirkungen einer Bereitstellung von Flächen für ökologische Ausgleichsmaßnahmen werden auch von anderen Wissenschaftlern herausgestellt (z.B. KAULE 1986; MÜHLENBERG u. SLOWIK 1997; PIORR u. WERNER 1998).

3.3 Umwelt- und Ertragswirkungen eines Verzichts auf Herbizide, Fungizide oder Insektizide

Die breite Anwendung von Herbiziden ist nach ISSELSTEIN et al. (1991) eine wesentliche Ursache der Artenverarmung auf dem Acker. Typische Unkrautgesellschaften, insbesondere die der extensiv genutzten Standorte, degenerieren in Folge von Herbizidanwendungen zu Fragment-Gesellschaften; ubiquitäre und weniger herbizidempfindliche

Arten breiten sich hingegen aus. Ein Verzicht auf Herbizide kann nach STEINMANN (1995) bis zu einem bestimmten Boden-bedeckungsgrad der Unkräuter durch mechanische Maßnahmen im Winterweizenanbau kompensiert werden. Es fallen jedoch i.d.R. höhere Produktionskosten von 50 DM/ha im Vergleich zur Anwendung praxisüblicher Herbizidmaßnahmen an. Nach HOFMANN et al. (1989) können demgegenüber im Winterroggenanbau mit einer Reduzierung der Standardanwendungen von Herbiziden Ertragssteigerungen erzielt werden. Dies ist mit einer relativ hohen Empfindlichkeit des Roggens gegenüber den phytotoxischen Nebenwirkungen der Herbizide und seiner relativ starken Konkurrenzfähigkeit gegenüber Unkräutern zu erklären.

Die Gefahr unerwünschter Nebenwirkungen auf das Agrarökosystem steigt i.d.R. mit der Intensität des Einsatzes chemischer Pflanzenschutzmittel (ISSELSTEIN et al. 1991). In artenreichen Ackerflächen kann eine Depression nach chemischen Behandlungen meist schneller kompensiert werden als auf artenarmen Flächen. Zur Schonung der faunistischen Vielfalt ist deshalb die Anwendung breitwirksamer Insektizide zu vermeiden. Über die Auswirkungen von Fungiziden auf Nicht-Zielorganismen im Freiland ist wenig bekannt (ISSELSTEIN et al. 1991). Ein Verzicht auf den Einsatz von Fungiziden führt nach Untersuchungen von ZIMMERMANN und STRASS (1991) in Winterweizen zu einer Verringerung der Erträge um durchschnittlich 11 %. Mit dieser Maßnahme soll meistens erreicht werden, daß die letzte Stickstoffgabe im Getreidebau entfällt und so die potentielle Nitratbelastung verringert wird. Bei insgesamt 15 untersuchten Weizensorten und einer Zugrundelegung der Preis-Kosten-Relation von 1989 zeigte sich bei acht Sorten, daß eine Ährenbehandlung verglichen mit der Variante ohne Fungizide an oder sogar unterhalb der Rentabilitätsschwelle bleibt. Durch den Anbau von Sorten mit guten Resistenzeigenschaften ist nach Meinung der Autoren eine Verminderung des Fungizideinsatzes ohne Ertragsverlust möglich.

Beim Verzicht auf Insektizide konnte im INTEX-Projekt eine Begünstigung von einzelnen Arten der Bodenfauna beobachtet werden (WILDENHAYN et al. 1995). Neue Probleme beim Schutz der Kulturpflanzen vor Krankheiten und Schädlingen traten dann nicht ein, wenn auch die Stickstoffdüngung deutlich reduziert wurde. Eine einseitige Reduktion einzelner Produktionsfaktoren unter Beibehaltung der Intensität bei allen anderen produktionstechnischen Maßnahmen wird nach den Erfahrungen der INTEX-Versuche als wenig sinnvoll erachtet.

3.4 Umwelt- und Ertragswirkungen eines Verzichts auf chemisch-synthetische Dünge- und Pflanzenschutzmittel

Beim **Verzicht auf chemisch-synthetische Dünge- und Pflanzenschutzmittel** konnte WALDHARDT (1994) einen Schutz gefährdeter Ackerwildkrautarten feststellen, wobei diese sich unter Winterungen häufiger als unter Sommerungen entwickelten. Im Rahmen der INTEX-Versuche erhöhte sich die strukturelle Vielfalt der Phytozönosen ebenfalls, auch wenn hiervon nicht immer Rote Liste Arten betroffen waren. Die bodenbiologische Aktivität wird bei einem Verzicht auf chemisch-synthetische Dünge- und Pflanzenschutzmittel allgemein gefördert und die Bodenfauna bei dieser Form der Extensivierung artenreicher (HEYLAND 1993).

Für den Verzicht auf chemisch-synthetische Dünge- und Pflanzenschutzmittel werden in der folgenden Tabelle 3-2 einige Versuchsergebnisse dargestellt. Die Ertrags- und Deckungsbeitragsverluste sind bei dieser Form der Extensivierung vergleichsweise hoch und die Ertragssicherheit nimmt deutlich ab. Auch die Qualitität der Ernteprodukte kann insbesondere bei Winterweizen und Wintergerste deutlich sinken (FARACK 1994). Der Anbau von Zuckerrüben wird praktisch unmöglich.

Tabelle 3-2: Auswirkungen eines Verzichts auf chemisch-synthetische Dünge- und Pflanzenschutzmittel

	Erträge *					
Untersuchung	WW	WG	WR	Raps	Ackerbohnen	Erbsen
INTEX (1995) (guter Standort)	52	59		40	95	
INTEX (1995) (mittlerer Standort)	58		36	23		41
INTEX (1995) (schlechter Standort)	35			26	71	
	Insgesamt: Deckungsbeitragsverluste von 144 bis 773 DM / ha. Diese Versuchsvariante wurde 1995 aufgegeben, weil sich die positiven Umweltwirkungen durch Ackerrandstreifen und Brachen in Verbindung mit integrierter Produktionsweise ökonomischer und zielgerichteter erreichen lassen.					
FARACK (1994)	durchschnittliche Getreideerträge je nach Fruchtfolge 73 bis 87 % die durchschnittlichen Deckungsbeiträge verringern sich um 3,5 bis 8,5 %					
HEYLAND (1993)	Ertragssicherheit sinkt deutlich ab; positive Umweltwirkungen - aber keine Wirtschaftlichkeit gegeben					

* Die Erträge werden in Prozent der konventionellen Vergleichsvariante dargestellt.
WW: Winterweizen. **WG:** Wintergerste. **WR:** Winterroggen

Quelle: Eigene Zusammenstellung und Berechnungen

Die Versuchsvariante unter Verzicht auf chemisch-synthetische Produktionsmittel wurde im INTEX-Projekt aufgegeben, weil sich die positiven Umweltwirkungen durch die Anlage von Ackerrandstreifen und die Einführung von Brachen in Kombination mit einer integrierten Bewirtschaftung der Fruchtfolgen zielgerichteter und wirtschaftlicher erreichen lassen (GEROWITT 1995). Auf einigen Standorten führte der starke Ackerwildkrautdruck im Laufe der Jahre zur gänzlichen Verhinderung der landwirtschaftlichen Produktion. Eine Extensivierung von Pflanzenbausystemen nach einheitlichen, starren Vorgaben wird deshalb von verschiedenen Autoren abgelehnt (HEYLAND 1993).

3.5 Umwelt- und Ertragswirkungen einer extensiven Grünlandnutzung

Eine mäßige Extensivierung der Grünlandnutzung, wie z.B. eine Verringerung der N-Düngung oder die Begrenzung des Tierbestandes auf z.B. 1,7 GV/ha, kann einen Beitrag zur Verringerung der N-Überschüsse auf dem Grünland leisten, es ist aber i.d.R. keine Erhöhung der Artenvielfalt (insbesondere bei reiner Schnittnutzung) auf den Flächen nachweisbar (DAHMEN 1990, HEISSENHUBER et al. 1991, RIEHL 1997). Der Anteil an Leguminosen in den Beständen kann ansteigen. Die Mehrzahl der Autoren geben bei einer Verringerung des Einsatzes an mineralischer Düngung deutliche Ertragsverluste hinsichtlich der Trockensubstanz und des Energiegehalts auf dem Extensivgrünland an. D.h. eine geringe Extensivierung kann schon zu deutlichen DB-Einbußen führen.

Die Entwicklung einer strukturreichen Vegetation und die Entstehung artenreicher Lebensgemeinschaften kann i.d.R. nur in Folge extensiver Beweidung mit sehr niedrigen Besatzdichten (in Abhängigkeit vom Standort) von z.B. 0,4 GV/ha nachgewiesen werden (LUICK 1996). Mit dieser Form der extensiven Weidenutzung wird meist auch ein Beitrag zur Offenhaltung von Landschaften geleistet. Rote Liste Arten können sich ebenfalls ansiedeln. SCHMIDT (1995) belegt eine gestiegene Tier- und Pflanzenartenzahl auf sehr extensiv genutztem Grünland. Die Nennung besonders gefährdeter Arten erhöhte sich in seinen Untersuchungen um 25 %. Eine Zunahme der Artenvielfalt, besonders in Hinblick auf Rote Liste Arten, ist nach HAMPICKE (1988) bei einer Nutzungsintensität zu erwarten, die bei ca. 1000 KStE/ha liegt.

Grünlandextensivierungsprogramme werden auch in der Bewirtschaftung von Feuchtgrünland für den Wiesenbrüterschutz eingesetzt. Als problematisch stellt sich dabei die Abstimmung der Habitatansprüche von Wiesenvögeln und der extensiven Weidenutzung mit reduzierter Bestandesdichte heraus (MASCH 1994). Ein niedriger Viehbesatz (z.B. 1 bis 2 Tiere je ha einer Extensivrasse wie Galloway) war für die Verwertung des Pflanzenaufwuchses nicht ausreichend. Lediglich 30% der Fläche wurde kurz gehalten und entsprach somit den Anforderungen der Wiesenbrüter. Erst bei 3 Tieren je Hektar entwickelte sich ein ausgeglichenes Verhältnis von Futterangebot und Futterbedarf und schaffte für die Bodenbrüter geeignete Lebensbedingungen. Hierbei nahmen aber die Trittschäden erheblich zu. Letzlich zeigte sich in den Versuchen, daß die Beweidung für eine Kompromißfindung zwischen Flächenpflege und Schutz der Wiesenbrüter nicht geeignet ist. Um Nutzungskonflikte zu vermeiden, sollten nach Ansicht des Autors daher Beweidung und Wiesenbrüterschutz auf getrennten Flächen erfolgen.

Wissenschaftlich abgesicherte Berechnungen zu Einkommensverlusten bei einer extensiven Grünlandbewirtschaftung existieren nur in einem begrenzten Umfang. In der Arbeit von MÄHRLEIN (1993a) werden einzelbetriebliche Einkommensverluste für verschiedene Bewirtschaftungsauflagen auf dem Grünland berechnet. Diese zeigen, daß ein vollständiger Verzicht auf mineralische Düngung erhebliche Einkommensverluste pro Hektar zur Folge haben kann (453 DM/ha). Werden 100 kg N/ha aufgebracht, verringert sich der Verlust auf ca. 200 DM/ha. Ebenso kann eine Begrenzung des Viehbesatzes in Verbindung mit dem Verzicht auf Düngung erhebliche Einkommensminderungen bewirken (ca. 700 DM/ha). THIMM und EBBINGHAUS (1992) berechnen Einkommensverluste von bis zu 660 DM/ha Extensivierungsfläche, wenn diese Flächen nicht mehr durch eine intensive Milchviehhaltung genutzt werden können. MÄHRLEIN gibt eine Schwankungsbreite von 0 bis 2000 DM/ha für die möglichen Einkommensverluste an. Sie hängen im starken Maße von den einzelbetrieblichen Voraussetzungen und der Ausgestaltung der Bewirtschaftungsauflagen ab.

3.6 Umwelt- und Ertragswirkungen ökologischer Anbauverfahren

Die Zahl der mindestens nach der VO (EWG) 2092/91 für den ökologischen Landbau wirtschaftenden Betriebe in der Bundesrepublik Deutschland ist im vergangenem Jahrzehnt deutlich angestiegen. Der Anteil von Flächen, die nach anerkannten Richtlinien ökologisch bewirtschaftet und die z.Z. umgestellt werden, beträgt im Bundesdurchschnitt zusammen ca. 2,1 % der LF. In Europa beträgt dieser Flächenanteil ca. 0,44 % der LF (ÖKOLOGIE U. LANDBAU 1998).

Die positiven Umweltwirkungen dieser Produktionsweise konnten inzwischen belegt werden. So führen die niedrigeren Nährstoffimporte und -konzentrationen im ökologischen Landbau im Vergleich zur konventionellen Produktionsweise zu einer geringeren Wasserbelastung und zu einer geringeren Immission von umweltgefährdenden Stoffen in die Atmosphäre (HESS 1997). Dies gewährleistet die Neubildung pestizidunbelasteter Grund- und Rohwässer und verursacht keinerlei Pestizideinträge in Oberflächengewässer oder Belastungen des Trinkwassers. Die Nitratbelastung im Sicker- und Drainwasser ist i.d.R. deutlich geringer als im konventionellen und integrierten Anbau (KÖPKE u. HAAS 1997). Eine Zusammenarbeit von Wasserschutz und ökologischem Landbau basierend auf den bereits vorhandenen Verbands- und Beratungsstrukturen wird deshalb von verschiedenen Autoren empfohlen.

STOLZE et al. (1999) haben die Umweltwirkungen des ökologischen Landbau mit denen des konventionellen Landbaus anhand von Umweltindikatoren verglichen. Die Autoren führten eine international angelegte Expertenbefragung durch. Die Ergebnisse der Arbeit bescheinigen dem ökologischen Landbau eine besondere Umweltfreundlichkeit. Von ihm würden eindeutig geringere Umweltbelastungen ausgehen als vom konventionellem Landbau.

Eine vergleichende Energiebilanzierung für konventionelle und ökologisch wirtschaftende Betriebe ergibt, daß mit der konventionellen Produktionsweise höhere Erträge mit höherem Energieaufwand erzeugt werden (ALFÖLDI et al. 1997). Der ökologische Landbau kann aufgrund der i.d.R. günstigeren Energiebilanzen, seiner positiven Auswirkungen auf das Artenspektrum und seiner geringeren Emissionen klimarelevanter Gase als ressourcenschonendes, nachhaltiges Bewirtschaftungssystem bezeichnet werden (KÖPKE u. HAAS 1997). Bei der Beurteilung verschiedener Wirtschaftsweisen anhand von Energiebilanzen ist allerdings zu berücksichtigen, daß es noch kein standardisiertes Bewertungsverfahren gibt, so daß die bisher vorliegenden Ergebnisse nur bedingt miteinander vergleichbar sind (MOERSCHNER et al. 1997).

Studien zu den Auswirkungen des ökologischen Anbaus auf die Flora und Fauna belegen zwar dessen Beitrag für den Schutz und Erhalt von Arten, da durch den Verzicht auf Pflanzenschutzmittel, weite Fruchtfolgen und die vermehrte Zufuhr organischer Substanz günstigere Lebensbedingungen geschaffen werden (PIFFNER 1997). Sie zeigen aber auch die Grenzen auf, da der Schutz der biologischen Vielfalt mit biologischen Anbauverfahren allein nicht möglich ist (ZUCCHI 1997). Im ökologischen Landbau sind Naturschutzmaßnahmen wie die Schaffung von Ausgleichsflächen und die Anlage von Strukturelementen ebenfalls sehr wichtig für den Schutz der faunistischen Vielfalt (PIFFNER 1997). Für die Erhaltung von Lebensräumen wären deshalb besondere Maßnahmen, wie z.B. die Ausweisung von Schutzgebieten auch bei einer starken Verbreitung des ökologischen Landbaus notwendig. Grundsätzlich sollte eine Integration naturgemäßer Landbewirtschaftung und durchdachter Naturschutzkonzeptionen angestrebt werden. Hierfür erforderlich ist eine enge Zusammenarbeit von Landwirtschaft und Naturschutz (MÄHRLEIN 1993b).

Die Entlastungen der abiotischen Ressourcen sowie die nachgewiesenen Leistungen des ökologischen Landbaus für den Arten- und Naturschutz können als Begründung für die finanzielle Honorierung dieser Produktionsweise herangezogen werden. Nach einer Untersuchung der UNIVERSITÄT ROSTOCK (1996) sind unter den derzeitigen Voraussetzungen der Beihilfezahlungen ökologisch wirtschaftende Betriebe i.d.R. in der Lage gewinnbringend zu wirtschaften. SCHULZE PALS (1994) weist aber darauf hin, daß insgesamt die Marktfruchtbetriebe von der Umstellung stärker profitieren, da sie leichter höhere Produktpreise erzielen können als Tierhaltungsbetriebe. Eine gute Vermarktung der erzeugten Produkte ist nach SCHULZE PALS für den wirtschaftlichen Erfolg der Betriebe wichtiger als die zeitlich befristeten Beihilfen. Nach SCHULZE PALS wird das Extensivierungziel "Marktentlastung" in der Pflanzenproduktion bei einer Umstellung auf ökologischen Landbau voll erreicht.

3.7 Umweltwirkungen von Ackerrandstreifen

Ackerrandstreifenprogramme werden in fast allen Bundesländern angeboten. Ziel ist zum einen die Erhaltung und der Schutz seltener und gefährdeter Ackerwildkräuter und zum anderen die Leistung eines Beitrages zur Biotopvernetzung.

In einer Studie von VAN ELSEN und SCHELLER (1995) wird anhand vergleichender Untersuchungen in einem kleinstrukturierten und in einem großstrukturierten Agrarraum die große Bedeutung von Feldrändern und -rainen für das Vorkommen seltener Segetalarten dargelegt. Vor allem im Hinblick auf die Intensivierung in der Landwirtschaft und den damit einhergehenden landschaftlichen Veränderungen sind extensiv bewirtschaftete Ackerrandstreifen (ohne Einsatz von PSM und Dünger) eine Möglichkeit für die Erhöhung der ökologischen Vielfalt. Zudem tragen sie nach Ansicht der Autoren als Strukturelement zur Biotopvernetzung bei.

Auch RASKIN (1995) belegt den positiven Einfluß von PSM-frei bewirtschafteten Ackerrandstreifen auf die Artenvielfalt. Bezüglich der faunistischen Auswirkung von Ackerrandstreifen weist RASKIN eine deutlich höhere Arten- und Individuenzahl nach, da günstigere Lebensbedingungen und ein höheres Nahrungsangebot vorherrschen. Ackerrandstreifen stellen als Bestandteil des Biotopverbundsystems eine Verbindung zwischen Ackerflächen und naturnahen Biotopen dar und tragen auf diese Weise zur Verbesserung der Selbstregulierungsmechanismen von Agrarökosystemen bei. Die volle Wirksamkeit von Ackerrandstreifen ist aber nur in strukturreichen Agrarlandschaften gegeben. Bislang ist die Verbreitung von Ackerrandstreifen noch zu gering, als daß tatsächliche Veränderungen in der Faunenzusammensetzung großflächig belegt werden können. Dafür ist eine flächendeckende Verbreitung und eine Integration von Ackerrandstreifen in umweltschonende Anbauverfahren erforderlich.

In einer weiteren Untersuchung unterstreichen RASKIN et al. (1992) den wesentlichen Beitrag von Ackerrandstreifen für den Schutz gefährdeter Ackerwildkräuter, die Erhaltung intakter und kennartenreicher Segetalgesellschaften und den Schutz seltener Laufkäferarten. Dabei betonen sie die Bedeutung der mehrjährigen Anlage von Ackerrandstreifen und den Verzicht auf PSM. Von diesen Schonstreifen aus findet eine Verbreitung der Arten in die angrenzenden Feldraine statt, aber nicht, wie häufig erwartet wird, in das Bestandesinnere. Besonders alte Feldraine haben einen hohen Wert für die Biotopvernetzung. Neben der Schutzwirkung konstatieren die Autoren eine Pufferwirkung der Akkerrandstreifen besonders an Rainen, Gräben, Hecken, Gewässerufern und Schutzgebieten. Durch Ackerrandstreifen werden komplexe Nahrungsketten gefördert und dadurch die Stabilität von Agrarökosystemen erhöht. Für den vollständigen Erhalt der Akkerfauna ist nach ihrer Meinung eine Ausdehnung der Ackerrandstreifen auf alle Naturräume und ein Biotopverbundsystem notwendig, das aus einer Kombination von Brachen und extensivierten Flächen sowie aus Ackerrandstreifen und Saumbiotopen bestehen muß.

STRODTRESS (1992) stellt die hohe Konkurrenz der Kulturpflanzen für die Entwicklung der Begleitflora in Getreidebeständen und in Ackerrandstreifen heraus. Für die Entwicklung arten- und individuenreicher Pflanzengesellschaften muß ein ausreichendes Lichtangebot vorhanden sein, was bei einer extensiven Bewirtschaftung erreicht werden kann. Die erforderliche Breite für Ackerrandstreifen ist an die Standortgegebenheiten anzupassen. Grundsätzlich fördert die Verschiebung der Bodenbearbeitung nach der Ernte die Segetalarten im Bestand. Vor allem die Entwicklung blütenreicher Gesellschaften erhöht in Ackerrandstreifen das Vorkommen von Nützlingen. Durch die Förderung der Artenvielfalt erhöht sich die Stabilität von Agrarökosystemen, da längere Nahrungsketten und mehr Symbiosefälle vorliegen. Zu erwartende Ertragseinbußen sollten nach Meinung des Autors durch Ausgleichszahlungen kompensiert werden.

Abschließend soll mit RABE (1992) darauf hingewiesen werden, daß mehrjährige Ackerrandstreifen in ihren faunistischen und floristischen Auswirkungen kein Ersatz für eine generelle Diversifizierung in der Agrarlandschaft sind, auch wenn ihre Bedeutung als eigenständiger Lebensraum mit steigendem Alter zunimmt und eine Verbundwirkung erwartet werden kann. Da die Anlage von Ackerrandstreifen alleine das ökologische Potential kleinstrukturierter Landschaften nicht erreicht, ist die Neuanlage von Hecken und Feldgehölzen sowie ungestörter Feldraine und Wegränder nach seiner Meinung die ökologisch noch sinnvollere Maßnahme.

3.8 Umweltwirkungen von Uferrandstreifen

KRAUS (1994) stellt ein detailliertes Bild von Uferrandstreifen als unverzichtbare Bestandteile von Öko-Systemen und deren Funktionen im Agrarraum dar. Sie haben vor allem in monotonen Agrarlandschaften eine besondere Bedeutung als Strukturelement, Lebensraum sowie Gen- und Artenpotential. Sie tragen aufgrund ihrer vielfältigen Struktur und ihrer spezifischen Lebensraumbedingungen zum Schutz und Erhalt seltener Pflanzen- und Tierarten bei. Leitbild für die Gestaltung naturnaher Uferrandstreifen sollten natürliche Flußauen sein. Vor allem diese Gewässerstreifen sind Habitat für Laufkäfer und Brutvögel. Die ausreichende Breite, die Art der Pflege (eine bzw. mehrfache Mahd) sowie eine gezielte und verbindende Anlage sind die wesentlichen Einflußfaktoren für eine arten- und individuenreiche Besiedlung und die positive Wirkung in Biotopverbundsystemen. Der Schutz und die Pflege von Uferrandstreifen kann zu einer Verbesserung des Naturhaushaltes aus gesamtökologischer Sicht führen. Uferrandstreifen sind i.d.R. stark gegliedert und strukturreich aufgebaut. Damit entsprechen sie den ästhetischen Anforderungen an eine Landschaft und zählen oft zu den bevorzugten Naherholungsgebieten. Dabei ist eine geregelte Freizeitnutzung und Gestaltung als Kompromiß zwischen Naturschutz und menschlicher Nutzung anzustreben.

Die Wirkung von Uferrandstreifen im Biotopverbundsystem zu untersuchen, ist Schwerpunkt der Studie von CORNELSEN et al. (1993). Als besonders schwierige Artenbarrieren können sich die spezifische Vegetation und die unterschiedlichen und sehr spezifischen Standortbedingungen von Uferrandstreifen erweisen. Die Unterschiede zwischen den einzelnen Biotopen ist mitunter so groß, daß eine Besiedlung jeweils nur von spezifischen Arten stattfindet. Eine Verbundwirkung von Uferrandstreifen ist daher für häufige, gering spezialisierte Arten leichter zu erreichen als für seltene Arten. Inwieweit isolierte Uferrandstreifen eine Funktion als Trittsteinbiotop erfüllen, hängt nicht unwesentlich von ihrer Entfernung zum nächsten ähnlichen Biotop ab. Notwendige Bedingungen für eine Etablierung artenreicher Pflanzen- und Tiergesellschaften sind nach Ansicht der Autoren die ausreichende Breite und die standortangepaßte Anlage der Uferrandstreifen.

3.9 Umweltwirkungen von Flächenstillegungen

Zweifellos hat die Flächenstillegung dazu geführt, daß die Vielfalt unterschiedlich bewirtschafteter Flächen in der Agrarlandschaft größer geworden ist und das bunte Mosaik den erholungssuchenden Spaziergänger in der Feldmark erfreut. Von Seiten des Naturschutzes fällt die Bewertung allerdings nicht immer positiv aus, da Umwidmungen von Flächen und vor allem Biotopverbund-Maßnahmen durch die Anlage von Hecken, Feldrainen, Gewässerschutzzonen etc. favorisiert werden (TSCHARNTKE et al. 1996).

Die Auswirkungen der Flächenstillegung auf die Flora und Fauna in der Agrarlandschaft sind in den vergangenen Jahren vermehrt untersucht worden. Dabei wurde vielfach der Frage nachgegangen, ob eine Selbstbegrünung der Ansaat vorzuziehen sei. Nach STEFFAN-DEWENTER u. TSCHARNTKE (1996) begünstigt der Verzicht auf eine Ansaat der stillgelegten Flächen nachweislich die Entwicklung einer artenreichen Vegetation und das Vorkommen gefährdeter und spezialisierter Arten. Die Autoren empfehlen deshalb eine stärkere Berücksichtigung der positiven tierökologischen Folgen selbstbegrünter Ackerbrachen im Rahmen von Flächenstillegungsprogrammen. Auch andere Autoren wie z.B. LITZBARSKI et al. (1993) bestätigen diese positiven Wirkungen von Brachflächen. Bereits nach einer Vegetationsperiode nahm die Artenvielfalt gekoppelt mit einer hohen Varianz zu. Besonders auf langfristigen Brachflächen entwickeln sich artenreiche, größere Arthropodengesellschaften in Folge der Entstehung einer vielseitigen, an wiesen- und trockenrasenartenreichen Vegetation. Brachflächen bieten gute Voraussetzungen als Habitate für Brutvögel, vor allem die Feldlerche konnte vermehrt nachgewiesen werden (LITZBARSKI et al. 1993).

TSCHARNTKE et al. (1996) unterstreichen die positive Wirkung von selbstbegrünten Stillegungsflächen für den Naturschutz, da es zur individuellen Sukzession kommt und keine Uniformierung der Flächen wie bei der Einsaat vorliegt. Es siedeln sich viele, auch seltene annuelle Ackerwildkräuter und folglich auch spezialisierte Insektenarten an und die Nützlingsdichte steigt. Auch bodenbrütende Feldvögel können sich verstärkt etablieren. Jüngste Untersuchungen zeigen, daß entgegen landläufiger Meinung auch junge Selbstbegrünungen für den Naturschutz interessant sein können, da sie gefährdete Ackerwildkräuter wie auch gefährdete Ackerwildkraut-Spezialisten unter den Insekten sowie große Nützlingsdichten aufweisen (TSCHARNTKE et al. 1996). Bei der Konzeption von Flächenstillegungen ist als vorrangiges Ziel eine Biotopvernetzung anzustreben, um die nachteiligen Folgen fragmentierter Lebensräume zu beseitigen. TSCHARNTKE et al. beklagen, daß Naturschutz im Rahmen von Stillegungs-programmen oft nur ein Mitnahmeeffekt einer ökonomisch ausgerichteten Agrarreform sei, dies müsse sich ändern und der Naturschutz zum expliziten Ziel der Landschaftsgestaltung werden. Nach Auffassung der OECD (1997b) ist die kurzfristige Stillegung von Ackerflächen zur Marktentlastung kaum mit positiven Umwelteffekten verbunden, weil auf diesen Flächen der Anbau von Nichtnahrungsmitteln meist erlaubt ist und die Bewirtschaftung sich kaum von der sonst üblichen unterscheidet. Positiv bewertet sie hingegen eine dauerhafte Stillegung oder Umwidmung von Ackerflächen für Naturschutzzwecke, wie beispielsweise die 20-jährige Stillegung, wenn sie gezielt auf umweltsensible Standorte konzentriert wird.

Bezüglich der Veränderungen im Wasser- und Nährstoffhaushalt zeigten sich durch die Stillegung deutliche Entbasungserscheinungen und Nährstoffverluste, vor allem auf sandigen Böden (BILLEN u. LEHMANN 1992). Die Netto-Mineralisationsraten unter Dauerbrachen nehmen ebenso wie die Nitratbelastungen ab. Die geschlossene Pflanzendecke bei einer Ansaat bietet den Vorteil eines vollständigen Erosionsschutzes. Solange auf den verbleibenden Flächen keine Intensivierung stattfindet, halten die Autoren eine zeitlich begrenzte Brache auf pflanzenbaulichen Grenzstandorten für sinnvoll. Andererseits raten sie zu einer Umwidmung von Ackerflächen mit hohem Anbaurisiko und Gefährdungspotential. In ertragsstabilen Ackerbauregionen ist eine Extensivierung vorzuziehen, da Ziele wie Grundwasserschutz und Erosion dann kontinuierlich und nachhaltig verfolgt werden können.

Ähnliche Empfehlungen finden sich bei BILLEN (1996). Hier wird besonders der effektive Beitrag, den Brachflächen auf auswaschungsgefährdeten Standorten für den Grundwasserschutz leisten, hervorgehoben. Als Gefahr dieser Nutzungsform führt der Autor die versauerungsfördernde Wirkung von Brachen auf. Durch die Stillegung geht das Puffervermögen für anorganische Schadstoffe wie Schwermetalle auf kalkfreien Böden zurück. Diesem Problem kann jedoch mit der Vermehrung der organischen Bodensubstanz begegnet werden.

3.10 Umweltwirkungen von Schutzpflanzungen und Feldgehölzen

Einen wesentlichen Beitrag von Hecken zur Nützlingsförderung belegen BRUCKHAUS und BRÜCKEN (1993) in ihrer Untersuchung der Laufkäferpopulationen im konventionellen und im biologisch-dynamischen Landbau. Besonders in Heckennähe konnte ein hohes und artenreiches Vorkommen ermittelt werden; damit ist die Bedeutung von Hekken auch für die biologische Schädlingsbekämpfung nach Meinung der Autoren als groß zu bezeichnen. Sie dienen als Überwinterungsquartiere, von denen aus die Populationszyklen beginnen und die weitere Ausbreitung der Arten einsetzt. Vor allem in intensiv genutzen Agrarräumen haben die Entwicklungen in der modernen Landwirtschaft zu einer großräumigen, an naturnahen Biotopen verarmten Landschaftsstruktur geführt. Mit der Anlage von Schutzpflanzungen und Feldgehölzen wird der Versuch unternommen, dem entgegenzuwirken und eine Biotopvernetzung aufzubauen.

Anhand einer Bewertung von unterschiedlichen Biotopneuanlagen zeigen KUBACH und ZEBITZ (1996) die Voraussetzungen für eine arten- und individuenreiche Besiedlung dieser Strukturelemente auf. Wichtig ist eine vielfältige Struktur, die eine geringe Störung und die Verbindung mit anderen erreichbaren sowie kleinstrukturierten Teilgebieten in geringer Entfernung gewährleistet. Abgetrennte Biotope werden von ausbreitungsschwachen, spezialisierten Laufkäferarten nicht besiedelt, weshalb diese sich in strukturarmen Agrarlandschaften nicht etablieren können.

In tierökologischen Langzeitstudien haben GRUTTKE und WILLECKE (1993) die Funktion von neuangelegten Gehölzanpflanzungen in intensiv bewirtschafteten Agrarlandschaften als Trittsteinbiotope, als Ausbreitungskorridore und als inselartige Refugien untersucht. Auch nach langjähriger Entwicklung konnten sie nur eine geringe Funktion als Trittsteinbiotop feststellen. Die Autoren verweisen auf den großen Einfluß der Einbindung der Neuanlagen in bereits vorhandene Biotopkomplexe für eine erfolgreiche Gestaltung des Biotopverbundsystems. Ein weiterer Einflußfaktor ist die Art der Anpflanzung. Dabei sollten standortgerechte, bereits in der Region angesiedelte Gehölzpflanzen ausgewählt werden. Die Neuanlagen werden von einer Vielzahl von Laufkäferarten als Refugium genutzt, sie leisten also einen wesentlichen Beitrag für den Schutz und Erhalt der Fauna. Die nach Ansicht der Autoren bislang geringe Akzeptanz in der Bevölkerung gegenüber neuangelegten Biotopen kann nach ihrer Ansicht mit Hilfe von Öffentlichkeitsarbeit erhöht werden.

Der Akzeptanz von Schutzpflanzungen und Feldgehölzen in landwirtschaftlichen Kreisen gehen BURGMAIER et al. (1997) mit der Untersuchung der Arbeits- und betriebswirtschaftlichen Auswirkungen einer Biotopvernetzung nach. Sie ermitteln Einkommensverluste aufgrund des Flächenbedarfs für die Strukturelemente, des erhöhten Arbeitszeitbedarfs, der gestiegenen variablen Maschinenkosten und der Ertragsverluste auf den größeren Vorgewenden. Andererseits entstehen Gewinne durch den niedrigeren Arbeitsaufwand und den reduzierten Einsatz von PSM. Genaue DB-Berechnungen unter Einbeziehung der gesamten Ausgleichszahlungen ergeben i.d.R. die volle Kompensation und zum Teil sogar Einkommenszunahmen bedingt durch die Anpassungsmöglichkeiten der Betriebe. Als problematisch kann die Vielzahl der Auflagen, die von den Landwirten bei der Anlage und Pflege der Pflanzungen eingehalten werden müssen, eingestuft werden. Dies kann als Einschränkung der unternehmerischen Freiheit empfunden werden und die Landwirte von der Teilnahme abhalten.

3.11 Umweltwirkungen von Streuobstwiesen

Eine weitere Landschaftspflege- oder Naturschutzmaßnahme, die im Rahmen von Extensivierungsprogrammen häufig gefördert wird, ist die Anlage und/oder Pflege von Streuobstwiesen. Obstwiesen mit Hochstammobst oder Streuobst zwischen kleinparzellierten Äckern ergeben eine Pflanzenformation mit hohem ästhetischen und landeskulturellen Wert. Darüber hinaus haben sie einen hohen Naturschutzwert, da Streuobstwiesen meist nicht stark gedüngt werden und man i.d.R. ein artenreiches Grünland antrifft. Außerdem übernehmen sie wichtige Habitatfunktionen (KAULE 1986). Sie bieten Lebensraum für seltene, zum Teil gefährdete Vogel- und Fledermausarten und leisten insgesamt einen großen Beitrag zur Erhaltung der genetischen Vielfalt im Agrarraum. Die Aufrechterhaltung ihrer Nutzung und Pflege ist in vielen Regionen nicht mehr rentabel und führte an manchen Standorten bereits zum Absterben der Bäume (HERZOG u. OETMANN 1997). Die Vitalität verwahrloster Obstbäume ist durch Pflegemaßnahmen meist wiederherstellbar und die finanzielle Honorierung dieser Maßnahmen wird von vielen Autoren gefordert (EPPEL-HOTZ et al. 1996). Von HOTZ (1995) werden auch die positiven Effekte einer Neuanlage von Streuobstwiesen in Wasserschutzgebieten zum Schutz abiotischer Ressourcen aufgezeigt.

3.12 Umweltwirkungen weiterer Landschaftspflege- und Naturschutzmaßnahmen

Die Pflege aufgegebener Flächen und die Bewirtschaftung extremer Standorte, wie beispielsweise eine extensive Beweidung von Mager- und Halbmagerrasen oder die Steillagenbewirtschaftung, sind ebenfalls Gegenstand von Extensivierungsprogrammen. Die naturschutzfachliche Bedeutung und der hohe Nutzen dieser Wirtschaftsweisen für die Erhaltung der natürlichen Ressourcen steht außer Frage (MÜHLENBERG u. SLOWIK 1997).

Weitere Bereiche, die bisher kaum von Agrarumweltprogrammen abgedeckt werden, betreffen die Entwicklung und Umsetzung regionaler Leitbilder zur Landschaftsnutzung und die Entwicklung von Segregationskonzepten, die auf der Ebene landwirtschaftlicher Betriebe umgesetzt werden können. Diese Maßnahmen sind deshalb besonders wichtig, weil die meisten gefährdeten Arten nicht in Biotopen überleben können, die eine ernstzunehmende landwirtschaftliche Mindestproduktivität aufweisen (HAMPICKE 1988). Erkenntnisse zur Weiterentwicklung solcher Konzepte können die Begleituntersuchungen zur Kulturlandschaftsnutzung in Biosphärenreservaten und einige Extensivierungsvorhaben auf Versuchs- und Staatsgütern liefern (SIEBER 1997; DEERBERG 1996; POMMER u. KESSIRER undatiert).

3.13 Zusammenfassung und Schlußfolgerungen

Positive Umweltwirkungen können bei einer flexiblen Extensivierung in erster Linie von den Einsparungen in den Bereichen Dünge- und Pflanzenschutzmitteleinsatz erwartet werden. Folge des reduzierten Herbizideinsatzes im Rahmen des INTEX-Projektes sowie der konsequenten Berücksichtigung der Bekämpfungsschwellen waren eine Verbesserung der floristisch-strukturellen Vielfalt, höhere Artenzahlen und eine geringere Dominanz der jeweiligen Kulturpflanze. Werden neben den extensiveren Wirtschaftsweisen zusätzliche Teilflächen für Landschaftspflegezwecke und ökologische Ausgleichsmaßnahmen umgewidmet, können die Leistungen des integrierten Anbaus für den biotischen und ästhetischen Ressourcenschutz erheblich gesteigert werden.

Bei einem vollständigen Verzicht auf Dünge- und Pflanzenschutzmittel kann der Ackerwildkrautdruck auf einigen Standorten so stark ansteigen, daß im Laufe der Jahre die landwirtschaftliche Produktion gänzlich verhindert wird. Eine Extensivierung von Pflanzenbausystemen nach einheitlichen, starren Vorgaben wird deshalb von verschiedenen Autoren abgelehnt, insbesondere dann, wenn damit kein Übergang zum ökologischen Landbau verbunden ist.

Die Entwicklung einer strukturreichen Vegetation und die Entstehung artenreicher Lebensgemeinschaften auf dem Grünland kann i.d.R. nur in Folge extensiver Beweidung mit sehr niedrigen Besatzdichten (in Abhängigkeit vom Standort) von z.B. 0,4 GV/ha nachgewiesen werden. Mit dieser Form der extensiven Weidenutzung wird meist auch ein Beitrag zur Offenhaltung von Landschaften geleistet. Rote Liste Arten können sich ebenfalls ansiedeln. Eine nur mäßige Extensivierung des Grünlandes kann zur Verringering von N-Überschüssen beitragen.

Die positiven Umweltwirkungen des ökologischen Anbaus werden in der Literatur weithin belegt. So führen beispielsweise die niedrigeren Nährstoffimporte und -konzentrationen im ökologischen Landbau im Vergleich zur konventionellen Produktionsweise zu einer geringeren Wasserbelastung und zu einer geringeren Immission von umweltgefährdenden Stoffen in die Atmosphäre. Der Schutz der biologischen Vielfalt ist mit biologischen Anbauverfahren allein jedoch nicht möglich. Im ökologischen Landbau sind Naturschutzmaßnahmen wie die Schaffung von Ausgleichsflächen und die Anlage von Strukturelementen deshalb ebenfalls sehr wichtig für den Schutz der biologischen Vielfalt.

Ackerrandstreifen stellen als Bestandteil des Biotopverbundsystems eine Verbindung zwischen Ackerflächen und naturnahen Biotopen dar und tragen auf diese Weise zur Verbesserung der Selbstregulierungsmenchanismen von Agrarökosystemen bei. Die volle Wirksamkeit von Ackerrandstreifen ist aber nur in struktureichen Agrarlandschaften gegeben. Bislang ist die Verbreitung von Ackerrandstreifen noch zu gering, als daß tatsächliche Veränderungen in der Faunenzusammensetzung in Folge von Ackerrandstreifen großflächig belegt werden könnten.

Die Flächenstillegung hat dazu geführt, daß die Vielfalt unterschiedlich bewirtschafteter Flächen in der Agrarlandschaft größer geworden ist. Von Seiten des Naturschutzes fällt die Bewertung allerdings nicht immer positiv aus, da Umwidmungen von Flächen und vor allem Biotopverbund-Maßnahmen durch die Anlage von Hecken, Feldrainen und Gewässerschutzzonen favorisiert werden. Die Neuanlage von Schutzpflanzungen und Feldgehölzen werden von einer Vielzahl von Laufkäferarten als Refugium genutzt, und sie leisten einen wesentlichen Beitrag für den Schutz und Erhalt der Fauna. Weitere Landschaftspflege- oder Naturschutzmaßnahmen, wie die Anlage oder Pflege von Streuobstwiesen mit Hochstammobst oder Streuobst zwischen kleinparzellierten Äckern ergeben eine Pflanzenformation mit hohem ästhetischen und landeskulturellen Wert. Darüber hinaus haben sie einen hohen Naturschutzwert, da Streuobstwiesen meist nicht stark gedüngt werden und man i.d.R. ein artenreiches Grünland antrifft. Außerdem übernehmen sie wichtige Habitatfunktionen.

Die Literaturanalyse zeigt, wie die Umweltwirkungen verschiedener Wirtschaftsweisen einzuschätzen sind. Sie kann aber nur begrenzt dazu verwendet werden, das ökologische Potential verschiedener Wirtschaftsweisen im Vergleich untereinander zu bewerten. Hierzu müßten die gewonnenen Daten über die abiotischen und biotischen Auswirkungen der Wirtschaftsweisen aggregiert werden, was ohne eine Gewichtung der Einzelinformationen nicht möglich ist. Dabei sind Probleme zu erwarten, wie z.B. bei der naturschutzfachlichen Bewertung von Biotopen oder der Schnellansprache ganzer Gebiete, die mit einem Informationsverlust verbunden sind (PLACHTER 1989). Dieser Informationsverlust läßt sich minimieren, wenn für die Messung und Beschreibung der Umweltwirkungen systematisch abgeleitete direkte oder indirekte Umweltindikatoren herangezogen werden (SRU 1998b). Im folgenden Kapitel soll deshalb untersucht werden, welche Umweltindikatorensysteme bisher entwickelt worden sind und welche Erkenntnisse hieraus für die Wirkungsanalyse von Agrarumweltprogrammen gewonnen werden können.

4 Indikatorensysteme zur Messung von Umweltwirkungen

In diesem Kapitel soll ein kurzer Überblick über die auf internationaler Ebene angesiedelten Bemühungen zur Entwicklung von Indikatorensystemen zur Erfassung und Beschreibung von „Umweltqualität" gegeben werden. Die Anwendung von Indikatoren setzt eine Festlegung von Zielen oder Leitbildern voraus, die den angestrebten Zustand der Umwelt definieren. Das Ausmaß der Erreichung dieser Ziele kann dann mit Hilfe von Umweltindikatoren in Form von Belastungs-, Zustands- oder Reaktionsdaten erfaßt werden (SRU 1998b, S. 50).

Bereits seit längerer Zeit werden Umweltindikatoren in einzelnen Feldern der Umweltpolitik zur Erfassung und Bewertung der Umweltsituation eingesetzt. Dies geschieht z.B. im Rahmen der Beurteilung der Gewässerhygiene, der Raum- und Landschaftsplanung, der Eingriffsregelung oder der Umweltverträglichkeitsprüfung. Auch in der Umweltberichterstattung sind Indikatoren schon immer zur Unterrichtung der Öffentlichkeit genutzt worden. Damit dienen Umweltindikatoren bereits seit geraumer Zeit mehr oder weniger indirekt der Entscheidungsfindung, insbesondere auf administrativer Ebene bei Eingriffen in den Naturhaushalt (SRU 1998b, S. 94). Dies gilt, obwohl der eigentliche Charakter von Umweltindikatoren ein rein deskriptiver ist (SRU 1998b, S. 97).

Die laufenden internationalen Ansätze zur Entwicklung von Indiktorensystemen unterscheidet der Rat von Sachverständigen für Umweltfragen folgendermaßen:

- Indikatorensysteme, die in erster Linie der Verbesserung der Umweltberichterstattung dienen,
- Umweltindikatorensysteme, die im Rahmen von umweltökonomischen Gesamtrechnungen erstellt werden, sowie
- Nachhaltigkeitsindikatorensysteme, die die verschiedenen Aspekte einer dauerhaft umweltgerechten Entwicklung berücksichtigen sollen.

Im folgenden sollen die Nachhaltigkeitsindikatorensysteme näher betrachtet werden. Eine der ersten Initiativen zur Bildung eines Nachhaltigkeitsindikatorensystems war ein Vorstoß der OECD im Jahr 1991. Ziel der OECD ist es, mit Hilfe von Nachhaltigkeitsindikatoren eine Grundlage für internationale Kooperationen und Konventionen zu schaffen sowie eine Förderung und vergleichende Bewertung der Umweltpolitik in den einzelnen Mitgliedstaaten zu ermöglichen (SRU 1998b, S. 97). Für verschiedene Umweltproblembereiche hat die OECD Indikatoren über die Belastung der Umwelt durch menschliche Aktivitäten („pressure"), zum Zustand der Umweltqualität sowie zur Qualität und Quantität von natürlichen Ressourcen („state") und zu Maßnahmen als Reaktion auf Verschlechterungen des Umweltzustandes („response") entwickelt (SRU 1998b, S. 97). Durch die möglichst vollständige Erfassung aller menschlichen Aktivitäten, die Auslöser von Umweltbeeinträchtigungen sein können, einer detaillierten Beschreibung des physischen Umweltzustandes und der Erfassung möglichst aller Reaktionen auf Umweltverschlechterungen will dieser Modellansatz dem Anspruch der „Nachhaltigkeit" gerecht werden.

Im Zuge der Entwicklung des OECD Modells wurde der Begriff „pressure" durch „driving forces" ersetzt, um den sozialen, ökonomischen und institutionellen Aspekten von Umweltveränderungen oder -belastungen noch besser gerecht zu werden. Der neue Begriff soll menschliche Aktivitäten, Prozesse und Handlungsmuster, die einen Einfluß auf die nachhaltige Entwicklung haben, einschließen (SRU 1998b, S. 102). Auf diese Weise können Aspekte eines nachhaltigen Prozesses mit dem OECD Modell genauer abgebildet und dokumentiert werden.

Die OECD empfiehlt bei den Belastungsindikatoren eine sektorale Untergliederung vorzunehmen. Für manche Bereiche ist aber noch offen, ob die sektorale Disaggregation dieses Indikatorenansatzes nach Unternehmen der einzelnen Wirtschaftszweige oder nach vergleichbaren Produktionsprozessen erfolgen soll (SRU 1998b, S. 97). Für den Sektor Landwirtschaft hat die OECD bereits ein spezielles Konzept vorgelegt.

Welchen Ansatz die OECD für die Erfassung der Umweltsituation im landwirtschaftlichen Bereich und für die Beschreibung einer nachhaltigen Landwirtschaft vorschlägt, wird in der folgenden Abbildung 4-1 dargestellt. Dabei ist das Wechselverhältnis zwischen Landwirtschaft und Umwelt keineswegs statisch zu betrachten.

Der Übergang auf den Begriff „Nachhaltigkeit" bedeutet auf den landwirtschaftlichen Sektor bezogen, daß u.a. alle Wechselwirkungen zwischen dem Einsatz ertragssteigernder Produktionsmittel, dem technischen Fortschritt, der Organisationsformen der landwirtschaftlichen Betriebe, dem Selbstverständnis der Landwirte von ihrer eigenen Arbeit, dem Verlauf des landwirtschaftlichen Strukturwandels, dem Verhalten der Verbraucher und den agrarpolitischen Eingriffen die umweltgerechte Entwicklung der Landwirtschaft mitbestimmen. Der Ansatz der OECD macht darüber hinaus deutlich, daß die Landwirtschaft nicht nur Verursacher von Umweltproblemen ist, sondern als Teil des Systems selbst negativ von Veränderungen in der Umwelt betroffen sein kann.

Die EU-Kommission stellt fest, daß die Landwirtschaft in der Vergangenheit eine Intensivierung erfahren hat, die wiederum Druck auf die Umwelt ausübt. Mit dem Begriff einer „nachhaltigen Landwirtschaft" sieht sie das anzustrebende Verhältnis zwischen Landwirtschaft und Umwelt korrekt umschrieben. Um dieses Ziel zu erreichen seien auch in Zukunft politische Anstrengungen notwendig (KOM 1999, S. 20).

Abbildung 4-1: Das Driving Force-State-Response Modell zur Erfassung und Beschreibung einer nachhaltigen Landwirtschaft (OECD 1997a)

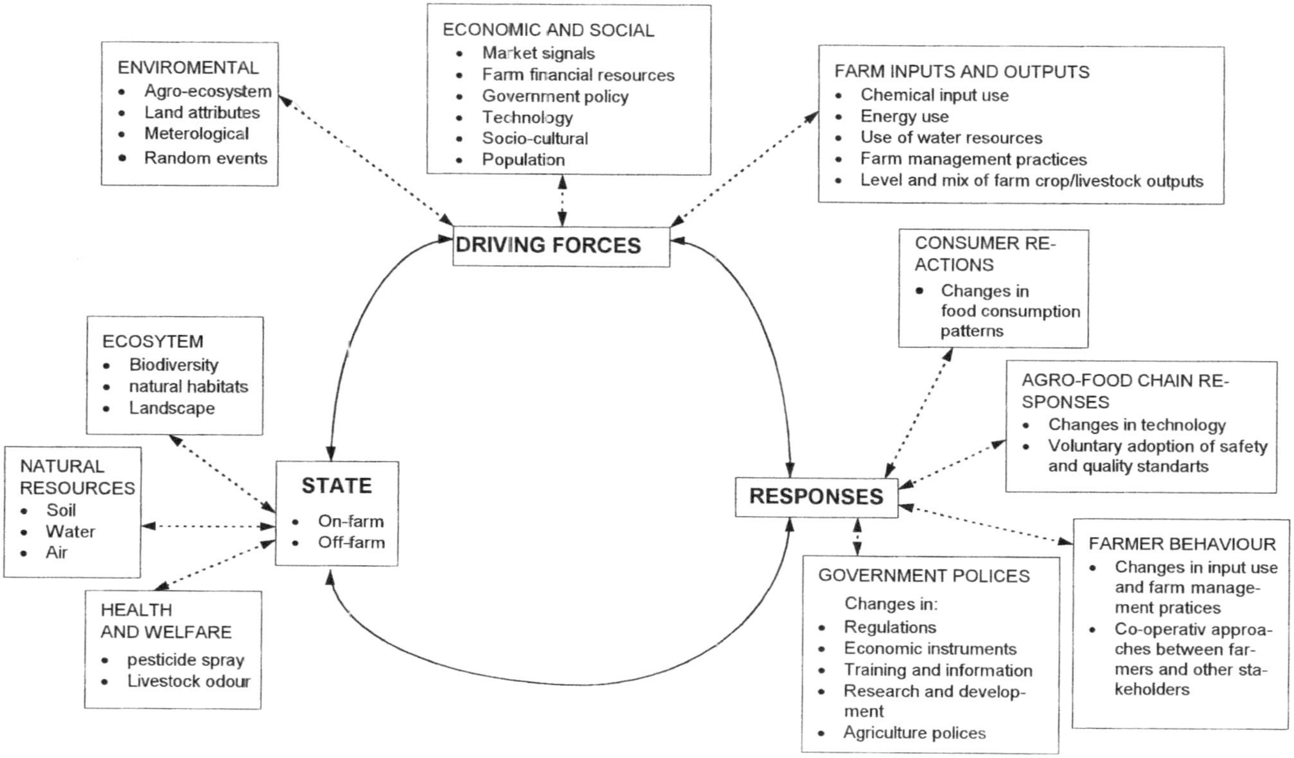

Zur Erfassung der von der Landwirtschaft ausgehenden Umwelteinflüsse gibt es eine Vielzahl von Umweltindikatoren. Die OECD benutzt für die Auswahl geeigneter Indikatoren für ihre Ziele, wie z.B. eine vergleichende Bewertung der Umweltpolitik in den einzelnen Mitgliedstaaten zu ermöglichen, vier Kriterien, denen die von ihr zur Verwendung vorgeschlagenen Indikatoren genügen müssen (OECD 1997, S. 19 ff.). Dies sind Anforderungen an

1. die politische Relevanz der Indikatoren,
2. eine möglichst enge Korrelation zwischen landwirtschaftlicher Aktivität und tatsächlicher Umweltwirkung,
3. die Datenverfügbarkeit und leichte Erfassung sowie
4. das Aggregationsniveau, d.h. die Verwendbarkeit der Indikatoren für eine wissenschaftliche Politikanalyse.

Zur Ermittlung der landwirtschaftlichen Einflüsse auf die Umwelt unterscheidet die OECD 13 Bereiche landwirtschaftlicher Aktivitäten, für die im Folgenden beispielhaft jeweils ein Indikator genannt wird:

1. Einsatz organischer und anorganischer Düngemittel (nutrient use)
   - z.B. Bilanzierung der Nährstoffflüsse auf Ebene der landwirtschaftlichen Betriebe
2. Verwendung von Pflanzenschutzmitteln (pesticide use)
   - z.B. Erfassung der Menge und Einstufung der Toxizität der eingesetzten Mittel
3. Wasserverbrauch in der Landwirtschaft (agricultural water use)
   - z.B. Verbrauch an Beregnungswasser
4. Flächennutzung und Naturschutz (agricultural land use and conservation)
   - z.B. Anteil der landwirtschaftlich genutzten Fläche an der Gesamtfläche einer Region
5. Zustand des landwirtschaftlich genutzten Bodens (agricultural soil quality)
   - z.B. Ausmaß der Bodenerosion
6. Wasserqualität (water quality)
   - z.B. Nitratbelastung des Grundwassers
7. Emission klimarelevanter Gase durch die Landwirtschaft (agricultural greenhouse gases)
   - z.B. Nettoemissionen klimarelevanter Gase gemessen in CO_2-Äquivalent
8. Biodiversität (agriculture and biodiversity)
   - z.B. Vorhandensein und Populationsgröße von Arten in der Kulturlandschaft
9. Lebensräume für wild lebende Arten (agriculture and wildlife habitats)
   - z.B. Flächenanteil von extensiv genutztem Feuchtgrünland an der LF
10. Kulturlandschaftspflege (agricultural landscape)
    - Indikatoren sind in der Entwicklung (z.B. Veränderungen in der Landnutzung; Ermittlung des monetären Wertes einer Landschaft oder eines ästhetischen Landschaftsbildes)
11. Betriebsführung und -leitung (farm management)
    - z.B. Anteil der landwirtschaftlich genutzten Fläche eines Betriebes, die regelmäßig einer Bodenuntersuchung unterzogen wird
12. Finanzielle Aspekte und Rentabilität (farm financial resources)

- z.B. Ausmaß staatlicher Einkommensübertragungen

13. Sozioökonomische und kulturelle Aspekte (Socio-cultural issues in relation to agriculture)
    - z.B. Veränderung der Bevölkerungszahl und -zuammensetzung im ländlichen Raum

Diese Indikatoren dienen in erster Linie dazu, den Ist-Zustand (State) der von der Landwirtschaft beeinflußten Umweltbereiche zu beschreiben. Dabei unterscheiden sich die Informationsdichte oder das Aggregationsniveau der einzelnen Indikatoren sehr. So ist beispielsweise der Anteil einer extensiven Flächennutzung (9.) an der gesamten landwirtschaftlich genutzten Fläche einer Region nur ein indirekter und vergleichsweise hochaggregierter Indikator dafür, wie groß die Biodiversität in einer Kulturlandschaft tatsächlich ist. Auch die vorhandenen, oftmals auf nationaler Ebene hochgradig aggregierten Daten über Tierbestände, Düngemittel und Pflanzenschutzmittel bieten nach Auffassung der EU-Kommission (KOM 1999, S. 19) zwar aufschlußreiche Einsichten, können aber wegen mangelnder regionaler Differenzierung ebenso irreführen.

Für die Beurteilung agrarumweltpolitscher Maßnahmen im Rahmen ökonomischer Analysen sind meist hoch aggregierte oder indirekte Umweltindikatoren erforderlich, die den Zusammenhang zwischen dem tatsächlichen Umwelteffekt und einer Maßnahme oft nur unzureichend wiedergeben. Den zunehmenden Datenverlust, der dabei auftritt, stellt HUTCHINSON (1997, S. 106) folgendermaßen dar:

Abbildung 4-2: Informationsverluste bei der Anwendung verschiedener Umweltindikatoren in Abhängigkeit von der Datendichte

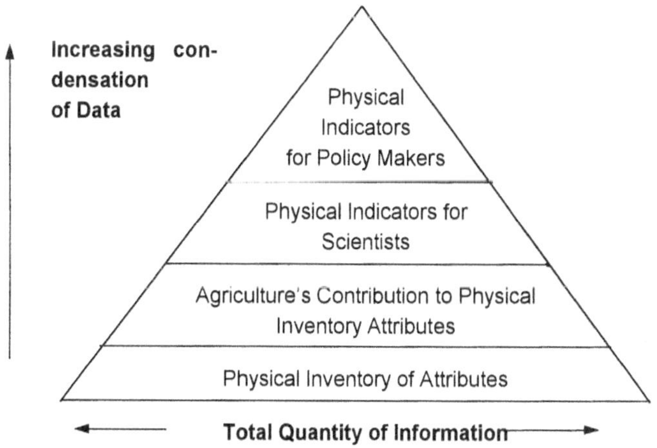

Quelle: HUTCHINSON (1997)

Auch wenn die unter 1. bis 13. angeführten Indikatoren alle Anforderungen der OECD erfüllen, kann mit ihrer Anwendung in Abhängigkeit vom Aggregationsniveau ein Informationsverlust verbunden sein. Dieser ist bei Indikatoren, die für die politische Entscheidungsfindung geeignet sind, i.d.R. größer als bei Indikatoren, die im naturwissenschaftlichen Bereich benutzt werden.

Die Analyse der Umweltwirkungen von Agrarumweltprogrammen erfordert Umweltindikatoren, die die vielfältigen Umwelteffekte in vergleichbaren und aussagekräftigen Daten darstellen (HENRICHSMEYER et al. 1994, S. 93). Weil Agrarumweltprogramme politische Maßnahmen sind, erfordert ihre Bewertung meist Indikatoren mit einem relativ hohen Aggregationsniveau. Sehr einfache und wenig aussagekräftige Indikatoren zur Beschreibung des Umweltnutzens von Agrarumweltprogrammen sind der Anteil der landwirtschaftlichen Betriebe, die an einem Programm teilnehmen, oder der Anteil der geförderten Fläche an der gesamten landwirtschaftlich genutzten Fläche in einer Region. Gerade bei einem internationalen Vergleich verschiedener Politikalternativen ist es oft schwer, verschiedene Politikmaßnahmen zu bewerten. So besteht auch die Evaluierung der Flächenstillegungsprogramme der EU im Rahmen einer OECD Studie in weiten Teilen aus einer qualitativen Diskussion der Umweltwirkungen oder es werden einfache Indikatoren, wie der Umfang der stillgelegten Flächen und die verwendeten Finanzmittel, vergleichend dargestellt (OECD 1997b, S. 27ff.).

Bei der Überprüfung der Politik zur Entwicklung des ländlichen Raums und der Agrarumweltprogramme sind die verwendeten Agrar-Umweltindikatoren nur dann aussagekräftig, wenn sie den standortspezifischen Elementen und Programmkriterien Rechnung tragen (KOM 1999, S. 19). D.h. die Gestaltung der Auflagen und die speziellen Teilnahmebedingungen an den Programmen müssen berücksichtigt werden. Allgemeine Indikatoren, die zwar schneller verfügbar wären, würden nach Auffassung der Kommission nur geringen Aufschluß über den Erfolg bestimmter Maßnahmen geben. Es bedarf spezifischer Angaben, um Unzulänglichkeiten oder Erfolge der Agrar-Umweltmaßnahmen aufzuzeigen. Für die Konzeptualisierung solcher Indikatoren und die Datenerhebung sieht die Kommission weiterhin einen großen Arbeits- und Forschungsbedarf.

Für eine differenzierte Bewertung der von der EU geförderten Agrarumweltprogramme steht gegenwärtig kein praktikables Indikatorenkonzept zur Verfügung. Im folgenden Kapitel sollen deshalb Indikatoren für die ökologische Wirkungsabschätzung der Agrarumweltprogramme in Deutschland entwickelt werden.

5 Ökologische Bewertung und Wirkungsanalyse

In den beiden vorangegangenen Kapiteln wurde ausgeführt, welche Umweltwirkungen verschiedener landwirtschaftlicher Wirtschaftsweisen in der Literatur betrachtet wurden und welche Umweltindikatorensysteme bisher entwickelt wurden. Es konnte gezeigt werden, daß mit den heute vorliegenden Erkenntnissen eine vergleichende Bewertung von Agrarumweltprogrammen nur bedingt möglich ist. Es wurde dargelegt, daß die Analyse der Umweltwirkungen von Extensivierungsprogrammen Umweltindikatoren erfordert, die die vielfältigen Umwelteffekte in vergleichbaren Daten darstellen und gleichzeitig einen regionalen Bezug herstellen. Eine solche Bewertung von Wirtschaftsweisen kann der Literatur nicht entnommen werden, und die Umweltindikatorensysteme sind nicht auf spezielle Extensivierungsmaßnahmen und Bewirtschaftungsauflagen zugeschnitten. In diesem Kapitel soll deshalb ein Referenzsystem für die Wirkungsanalyse von Agrarumweltprogrammen entwickelt werden. Ziel des Referenzsystems ist die Bewertung der geförderten Agrar-Umweltmaßnahmen mit Punkten, die die potentiellen Umweltwirkungen der Maßnahmen wiedergeben und so eine vergleichende Wirkungsanalyse verschiedener Politikalternativen ermöglichen.

5.1 Zum Einsatz von Expertenbefragungen

Welche praktischen Möglichkeiten bestehen nun, nachdem die Literatur überprüft wurde, einen naturwissenschaftlichen Vorschlag zur Bewertung landwirtschaftlicher Wirtschaftsweisen zu erarbeiten? Sicher ist, daß Experten an der Erarbeitung eines solchen Vorschlags beteiligt sein müssen. Diese Beteiligung könnte im Rahmen

- von in Auftrag gegebenen Gutachten
- einer wissenschaftlichen Anhörung/Tagung
- einer persönlichen oder schriftlichen Befragung
- oder aus Kombinationen hieraus erfolgen.

Mit dem Ziel, quantitativ verwertbare Informationen zusammenzutragen, fiel die Wahl auf eine Befragung von Experten.

Grundformen der Befragungstechnik

Eine Befragung von Experten kann schriftlich oder mündlich durchgeführt werden. Das (persönliche) Interview bietet die Möglichkeit, Probleme, Meinungen oder Einstellungen des Befragten, die im Vorfeld nicht bekannt waren, noch in die Untersuchung einzubeziehen, und spezifische Probleme und Bedürfnisse des Befragten zu berücksichtigen. Intensivinterviews eignen sich insbesondere dann, wenn der Befragte selbst Gegenstand der Forschung ist oder seine Einsichten und Wertvorstellungen für den untersuchten Sachverhalt von besonderer Bedeutung sind. Skeptisch ist hingegen die Möglichkeit der subjektiven Einflußnahme auf den Befragten zu beurteilen. Ein weiterer Nachteil des Interviews besteht in dem i.d.R. höheren Zeitaufwand sowie den höheren Kosten im Vergleich zur schriftlichen Befragung (FRIEDRICHS 1990).

Im Rahmen einer schriftlichen Befragung gibt es die Person des Interviewers nicht. Dies kann sich positiv auswirken, weil er die Befragungssituation nicht beeinflußt, aber auch negativ, weil er den Befragten nicht zur Mitarbeit motivieren kann und deshalb die Rücklaufquote möglicherweise sehr gering ausfällt. Andererseits führt FRIEDRICHS (1990) aus, daß ohne Interviewer ein stärkeres Durchdenken der Fragen realisiert wird, da der Befragte mehr Zeit für die Antwort hat. Eine schriftliche Befragung sei dann geeignet, wenn es sich um eine homogene Gruppe an Befragten handelt und keine sprachlichen Schwierigkeiten zu erwarten sind.

Eine Möglichkeit, den Vorteil einer mündlichen Befragung, noch unberücksichtigte Sachverhalte einzubeziehen, und die i.d.R. größere Objektivität einer schriftlichen Befragung miteinander zu verbinden, besteht in der Wiederholung einer schriftlichen Befragung. Diese Überlegung führt zur Prüfung der Delphi-Methode als Befragungstechnik im Rahmen dieser Arbeit.

5.2 Delphi-Befragungen

In den beiden folgenden Abschnitten wird der Ablauf von Delphi-Befragungen beschrieben und geprüft, ob die Delphi-Methode für den vorliegenden Untersuchungsgegenstand, also für die Bewertung der Umweltwirkungen landwirtschaftlicher Wirtschaftsweisen, geeignet ist.

5.2.1 Ablauf einer Delphi-Studie

Bei den vielfältigen Anwendungen und Variationen der Delphi-Methode werden von HÄDER und HÄDER (1996) die folgenden Grundprinzipien genannt, die das Wesen der Methode ausmachen:

1. Rekrutierung von Experten für das Delphi-Team
2. Operationalisierung der Fragestellung
3. Erarbeitung des standardisierten Frageprogramms, Versand an die Experten
4. Aufbereitung der Befragungsergebnisse durch das Forscherteam
5. Rückmeldung der Ergebnisse
6. Mehrfache Wiederholung der Befragung

Die Auswahl von Experten für die Studie ist kein spezifisches Delphi-Problem, sondern stellt einen wesentlichen Punkt bei jeder Befragung dar. Nach SALIGER u. KUNZ (1981) gelten als Experten solche Personen, die über den Befragungsgegenstand hinreichend viele Einzelinformationen besitzen und zudem den Nachweis erbracht haben, diese in Hinblick auf konkrete Fragestellungen in geeigneter Weise verarbeiten zu können. Der Hinweis auf „hinreichend viele Einzelinformationen“ ist nicht sehr restriktiv und es gibt weitere Versuche, die besondere Stellung eines Experten zu beschreiben. So postuliert

KÖHLER (1992), daß ein Experte dadurch gekennzeichnet sei, daß er nach Art und Menge der verfügbaren Information eine Sonderstellung einnimmt. Dieses hohe Informationsniveau könne sich aus einer mittelbaren oder unmittelbaren Beschäftigung oder Betroffenheit mit dem Untersuchungsgegenstand ergeben. Solche Abgrenzungsversuche müssen recht allgemein bleiben, und es kommt im konkreten Einzelfall der Untersuchung darauf an, vor dem Hintergrund dieser Mindestanforderungen rationale Gründe für die Rekrutierung der Experten anzuführen.

Ist die Auswahl der Experten geklärt, stellt sich die Frage, wie viele Experten befragt werden müssen. Zweifelsfrei sollte das Informationspotential, das die Experten repräsentieren, das zu lösende Problem möglichst weitgehend abdecken. Da schon in der ersten Runde mit Antwortverweigerung gerechnet werden muß, und bei unveränderter Fragestellung das Interesse der Befragten erlahmen kann, ist die Motivation der Teilnehmer der zentrale Schlüssel für den Erfolg einer Delphi-Studie (HÄDER u. HÄDER 1996). Vorteilhaft ist es, wenn sich die Experten als Teil eines Forscherteams sehen und die Mitwirkung als interessante Bereicherung für sich begreifen, z.B. aus Interesse am Ergebnis, aus Verantwortung gegenüber dem Fach oder aus Interesse an der verwendeten Methode. Oft werden 20-30 Experten im Rahmen einer Delphi-Studie befragt (SCHILLING u. WIDMER 1997, S. 4). Nach Erfahrungen von GESCHKA (1977) genügen 15-25 Teilnehmer bei relativ eng umrissenen Themen und ca. 30-40 bei unterschiedlichen Themenkomplexen. Sollen verschiedene Problemstellungen von unterschiedlichen Expertenpanels bearbeitet werden, können bedeutend mehr Teilnehmer erforderlich sein. Die Höhe der erforderlichen Rücklaufquote ist abhängig vom Untersuchungsgegenstand und der Anzahl der Befragten Personen. Bei geringer Komplexität des Untersuchungsgegenstandes und großer Anzahl der befragten Experten, kann eine Erfolgsquote von 15 bis 20 % bereits ausreichend für eine gute Qualität der Befragungsergebnisse sein, wenn dabei die oben genannten aktiven Teilnehmerzahlen nicht unterschritten werden (STRAUSS u. JAECKEL 1996).

Die Anonymität der Experten untereinander bietet im Verlauf einer Delphi-Studie im Vergleich zur offenen Gruppendiskussion verschiedene Vorteile. Die Nachteile einer offenen Gruppendiskussion, mit der möglichen Tendenz zu sachlich nicht begründeter Konformität oder das Vorhandensein dominierender Persönlichkeiten in der Gruppe werden vermieden. Darüber hinaus können die Experten in den Wiederholungsrunden ihre Urteile korrigieren, ohne an Reputation zu verlieren. Weitere Vorteile der Delphi-Befragung liegen darin begründet, daß Terminschwierigkeiten bei den Experten umgangen und Reisekosten gespart werden, und damit keine Kompromisse bei der Auswahl der Befragten eingegangen werden müssen (HÄDER u. HÄDER 1996).

Neben der Auswahl der Befragten, spielt nach HÄDER und HÄDER (1996) die Gestaltung der Rückinformation im Rahmen einer Delphi-Studie eine zentrale Rolle. Die Ergebnisse der ersten Befragungsrunde werden häufig anhand des Medians und der Differenz zwischen unteren und oberen Quartilswerten dargestellt. Ebenso häufig werden auch der arithmethische Mittelwert und die Standardabweichungen benutzt, hier gehen extreme Schätzungen aber stärker ein, weshalb diese Darstellung nach Ansicht von

HÄDER u. HÄDER weniger geeignet ist. Besonderen Wert sollte auf die Anschaulichkeit der Antwortergebnisse gelegt werden, da sie die Motivation der Befragten zur Mitarbeit beeinflussen kann. Geeignet sind Histogramme, da sie durch ihre Ein- oder Mehrgipfligkeit die Streuung der Befragungsergebnisse auf einen Blick veranschaulichen. Ungeklärt ist nach Ansicht der Autoren die Frage, ob die jeweils in der vorigen Runde abgegebenen individuellen Antworten nochmals zurückgemeldet werden sollten. Dies kann den Effekt haben, daß Experten auf ihren Meinungen beharren. Andererseits ist es möglich, daß sich einzelne Experten ihre Antworten notieren und andere nicht.

Im folgenden soll untersucht werden, ob bereits durchgeführte Delphi-Erhebungen Aufschluß über die Anwendbarkeit der Methode für den Untersuchungsgegenstand dieser Arbeit geben und ob es grundsätzliche Kritikpunkte an der Delphi-Methode gibt, die gegen ihre Anwendung sprechen.

5.2.2 Ist die Delphi-Methode für den Untersuchungsgegenstand adäquat?

Die Delphi-Methode wird heute nach HANK und TRENKEL (1994) generell als Instrument der Entscheidungs- und Willensbildung eingesetzt, wozu das ursprüngliche Verfahren vielfältig verändert wurde. Die folgenden Grundprinzipien wurden jedoch bei allen Anwendungen der Delphi-Methode beibehalten:

- die Befragung von Experten
- die Befragung in mehreren Runden mit Informationsrückkoppelung nach jeder Runde
- eine Rückinformation statistisch ausgewerteter Befragungsergebnisse
- die Anonymität der Teilnehmer untereinander

Dabei geben die Experten in der Basiserhebung jeweils ein individuelles Urteil ab, welches den Teilnehmern über eine anonymisierte Rückmeldung bekannt gegeben wird. Nach Kenntnisnahme dieser Gruppenmeinung werden die Experten um ein erneutes Urteil gebeten. Auf diese Weise kommt es zur gezielten Auslösung kognitiver Prozesse und schließlich zu einer Verbesserung der Qualität der Ausgangsinformation (HÄDER 1996).

Bekannt wurde die Delphi-Methode bereits 1964 in den USA durch einen von der RAND Corporation erarbeiteten „Report on a Long-Range Forecasting Study" (GORDON u. HELMER 1964). Das Ziel dieser Studie bestand in der langfristigen Vorhersage wissenschaftlicher und technischer Entwicklungen, wobei eine Zeitspanne von zehn bis fünfzig Jahren als langfristig definiert wurde. Seit den 70er Jahren fand eine Verbreitung der Delphi-Methode auch in Westeuropa - einschließlich Deutschland - statt. In Japan werden Delphi-Befragungen zur Technikvorausschau und -bewertung bis in die heutige Zeit mit hohem finanziellem Aufwand betrieben (CUHLS 1998). Die Ausgestaltung der meisten Studien war zunächst stark vom erwähnten RAND Corporation-Projekt beeinflußt. Insbesondere in der Betriebswirtschaft kam es zur Rezeption der Delphi-Methode für Prognosezwecke (HÄDER u. HÄDER 1994). Die Einsatzgebiete wurden aber schnell vielfältiger, so daß SEEGER bereits 1979 (S. 32) schätzte, es habe innerhalb der 15-jährigen Anwendungsdauer ca. 1500 Delphi-Untersuchungen verschiedenster Art gegeben.

In den achtziger Jahren nahm die Anzahl der besonders von Unternehmen durchgeführten Delphi-Befragungen wieder deutlich ab. Dies lag nach CUHLS (1998, S. 41) an den relativ hohen Kosten und dem Aufwand, der mit der Auswahl der Teilnehmer, der Erarbeitung der Thesen, der Fragebögen, dem Druck, dem Versand und der mehrfachen Auswertung betrieben werden muß, sowie an der latenten Kritik an der Methode von Seiten einiger Wissenschaftler.

Trotz des breiten Spektrums von erfolgreichen Anwendungen, wie beispielsweise der „Deutsche Delphi-Bericht zur Entwicklung von Wissenschaft und Technik“ zeigt (BMFT 1993), wird die Diskussion um die Leistungsfähigkeit der Delphi-Methode bis heute kontrovers geführt. Nach HÄDER u. HÄDER (1994) betreffen die verschiedenen kritischen Positionen drei Grundprobleme:

1. Es mangelt nach wie vor an einer systematischen Beschreibung der Voraussetzungen und Grenzen für die erfolgreiche Nutzung der Delphi-Methode.
2. Gerade die praktizierte relative Beliebigkeit bei der Gestaltung der Delphi-Methode und der damit in Verbindung stehende Mangel an professionellen Standards machen das Verfahren für Kritiker anfechtbar.
3. Es gilt theoretisch zu begründen, warum es den Experten gelingt, Urteile über Sachverhalte zu fällen, über die kein sicheres oder vollständiges Wissen existiert.

Tatsächlich reichen die Abgrenzungsversuche der Anwendungsgebiete für die Delphi-Methode von der eng begrenzten Sichtweise, sie sei nur zu Prognosezwecken einzusetzen, bis hin zu ihrem Einsatz als allgemeines Problemlösungsinstrument, was die beiden folgenden Zitate zeigen:

„Die Delphi-Methode ist ein Verfahren, um aus Expertenmeinungen Prognosen zu gewinnen und Konsenz und Dissens zwischen den Expertenmeinungen deutlich zu machem“ (KÖHLER 1992, S. 325).

„Delphi may be characterized as a method for structuring a group communication process so that the process is effective in allowing a group of individuals, as a whole, to deal with a complex problem“ (LINESTONE u. TUROFF 1975, S. 3).

SEEGER (1979, S. 14) wiederum nennt u.a. die folgenden Anwendungsfälle der Delphi-Methode:

1. „Urteilseinbringung in Fällen, wo unsichere Datengrundlage herrscht oder harte Daten nicht zur Verfügung stehen. Diese sind dann stellvertretend für die systematische Erarbeitung von Daten anzusehen.
2. Expertenmeinungen zusammenführen für Zwecke fachlicher Beratung von Entscheidungsträgern.“

HÄDER und HÄDER (1994) sind der Ansicht, daß die Delphi-Methode nicht nur bei Prognoseverfahren sinnvoll eingesetzt werden kann. Sie vertreten die Auffassung, daß die

Delphi-Methode ein vergleichsweise stark strukturierter Gruppenkommunikationsprozeß ist, in dessen Verlauf Sachverhalte, über die naturgemäß unsicheres und unvollständiges Wissen existiert, von Experten beurteilt werden. Die besondere Leistung ihrer Forschungsarbeit liegt aber weniger in der Ableitung dieser Arbeitsdefinition für die Delphi-Methode, sondern in ihrem Versuch, die Art und Weise, wie die Urteile bei einer Delphi-Befragung von Runde zu Runde generiert und verbessert werden, kognitionspsychologisch zu erklären und theoretisch zu untermauern. Die wissenschaftlichen Kriterien wie die Nachvollziehbarkeit der (Delphi-)Methode und die Reproduzierbarkeit der Ergebnisse sind nach STEINMÜLLER (1995) und CUHLS (1998) voll erfüllt.

Die Bewertung komplexer ökologischer Zusammenhänge ist oftmals nicht allein mit quantitativen Mitteln möglich. So wurde die Delphi-Methode beispielsweise in den USA zur Beurteilung von Elchhabitaten (SCHUSTER 1985) und der Bewertung verschiedener Politikmaßnahmen zur Erhaltung von Feuchtgebieten (BARDECKI 1984) eingesetzt. Die vergleichende ökologische Bewertung landwirtschaftlicher Wirtschaftsweisen stellt ebenfalls ein Feld mit unvollständiger und teilweise unsicherer Datenbasis dar. Wie die Literaturanalyse zeigte, wurden die Auswirkungen verschiedener Wirtschaftsweisen zwar intensiv und auch erfolgreich erforscht, ein Problem stellt aber nach wie vor ihre einheitliche Messung an definierten Zielen dar. Im folgenden soll deshalb ein erster Vorschlag zur vergleichenden Bewertung landwirtschaftlicher Wirtschaftsweisen aus naturwissenschaftlicher Sicht entwickelt werden. Die Delphi-Methode wird dabei als geeignetes Mittel angesehen, das hierfür notwendige Expertenwissen zu sammeln und zu verdichten.

5.3 Delphi-Studie zur Bewertung landwirtschaftlicher Wirtschaftsweisen

In diesem Abschnitt wird erläutert, welche Experten für die Delphi-Befragung herangezogen wurden und wie die Fragestellung formuliert wurde. Darüber hinaus werden der Aufbau des Fragebogens sowie die Aufbereitung und Rückmeldung der Befragungsergebnisse für die zweite Befragungsrunde dargestellt.

5.3.1 Rekrutierung von Experten für das Delphi-Team

Im Rahmen dieser Arbeit sollen ganz konkrete landwirtschaftliche Wirtschaftsweisen oder bestimmte Extensivierungsmaßnahmen einer ökologischen Bewertung unterzogen werden. Als Experten gelten, wie oben erläutert wurde, Personen, die eine Sonderstellung in Bezug auf den Untersuchungsgegenstand einnehmen. Dies bedeutet, daß im vorliegenden Fall sowohl Landwirte (als unmittelbare Akteure), Berater für landwirtschaftliche Produktionstechnik (als Vermittler von Wissen) als auch Wissenschaftler (als Forscher bestimmter Fachgebiete) über spezifisches Expertenwissen verfügen. Bei den beiden zuerst genannten Gruppen stehen aber nicht die Umweltwirkungen landwirtschaftlicher Wirtschaftsweisen im Mittelpunkt ihrer Arbeit, i.d.R. sind dies ökonomische Zielgrößen. Demgegenüber kann man davon ausgehen, daß bei Wissenschaftlern, die sich auf die ökologischen Auswirkungen der Landwirtschaft spezialisiert haben, die naturwissenschaftlichen Aspekte im Zentrum ihrer Arbeit stehen. Darüber hinaus verfügen sie über genügend Einzelinformationen, um eine differenzierte Bewertung landwirtschaftlicher Wirtschaftsweisen anhand verschiedener Schutzziele der Umwelt vorzunehmen. Die Gefahr, daß sie bei der Beantwortung der Fragen in Interessenkonflikte geraten, ist geringer als bei den beiden anderen Expertengruppen.

Da mit dieser Arbeit ein Beitrag zur Lösung naturwissenschaftlicher Fragen bei der Bewertung landwirtschaftlicher Wirtschaftsweisen geleistet werden soll, ist die Befragung von Wissenschaftlern als Experten der richtige Weg. Diese können z.B. danach ausgewählt werden, ob sie durch Veröffentlichungen zur Bewertung landwirtschaftlicher Wirtschaftsweisen bekannt geworden sind und als Referenten auf einschlägigen Fachtagungen vorgetragen haben. Ein Beispiel hierfür ist die Tagung „Honorierung ökologischer Leistungen der Landwirtschaft", durchgeführt vom Dachverband Wissenschaftlicher Gesellschaften der Agrar-, Forst-, Ernährungs-, Veterinär- und Umweltforschung e. V. im Jahre 1994 in Bonn. Eine Gruppe von ca. 30 Experten dürfte genügen, um den relativ eng umrissenen Themenkompex ausreichend bearbeiten zu können.

5.3.2 Operationalisierung der Fragestellung

In diesem Abschnitt soll die Fragestellung der Delphi-Erhebung präzisiert und eingegrenzt werden. Dafür ist es erforderlich, die von der Landbewirtschaftung betroffenen Umweltmedien kurz in Erinnerung zu rufen.

Die Bewertung der Umweltwirkungen landwirtschaftlicher Wirtschaftsweisen muß anhand von Umweltqualitätszielen durchgeführt werden. Bei der Betrachtung der Einflußnahme der Landwirtschaft auf verschiedene Ressourcenbereiche wird gemeinhin unterschieden zwischen abiotischen, biotischen und ästhetischen Schutzzielen (SRU 1985, HEISSENHUBER et al. 1994, BROMLEY 1997). Bei den abiotischen Ressourcen handelt es sich um die Systeme Wasser, Boden und Atmosphäre, biotische Ressourcen schließen die Artenvielfalt von Flora, Fauna und Biotopen ein, und unter ästhetischen Ressourcen sind das Landschaftsbild und kulturelle Aspekte zu verstehen.

Festzuhalten ist, daß vor allem im Bereich der abiotischen Ressource Wasser, insbesondere für Trinkwasser, gesetzliche Vorgaben in Form von Grenzwerten existieren und daher verstärkt Anstrengungen zu dessen Schutz eingeleitet wurden, wie z.B. Bewirtschaftungsauflagen in Wasserschutzgebieten, ohne jedoch bis heute einen ausreichenden Grundwasserschutz zu erreichen (SRU 1998a). Dagegen bestehen bei den biotischen und vor allem ästhetischen Ressourcen keine eindeutigen Normen, so daß für diese erst relativ wenige Ansätze zur Reduzierung von Belastungen zu beobachten sind (HEISSENHUBER et al. 1994). Die folgende Tabelle gibt einen Überblick über die möglichen Belastungen der Umwelt durch die Landwirtschaft.

Tabelle 5-1: Landbewirtschaftung und mögliche Ressourcenbelastungen

Schutzziele	Belastungen
abiotische Ressourcen	
• Wasser	• Nitrat • Phosphat • Pflanzenschutzmittel
• Boden	• Bodenabtrag • Schadverdichtung • Funktionsstörung
• Atmosphäre	• Ammoniak • Methan • Stickoxide • Pflanzenschutzmittel
biotische Ressourcen	
• Flora, Fauna und Lebensräume, Individuen	• Schwächung der Vitalität
• Populationen	• Artenrückgang
• Biozönosen, Ökosysteme	• Entzug der Lebensgrundlagen
ästhetische Ressourcen	
• Vielfalt an Landschaftselementen und differenziertes Landschaftsbild; Feldraine, Wegränder, Ranken, Hecken und Flurgehölze mit Saumbiotopen	• Ausräumung der Landschaft
• Flureinteilung	• Vergrößerung der Schläge
• Fruchtfolge	• Vereinfachung von Fruchtfolgen
• Kleingewässer (Tümpel, Weiher, Bäche)	• Beseitigung von Kleingewässern

Quelle: HEISSENHUBER et al. 1994, S. 54

Die Auswirkungen landwirtschaftlicher Wirtschaftsweisen sind in einem erheblichen Maße davon abhängig, auf welchem Standort gewirtschaftet wird. Bei der Bewertung der

Wirtschaftsweisen darf deshalb neben der Orientierung an Schutzzielen eine regionale Differenzierung nicht fehlen.

Ziel dieser Arbeit ist es, eine Überprüfung der Kostenwirksamkeit von Agrarumweltprogrammen durchzuführen. Deshalb müssen neben der Ermittlung der Umweltwirkungen landwirtschaftlicher Wirtschaftsweisen auch Aussagen darüber gemacht werden, wie die Finanzmittel innerhalb der Programme verteilt werden sollen, damit möglichst viele positive Umweltwirkungen durch das Zusammenspiel der Maßnahmen erzielt werden. Die Fragestellungen müssen sich also sowohl auf die Umweltwirkungen landwirtschaftlicher Wirtschaftsweisen beziehen, als auch auf eine sinnvolle Finanzmittelverteilung innerhalb der Programme.

5.3.3 Erarbeitung eines standardisierten Frageprogramms

Bei der Auswahl und Abgrenzung der zu bewertenden landwirtschaftlichen Wirtschaftsweisen wurden zwei Aspekte berücksichtigt. Es sollte sich um Wirtschaftsweisen handeln, die in der landwirtschaftlichen Praxis eingesetzt werden, und sie sollten häufiger Gegenstand der Förderung im Rahmen von Agrarumweltprogrammen sein. Grundsätzlich zu unterscheiden sind (wie bereits in Kapitel 3 ausgeführt wurde) konventionelle Anbauverfahren von integrierten und organischen Anbauverfahren. Darüber hinaus ist eine Gliederung in Produktionsverfahren auf dem Ackerland und dem Grünland angebracht, da sich die Bewirtschaftungsintensitäten hier meist deutlich unterscheiden. Als weniger der Produktion von Agrargütern dienende Wirtschaftsweisen, aber im Rahmen von Agrarumweltprogrammen häufig geförderte Wirtschaftsweisen, sind schließlich noch Landschaftspflege- und spezielle Naturschutzmaßnahmen zu nennen. Diese grundsätzlichen Überlegungen und die Betrachtung verschiedener Agrarumwelt-programme führten zur Ableitung eines Katalogs von zu bewertenden landwirtschaft-lichen Wirtschaftsweisen.

Die Tabelle 5-2 aufgelisteten Wirtschaftsweisen sollen das Spektrum möglicher Extensivierung weitgehend abdecken. Wenn in Agrarumweltprogrammen weitere Maßnahmen enthalten sind, können diese dem verwendeten Spektrum meist leicht zugeordnet werden, da sich nur die Bezeichnungen und nicht die Bewirtschaftungsauflagen unterscheiden. Die Charakterisierung der einzelnen Wirtschaftsweisen kann dem Frageboden der Delphi-Studie entnommen werden, der im Anhang dieser Arbeit abgedruckt ist. Darüber hinaus wird auch in Abschnitt 6.1 auf die verschiedenen Maßnahmen eingegangen.

Um eine Aussage über positive oder negative Auswirkungen der Wirtschaftsweisen auf die Umwelt machen zu können, benötigen die befragten Experten ferner einen definierten Nullpunkt als Referenzsystem, an dem sie ihre Bewertung ausrichten können. Damit wird gleichzeitig erreicht, daß die abgegebenen Bewertungen vergleichbar werden und statistisch bearbeitet werden können.

Tabelle 5-2: Wirtschaftsweisen im Rahmen der Delphi-Studie

1	Status quo landwirtschaftlicher Praxis
Integrierte Wirtschaftsweisen	
2	Integrierter Ackerbau
3	Integrierter Garten- und Dauerkulturanbau
Ökologischer Landbau	
4	Organische Bewirtschaftung des Ackerlandes
5	Organische Bewirtschaftung des Grünlandes
6	Organische Anbauverfahren bei Dauerk. u. Gartenbau
Extensivierung auf Ackerland	
7	Verzicht auf Herbizide im Ackerbau
8	Verzicht auf Mineraldünger im Ackerbau
9	Verzicht auf Mineraldünger u. PSM im Ackerbau
10	Verzicht auf Wachstumsregulatoren im Ackerbau
11	Umweltgerechte Gülleausbringung auf Acker
12	Erweiterung des Drillreihenabstandes
13	Mulchsaatverfahren
14	Untersaaten / Stoppelsaaten
15	Mindestens viergliedrige Fruchtfolgen
Extensivierung auf Grünland	
16	Umwandlung von Ackerland in extensives Grünland
17	Haltung von Rinder- u. Schafbest. mit < 1,4 RGV / HFF
18	Reduzierter Mineraldüngereinsatz auf Grünland
19	Verzicht auf Mineraldünger u. PSM auf Grünland
20	Umweltgerechte Gülleausbringung auf Grünland
21	Späte Schnittnutzung auf Grünland
22	Extensive Bewirtschaftung von Grünlandeinzelflächen
Naturschutz- und Landschaftspflegemaßnahmen	
23	Pflege aufgegebener Flächen
24	20-jährige Stillegung zur Biotopgestaltung
25	Mehrjährige Ackerrandstreifen
26	Mehrjährige Uferrandstreifen
27	Verzicht auf Düngung u. PSM in umweltsensiblen Bereichen
28	Einzelflächen unter Vertragsnaturschutz
29	Steuobstwiesenbewirtschaftung
30	Anlage/Pflege von Schutzpflanzungen und Feldgehölzen

Als Referenzsystem zur Bewertung der landwirtschaftlichen Wirtschaftsweisen werden die **„Grundsätze einer ordnungsgemäßen Landbewirtschaftung"** herangezogen, weil hier der Versuch unternommen wurde, eine allgemeingültige Umschreibung des Begriffs zu formulieren (Agrarministerkonferenz 1987 und 1993). Man kann davon ausgehen, daß dieser Begriff allen Befragten bekannt ist. Um ihnen die Rekapitulation der Inhalte zu vereinfachen, wurde dem Fragebogen der Wortlaut beigefügt.

Die zentrale Expertenfrage im Rahmen der Delphi-Studie wird folgendermaßen formuliert:

> "Wie bewerten Sie die Auswirkungen 'dieser Produktionsweise' auf die Schutzziele der Umwelt im Vergleich zu einer flächendeckenden ordnungsgemäßen Landbewirtschaftung?"

Die Experten sollen ökologische Bewertungszahlen von - 5 bis + 5 vergeben. Minus 5 bedeutet, daß eine Wirtschaftsweise im Vergleich zum Referenzsystem (ordnungsgemäße Landbewirtschaftung = 0) zu einer erheblichen Mehrbelastung der Ressourcen und der Umwelt führt. Plus fünf soll vergeben werden, wenn die Wirtschaftsweise nach Meinung der Experten zu einer deutlichen Verbesserung der Ressourcen und der Umwelt führt. Damit die Skalierung der Antwortmöglichkeiten jedem Experten klar vor Augen ist, wird das folgende Schema in den Fragebogen integriert.

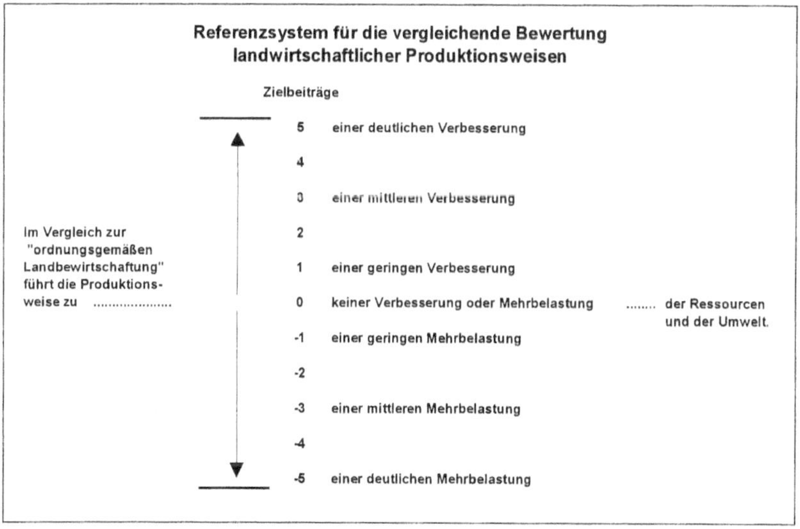

Quelle: Eigene Darstellung im Delphi-Fragebogen 1997

Die Experten haben die Möglichkeit, ihre Bewertung differenziert nach drei verschiedenen Regionen vorzunehmen und dabei zu unterscheiden zwischen Gebieten mit deutlich überdurchschnittlicher Ertragsfähigkeit (Region 1) und Gebieten mit unterdurchschnittlicher Ertragsfähigkeit (Region 2) sowie Hanglagen und Mittelgebirgslandschaften

(Region 3). Diese Konkretisierung der Standorte auf drei Regionen ist Resultat einer Vorabbefragung einiger Experten und stellt eine Zusammenfassung der sechs Landschaftstypen dar, die KNAUER (1993, S. 225) für die Operationalisierung eines Konzeptes zur Honorierung ökologischer Leistungen der Landwirtschaft vorschlägt. KNAUER unterscheidet zwei Regionen mit leichten bzw. mittleren Böden mit weniger als 25 bzw. 50 Bodenpunkten, zwei Regionen mit guten Böden, die mehr als 50 bzw. 60 Bodenpunkte aufweisen, sowie zwei Regionen mit hängigem Gelände und Erosionsgefährdung. Den Landschaftstypen werden die Attribute gute Wasserversorgung oder Wassermangel und meist nährstoffreich bzw. überwiegend nährstoffarm zugeordnet. Bei einer Reduktion dieser sechs Landschaftstypen auf gute, schlechte und erosionsgefährdete Standorte, bleiben die wesentlichen Charakterisierungen der von KNAUER vorgenommenen Unterscheidung bestehen. Unberücksichtigt bleibt die explizite Unterscheidung der Wasserversorgung und der Nährstoffgehalte der Böden. Eine Differenzierung von mehr als drei Regionen hätte nach Meinung der in der Normuntersuchung befragten Experten den Fragebogen zu sehr aufgebläht und eine trennscharfe vergleichende Bewertung der Wirtschaftsweisen erschwert.

Bei den Fragen zur finanziellen Ausgestaltung der Programme wird auf die Ermittlung absoluter Werte verzichtet, da die Festlegung der Höhe eines staatlichen Agrarumweltprogramms noch mehr eine gesellschaftliche Frage ist als die Festlegung von Umweltstandards. Diese Frage kann allein von Ökologen nicht sinnvoll beantwortet werden. Welche Informationen die befragten Experten allerdings liefern können, sind Aussagen über die sinnvolle Verteilung der Mittel innerhalb eines Programms dergestalt, daß die Umwelt- und Naturschutzziele mit den geförderten Wirtschaftsweisen möglichst gut erreicht werden. Die Fragen beziehen sich deshalb auf die finanzielle Gewichtung verschiedener Wirtschaftsweisen, der Förderungshöhe in den verschiedenen Regionen und der Gewichtung der abiotischen, biotischen und ästhetischen Schutzziele. Die Fragen zur Verteilung von Finanzmitteln innerhalb von Agrarumweltprogrammen können dem Fragebogen im Anhang entnommen werden. Der dort abgedruckte Fragebogen aus der zweiten Befragungsrunde enthält auch die aufbereiteten Ergebnisse der ersten Erhebungsrunde.

5.3.4 Aufbereitung und Rückmeldung der Befragungsergebnisse

Die Aufbereitung der Befragungsergebnisse aus der ersten und zweiten Befragungsrunde erfolgte anhand verschiedener statistischer Größen wie z.B. Standardabweichungen, Modal- und Mittelwerten sowie Häufigkeitsverteilungen. Eine Berechnung dieser Werte aus den erhobenen Daten ist dann gerechtfertigt, wenn es sich um mindestens intervallskalierte Daten handelt, bei ordinalskalierten Daten ist eine sinnvolle Berechnung dieser Werte nicht möglich (BLEYMÜLLER et al. 1989). Das dem Fragebogen beigefügte und der Bewertung zu Grunde liegende Referenzsystem soll die Intervallskalierung der Antworten sicherstellen, so daß die Berechnung der o.g. Werte gerechtfertigt ist. Bei der Rückmeldung der Ergebnisse nach der ersten Befragungsrunde wird besonderen Wert auf eine übersichtliche grafische Darstellung der wichtigsten Ergebnisse gelegt. Anhand von Abbildung 5-1 soll dies am Beispiel der Bewertung des „Integrierten Ackerbaus" aus dem Fragebogen der zweiten Befragungsrunde demonstriert werden.

Abbildung 5-1: Fragebogenausschnitt: Wie bewerten Sie die Umweltwirkungen des "Integrierten Ackerbaus"?

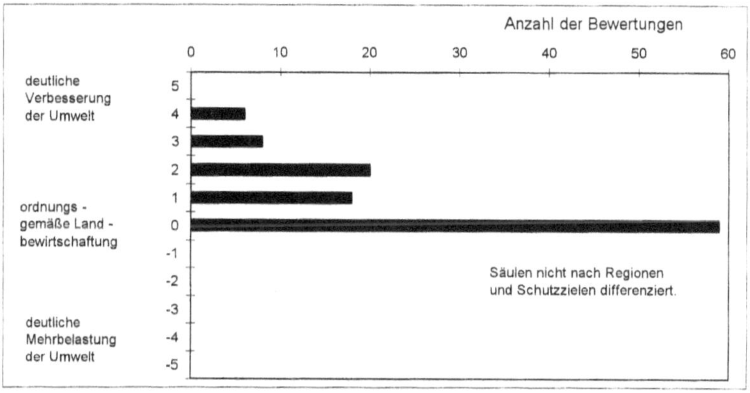

	Modalwerte:			**Mittelwerte:**		
Schutzziele:	abiotische	biotische	ästhetische	abiotische	biotische	ästhetische
Region I: (guter Standort)	**3**	**0**	**0**	**1.6**	**0.8**	**0.5**
Region II: (schlechter Standort)	**2**	**0**	**0**	**1.9**	**0.9**	**0.5**
Region III: (Mittelgebirgslagen)	**0**	**0**	**0**	**1.4**	**0.6**	**0.3**

	Ihre Bewertung in Runde 1:			**Ihre Bewertung in dieser Runde:**		
Schutzziele:	abiotische	biotische	ästhetische	abiotische	biotische	ästhetische
Region I: (guter Standort)	☐	☐	☐	☐	☐	☐
Region II: (schlechter Standort)	☐	☐	☐	☐	☐	☐
Region III: (Mittelgebirgslagen)	☐	☐	☐	☐	☐	☐

Anmerkungen:

....

....

Das oben stehende Säulendiagramm in der Abbildung 5-1 zeigt die Häufigkeitsverteilung der abgegebenen Expertenmeinungen (Bewertungen). Es soll veranschaulichen, ob die Wirtschaftsweise „Integrierter Ackerbau" in der ersten Befragungsrunde im Vergleich zur „Ordnungsgemäßen Landbewirtschaftung" positiv oder negativ bewertet wurde. In dem Säulendiagramm werden die Antworten der Experten nicht nach Regionen und Schutzzielen differenziert. Diese Differenzierung wird in der darunterliegenden Tabelle vorgenommen, die die Modal- und Mittelwerte der Bewertungen getrennt nach Regionen und Schutzzielen darstellt. Hieran wird deutlich, in welcher Region und für welches Schutzziel der „Integrierte Ackerbau" nach Einschätzung der Experten positive oder negative Auswirkungen im Vergleich zur „Ordnungsgemäßen Landbewirtschaftung" hervorruft. Man sieht, daß der am häufigsten genannte Wert die Null ist, d.h. in der 1. Befragungsrunde sah die Mehrheit der Experten hinsichtilich des biotischen und ästhetischen Ressourcenschutzes keine Unterschiede zwischen dem „Integrierten Ackerbau" und der „Ordnungsgemäßen Landbewirtschaftung". In der ganz unten dargestellten Tabelle soll, vor dem Hintergrund der oben gezeigten Gruppenmeinung, in der rechten Hälfte die wiederholte Bewertung der Wirtschaftsweise erfolgen. In der linken Hälfte wird vor dem Versand der Fragebögen für jeden Experten handschriftlich das individuelle Votum aus der ersten Befragungsrunde zur Erinnerung notiert. Damit wird vermieden, daß einige Experten diese Informationen noch besitzen und andere nicht. Schließlich ist etwas Platz vorgesehen, damit die Befragten stets Anmerkungen zum Untersuchungsgegenstand notieren können.

5.4 Evaluation der Delphi-Studie

Bevor die Ergebnisse der Befragung in Abschnitt 5.5 detailliert dargestellt werden, soll die durchgeführte Delphi-Studie aus der „Vogelperspektive" betrachtet werden, um die Validität der Ergebnisse einschätzen zu können. Dazu wird die Rücklaufquote der Studie betrachtet und ein Maß für die Übereinstimmung der Expertenurteile entwickelt.

5.4.1 Höhe der Rücklaufquote

Für die erste Befragungsrunde wurden nach den oben genannten Kriterien 30 Experten ausgewählt und angeschrieben. Es handelt sich dabei vornehmlich um Professoren der Agrarwissenschaften und aus dem Arbeitsgebiet Landschaftsökologie. Für die zweite Befragungsrunde wurde das Expertenpanel erweitert, da einige der Befragten ihre Teilnahme an der Befragung ablehnten, weil sie sich nicht kompetent genug fühlten, weil sie keine Zeit hatten oder weil sie sich mit der Fragestellung nicht identifizieren konnten. Neu aufgenommen wurden Experten, die von den Befragten der ersten Runde zur Aufnahme in die Delphi-Studie vorgeschlagen wurden. In der zweiten Runde wurden schließlich 32 Personen angeschrieben. Die Rücklaufquote lag hier mit 53 % geringfügig über der Rücklaufquote der ersten Runde mit 47 % (vgl. Tabelle 5-3). Rücklaufquoten dieser Größenordnung werden in Delphi-Studien häufig erzielt (NEUBERT 1991; HÄDER u. HÄDER 1996).

Tabelle 5-3: Anzahl der Befragten und Rücklaufquoten

	1. Runde	2. Runde
angeschrieben	**30**	**32**
vollständige Antwort	**14**	**17**
Rücklauf in %	**47**	**53**

Quelle: Eigene Erhebung

5.4.2 Prüfung der Urteiler auf Übereinstimmung

Wie weiter vorne ausgeführt wurde, ist die Delphi-Methode unter anderem deshalb der Kritik ausgesetzt, weil ihr Geltungsbereich nicht scharf abgegrenzt werden kann und ihre Ausgestaltung verschiedene Variationsmöglichkeiten zuläßt. Auch in dieser Untersuchung wurde die Delphi-Methode schon allein dadurch variiert, weil in der zweiten Befragungsrunde neue Experten hinzugezogen wurden. Es wäre deshalb hilfreich, wenn die Qualität der Befragungsergebnisse überprüft werden könnte, die über die Ermittlung von Standardabweichungen, wie es üblicherweise geschieht, hinausgehen. HÄDER et al. (1995) validieren die Delphi-Methode in einem Experiment. Sie lassen die Ergebnisse einer tatsächlich durchgeführten Befragung unter Jugendlichen im Rahmen zweier Delphi-Befragungen schätzen und vergleichen anschließend die Ergebnisse. Auf diese Weise konnten die „wahren Werte" der Jugendbefragung zur Beurteilung der Güte der Delphi-Schätzungen herangezogen werden. Ergebnis dieser Untersuchung ist, daß die Qualität einer Delphi-Studie wesentlich von der generellen Eignung der Experten, d.h. von ihrer Sachkompetenz, abhängig ist.

Die Sachkompetenz der Experten läßt sich im vorliegenden Fall nicht anhand „wahrer Werte" überprüfen, da es keine „wahren Werte" als Referenzsystem gibt. Trotzdem soll die Validität der vorliegenden Befragungsergebnisse überprüft werden.

Eine Überprüfung der Plausibilität der Befragungsergebnisse kann anhand der Literaturauswertung zu den Umweltwirkungen landwirtschaftlicher Wirtschaftsweisen vorgenommen werden. Eine quantitative Validierungsmöglichkeit besteht darin, eine Überprüfung der Übereinstimmung der von den Experten abgegebenen Bewertungen vorzunehmen. Wenn alle Experten in vollkommener Übereinstimmung über die Umweltwirkungen der Wirtschaftsweisen urteilen würden, wäre dies sicherlich ein Argument für die Evidenz der Ergebnisse. Würden hingegen alle Bewertungen gegensätzlich ausfallen, müßten die Befragungsergebnisse insgesamt relativiert werden. Dieser Sachverhalt soll im folgenden untersucht werden.

Die Übereinstimmung zweier Beurteiler kann mit Hilfe von Rangkorrelationen beschrieben und überprüft werden (BORTZ et al. 1990). Eine solche Möglichkeit ist gegeben, wenn zwei Beurteiler (z.B. Experten), N Objekte (z.B. landwirtschaftliche Wirtschaftsweisen) nach einem vorgegebenen Kriterium (z.B. Zielbeiträge zur Umweltentlastung) in eine Rangreihe bringen. Die Übereinstimmung oder Konkordanz der Urteile kann dann mit Hilfe von Korrelationskoeffizienten bestimmt werden. Bei der Verwendung von Korrelationskoeffizienten zur Überprüfung der Konkordanz der Urteile genügt es, wenn die vorliegenden Daten mindestens ordinalskaliert sind (BORTZ et al. 1990, S. 449). Diese Mindestvoraussetzung ist bei der durchgeführten Delphi-Erhebung erfüllt. In den folgenden Berechnungen wurde als Korrelationsmaß KENDALL's τ_{-b} verwendet, weil dieser zur Überprüfung von Rangkorrelationen geeignet ist (vgl. BORTZ et al. 1990).

Die Werte des Korrelationskoeffizienten KENDALL's τ_{-b} liegen zwischen + 1 (perfekte positive monotone Korrelation) und - 1 (perfekte negative monotone Korrelation). Bei einem Wert von Null ist davon auszugehen, daß zwischen den analysierten Werten überhaupt kein monotoner Zusammenhang besteht. Mit Hilfe eines Signifikanztests läßt sich prüfen, wie sicher der berechnete Korrelationskoeffizient ist, d.h. ob sich die Korrelation überhaupt von Null unterscheidet. In dieser Untersuchung wird, soweit nicht anders angegeben, ein Signifikanzniveau von 0,01 vorausgesetzt, wobei als Testverfahren der exakte F-Test angewendet wird. D.h. mit einer Irrtumswahrscheinlichkeit von weniger als 1 % kann die H_0 Hypothese "Zwischen den Urteilen der Experten besteht kein Zusammenhang" abgelehnt werden.

Bei der Überprüfung der Befragungsergebnisse wurden alle abgegebenen Urteile der Experten auf ihre Übereinstimmung hin überprüft. Um mögliche Unterschiede verdeutlichen zu können wurden Cluster für die verschiedenen Gruppen der Wirtschaftsweisen gebildet. Für die jeweiligen Gruppen wurde dann überprüft, ob die Bewertungen der Umweltwirkungen dieser Wirtschaftsweisen hinsichtlich des abiotischen, biotischen und ästhetischen Ressourcenschutzes konkordant sind. Die folgende Tabelle 5-4 zeigt einen Auszug aus der Datenmatrix.

Tabelle 5-4: Auszug aus der Matrix der von den Experten in der zweiten Runde abgegebenen Urteile

Wirtschaftsweisen	Regionen	Schutzziele	Expertenurteile 1	2	3	....		17
Status quo landwirtschaftlicher Praxis	Region 1	abiotische	-3	-2	-2	-4	-3	-2
		biotische	-4	-4	-4	-5	-3	-3
		ästhetische	-3	-4	-2	-3	-2	-2
	Region 2	abiotische	-2	-4	-4	-3	-3	-4
		biotische	-4	-3	-1	-5	-4	-3
		ästhetische	0	-1	-2	-2	-3	-2
	Region 3	abiotische	-3	-1	-3	-2	-2	-2
		biotische	-3	-1	-1	-4	-2	-3
		ästhetische	-1	-1	0	-2	-1	-1
Integrierter Ackerbau	Region 1	abiotische	1	1	1	2	2	2
		biotische	1	0	0	0	0	1
		ästhetische	1	0	0	0	0	0
	Region 2	abiotische	1	1	2	2	2	3
		biotische	1	0	0	0	0	1
		ästhetische	1	0	0	0	0	0
	Region 3	abiotische	1	1	0	1	2	3
		biotische	1	0	0	0	0	1
		ästhetische	1	0	0	0	0	0
Integrierter Dauerkulturbau	Region 1	abiotische	1	1	.	3	2	3
		biotische	1	0	.	2	0	2
		ästhetische	1	0	.	1	0	0
	Region 2	abiotische	1	1	.	3	2	3
		biotische	1	0	.	0	0	2
usw.								

Quelle: Eigene Erhebung

Die linke Spalte der Tabelle deutet die insgesamt 30 bewerteten Wirtschaftsweisen an. Die Experten konnten für jede Wirtschaftsweise maximal 9 Bewertungen (Zahlen zwischen +5 und -5) abgeben. Die Bewertungen wurden nach Regionen und Schutzzielen differenziert abgegeben. Fehlende Urteile sind durch einen Punkt gekennzeichnet. In die Berechnung der Rangkorrelation zwischen zwei Datenreihen (z.B. den Urteilen der Experten 1 und 2) gehen als wesentliche Faktoren die Differenzen zwischen allen abgegebenen Urteilen ein (z.B. -3 - (-2) = -1 usw.).

Mit den ersten Berechnungen wurde überprüft, in wie weit die Expertenurteile zu den Umweltwirkungen des „Status quo landwirtschaftlicher Praxis“ und „Integrierter Anbauverfahren“ gleichgerichtet sind, also Zusammenhänge aufweisen. Dabei wurden jeweils die Urteile (Rangreihen) von zwei Experten miteinander verglichen. Die Tabelle 5-5 zeigt, daß insgesamt 116 von 136 möglichen Korrelationskoeffizienten (oder Paarvergleiche) bei dem angegebenen Testniveau signifikant sind. Die mittlere Korrelation hat hier den Wert 0,760, was eine sehr hohe Übereinstimmung der Urteile belegt.

Tabelle 5-5: Urteilerübereinstimmung für die Bewertung der Gruppe "Status quo landwirtschaftlicher Praxis" und "Integrierte Anbauverfahren"

Experte	1	2	3	4	5	6	7	8	9	10	11	12	13	14	15	16	17
N	24	27	18	27	24	27	27	27	18	27	27	27	24	27	17	18	27
1	1.000																
2	0.783	1.000															
3	0.670	0.805	1.000														
4	0.801	0.873	0.710	1.000													
5	0.772	0.920	0.764	0.870	1.000												
6	0.723	0.861	0.749	0.820	0.864	1.000											
7	0.768	0.901	0.825	0.818	0.875	0.898	1.000										
8	-	-	-	-	-	-	-	1.000									
9	0.705	0.931	0.893	0.824	0.882	0.828	0.865	0.638	1.000								
10	0.743	0.867	0.763	0.776	0.834	0.935	0.921	-	0.828	1.000							
11	0.701	0.845	0.845	0.802	0.814	0.850	0.885	-	0.836	0.843	1.000						
12	0.644	0.650	0.536	0.571	0.664	0.641	0.623	-	0.669	0.623	0.604	1.000					
13	0.669	0.848	0.894	0.811	0.789	0.768	0.803	-	0.869	0.764	0.838	0.534	1.000				
14	0.772	0.777	0.782	0.745	0.778	0.848	0.826	-	0.741	0.837	0.803	0.620	0.796	1.000			
15	0.693	0.709	0.737	0.685	0.744	0.705	0.728	-	0.722	0.652	0.729	0.626	0.616	0.663	1.000		
16	0.774	0.863	-	0.778	0.769	0.782	0.922	-	0.835	0.814	0.797	0.827	0.818	0.747	0.667	1.000	
17	-	0.683	-	0.606	0.598	0.625	0.605	-	0.609	0.652	0.571	-	0.628	0.556	-	0.718	1.000

Quelle: Eigene Erhebung und Berechnungen

Rangkorrelationskoeffizient KENDALL's Tau b bei einem Signifikanzniveau von $p < 0.01$, - = nicht signifikant

Vergleichsweise hoch ist ebenfalls die Übereinstimmung bei der Beurteilung von Wirtschaftsweisen auf dem Ackerland (vgl. Tabelle 5-6). Hier sind 134 Korrelationskoeffizienten positiv miteinander korreliert, allerdings bei einer kleineren mittleren Korrelation von 0,508.

Etwas darunter liegt die Übereinstimmung der Experten bei der Beurteilung von Wirtschaftsweisen auf dem Grünland, wo 86 signifikante Werte ermittelt wurden und die mittlere Korrelation 0,451 beträgt (vgl. Tabelle 5-7), und bei der Gruppe „Landschaftspflegemaßnahmen" mit 74 signifikanten Werten und einer mittleren Korrelation von 0,435 (vgl. Tabelle 5-8).

Die vergleichsweise geringste Übereinstimmung liegt bei der Beurteilung „Organischer Wirtschaftsweisen" vor (vgl. Tabelle 5-9). Hier sind bei der höheren Irrtumswahrscheinlichkeit von 5% 60 Korrelationskoeffizienten signifikant und der mittlere Wert beträgt 0,519. Ein Wert ist sogar negativ (-0,546).

Die Tatsache, daß bis auf einen Wert alle signifikanten Korrelationskoeffizienten positiv sind, bedeutet, daß nur im Fall der Bewertung des ökologischen Landbaus zwei Experten im statistischen Sinne gegensätzlicher Meinung sind (in Tabelle 5-9 die Experten 6 und 11), darüber hinaus gibt es keine entgegengerichteten Meinungen bei der Beurteilung der potentiellen Umweltwirkungen der Wirtschaftsweisen. Es läßt sich aber eine abnehmende Übereinstimmung bezüglich der bewerteten Guppen von Wirtschaftsweisen feststellen, was mit der folgenden Abbildung verdeutlicht werden soll.

Abbildung 5-2: Abnehmende Urteilerübereinstimmung bei verschiedenen Maßnahmengruppen

Quelle: Eigene Erhebung und Berechungen

Tabelle 5-6: Urteilerübereinstimmung für die Bewertung der Gruppe "Wirtschaftsweisen auf Ackerland"

Experte	1	2	3	4	5	6	7	8	9	10	11	12	13	14	15	16	17
N	79	99	99	90	93	99	99	99	66	90	99	99	99	99	99	99	99
1	1.000																
2	0.699	1.000															
3	0.523	0.487	1.000														
4	0.392	0.433	0.631	1.000													
5	0.635	0.540	0.626	0.473	1.000												
6	0.386	0.404	0.414	0.461	0.410	1.000											
7	0.701	0.629	0.630	0.557	0.643	0.423	1.000										
8	0.435	0.459	0.523	0.398	0.567	0.472	0.710	1.000									
9	0.494	0.498	0.548	0.491	0.593	0.438	0.712	0.723	1.000								
10	0.399	0.503	0.571	0.468	0.522	0.267	0.606	0.493	0.466	1.000							
11	0.555	0.530	0.577	0.529	0.672	0.484	0.662	0.577	0.523	0.579	1.000						
12	0.255	-	0.338	0.243	0.304	0.439	0.330	0.398	0.276	-	0.328	1.000					
13	0.325	0.326	0.586	0.448	0.547	0.445	0.499	0.463	0.341	0.497	0.562	0.376	1.000				
14	0.483	0.506	0.563	0.505	0.541	0.362	0.619	0.539	0.554	0.501	0.482	0.268	0.359	1.000			
15	0.650	0.585	0.689	0.631	0.653	0.511	0.776	0.633	0.688	0.655	0.731	0.326	0.548	0.630	1.000		
16	0.436	0.502	0.395	0.351	0.582	0.381	0.563	0.551	0.624	0.459	0.481	0.249	0.393	0.550	0.598	1.000	
17	0.692	0.619	0.638	0.396	0.642	0.405	0.644	0.519	0.545	0.555	0.597	0.195	0.355	0.616	0.660	0.437	1.000

Quelle: Eigene Erhebung und Berechnungen

Rangkorrelationskoeffizient KENDALL's Tau b bei einem Signifikanzniveau von $p < 0.01$, - = nicht signifikant

Tabelle 5-7: Urteilerübereinstimmung für die Bewertung der Gruppe „Wirtschaftsweisen auf dem Grünland“

Experte	1	2	3	4	5	6	7	8	9	10	11	12	13	14	15	16	17
N	54	54	54	54	51	54	54	54	36	54	54	36	54	54	54	45	54
1	1,000																
2	0,535	1,000															
3	-	0,293	1,000														
4	0,462	-	0,386	1,000													
5	0,482	0,441	0,372	0,458	1,000												
6	-	-	0,376	0,300	-	1,000											
7	0,642	0,352	0,288	0,357	0,442	-	1,000										
8	-	-	-	-	-	0,296	-	1,000									
9	-	-	0,433	0,376	-	-	-	0,366	1,000								
10	0,665	0,346	-	0,484	0,509	-	0,534	0,353	-	1,000							
11	0,615	0,510	0,448	0,396	0,560	-	0,589	0,371	0,414	0,564	1,000						
12	-	-	-	-	0,571	0,374	-	0,366	0,661	-	-	1,000					
13	-	-	0,520	0,366	-	0,306	-	-	0,396	-	0,386	-	1,000				
14	0,369	0,364	-	-	0,403	-	0,406	0,401	0,513	0,521	0,411	0,356	-	1,000			
15	0,627	0,373	0,373	0,443	0,655	-	0,713	0,331	-	0,584	0,596	0,385	0,323	0,525	1,000		
16	0,334	-	0,434	0,482	0,379	0,589	-	0,510	-	0,321	0,456	0,479	0,486	-	0,371	1,000	
17	0,663	0,691	0,402	0,376	0,466	-	0,413	-	0,383	0,475	0,615	-	-	0,402	0,468	-	1,000

Quelle: Eigene Erhebung und Berechnungen

Rangkorrelationskoeffizient KENDALL's Tau b bei einem Signifikanzniveau von $s < 0.01$, - = nicht signifikant.

Tabelle 5-8: Urteilerübereinstimmung für die Bewertung der Gruppe "Wirtschaftsweisen Landschaftspflege und Naturschutz"

Experte	1	2	3	4	5	6	7	8	9	10	11	12	13	14	15	16	17
N	60	63	63	54	63	63	63	63	42	63	63	63	57	63	63	63	63
1	1,000																
2	0,373	1,000															
3	0,508	0,393	1,000														
4	0,544	0,315	0,306	1,000													
5	0,655	0,339	0,563	0,552	1,000												
6	0,329	-	-	-	-	1,000											
7	0,414	0,476	0,468	-	0,476	-	1,000										
8	0,590	0,379	0,622	0,445	0,558	-	0,479	1,000									
9	-	-	-	-	-	-	-	-	1,000								
10	0,340	0,408	0,313	-	-	0,304	0,501	-	-	1,000							
11	0,757	0,414	0,552	0,432	0,572	0,327	0,388	0,630	-	-	1,000						
12	0,355	-	-	0,313	-	-	0,293	-	-	0,400	0,305	1,000					
13	0,444	0,407	0,347	-	0,419	-	0,377	0,655	-	-	0,466	-	1,000				
14	-	-	-	-	-	-	0,312	-	-	0,351	-	-	-	1,000			
15	0,561	0,424	0,510	0,447	0,613	-	0,492	0,593	-	0,294	0,534	0,311	0,429	0,338	1,000		
16	-	-	0,319	-	-	-	0,410	-	-	-	-	0,286	-	-	-	1,000	
17	0,358	0,416	0,438	0,438	0,557	-	0,446	0,447	-	0,320	0,316	-	0,420	-	0,313	-	1,000

Quelle: Eigene Erhebung und Berechnungen

Rangkorrelationskoeffizient KENDALL's Tau b bei einem Signifikanzniveau von s < 0.01, - = nicht signifikant.

Tabelle 5-9: Urteilerübereinstimmung für die Bewertung der Gruppe "Organische Wirtschaftsweisen "

Experte	1	2	3	4	5	6	7	8	9	10	11	12	13	14	15	16	17
N	27	27	27	27	22	27	27	27	18	27	18	27	24	27	27	27	27
1	1.000																
2	-	1.000															
3	-	-	1.000														
4	-	0.340	0.372	1.000													
5	-	0.527	0.579	0.411	1.000												
6	0.406	-	-	-	-	1.000											
7	-	0.428	0.408	0.500	0.889	-	1.000										
8	-	0.359	-	-	-	-	-	1.000									
9	-	0.545	-	0.605	-	-	0.551	-	1.000								
10	-	0.569	0.467	0.663	0.650	-	0.653	-	0.623	1.000							
11	-	-	-	0.570	0.546	**-0.546**	0.527	0.434	0.520	0.579	1.000						
12	-	-	-	-	-	0.377	-	-	0.467	0.192	-	1.000					
13	-	0.567	-	0.540	-	-	-	0.602	0.596	0.365	-	-	1.000				
14	-	-	-	-	-	-	-	-	-	-	-	0.334	-	1.000			
15	-	0.443	-	0.707	-	-	0.474	-	0.407	0.506	-	-	0.622	-	1.000		
16	0.357	0.561	-	0.493	0.631	-	0.577	0.408	0.617	0.557	-	-	0.635	-	0.440	1.000	
17	-	0.577	-	0.358	-	0.610	0.393	-	0.549	0.426	-	-	0.492	-	0.452	0.558	1.000

Quelle: Eigene Erhebung und Berechnungen

Rangkorrelationskoeffizient KENDALL's Tau b bei einem Signifikanzniveau von $p < 0.05$, - = nicht signifikant

Ein weiteres quantitatives Merkmal zur Einschätzung der Güte der Delphi-Erhebung besteht in der Betrachtung der Streuung der Befragungsergebnisse. Häufig wird dabei beobachtet, daß die Streuungen der Antworten von Runde zu Runde etwas abnehmen, weil eine Orientierung am Mittelwert der Gruppenmeinung erfolgt (HÄDER 1996). Diese Beobachtung kann in der vorliegenden Arbeit ebenfalls gemacht werden, was die folgende Abbildung 5-3 zeigt. Letztlich ist nicht eindeutig zu klären, ob dies als Bewegung hin zum Gruppendurchschnitt oder zum wahren Wert interpretiert werden kann.

Abbildung 5-3: Häufigkeitsverteilung der Standardabweichungen für die Bewertung aller Wirtschaftsweisen getrennt nach Befragungsrunden

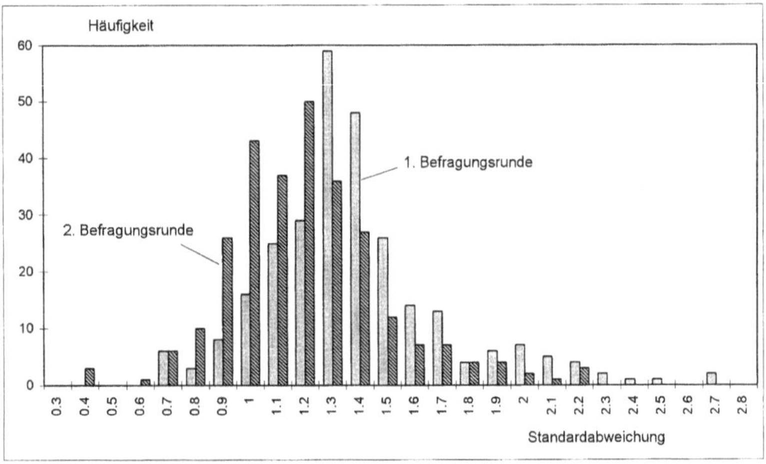

Quelle: Eigene Erhebung und Berechnungen

Die Mehrzahl der ermittelten Standardabweichungen bei der Beurteilung der Wirtschaftsweisen liegen in der zweiten Befragungsrunde zwischen 0,9 und 1,4 Die einzelnen Werte für alle Wirtschaftsweisen sind in der Tabelle 11-1 im Anhang dargestellt. Vergleichbare Werte wurden auch in anderen Delphi-Studien, die ein Bewertungsschema mit 5 bis 10 Skalenpunkten verwendet haben, erzielt (HÄDER u. HÄDER 1996). Bei der Delphi-Befragung von NEUBERT (1991) wurden bei einer Werteskala mit 11 Punkten höhere um den Wert 2,0 schwankende Standardabweichungen ermittelt (NEUBERT 1991, S. 251 ff.).

Beide Sachverhalte, die oben ermittelten positiven Korrelationen zwischen den Urteilermeinungen und die im Erfahrungsbereich anderer Studien liegenden Standardabweichungen bei den Ergebnissen sprechen für die weitere Benutzbarkeit der erhobenen Daten. Vor diesem Hintergrund sind die im Rahmen der Delphi-Studie ermittelten Expertenurteile als eine gute Approximation der potentiellen Umweltwirkungen landwirtschaftlicher Wirtschaftsweisen zu betrachten.

5.5 Ergebnisse der Delphi-Studie

Im folgenden Abschnitt 5.5.1 werden die Ergebnisse der Delphi-Befragung detailliert dargestellt und vor dem Hintergrund der in Kapitel 3 durchgeführten Literaturanalyse sowie der schriftlichen Anmerkungen der Experten erläutert. In Abschnitt 5.5.2 werden die Befragungsergebnisse zur Verteilung von Finanzmitteln innerhalb von Agrarumweltprogrammen dargestellt. Die Ergebnisse der Delphi-Befragung stellen als ökologisches Referenzsystem eine wichtige Komponente im Rahmen der anschließenden Kosten-Wirksamkeits-Berechnungen dar.

5.5.1 Umweltbewertung der Wirtschaftsweisen

Die Ergebisse der Expertenbefragung werden im folgenden anhand der vier Maßnahmengruppen integrierte Anbauverfahren, organische Anbauverfahren, Extensivierungsmaßnahmen auf dem Grünland und Naturschutz- und Landschaftspflegemaßnahmen dargestellt.

5.5.1.1 Status quo landwirtschaftlicher Praxis und integrierte Anbauverfahren

Die Auswirkungen des Status quo landwirtschaftlicher Praxis auf die Schutzgüter der Umwelt werden im Vergleich zur ordnungsgemäßen Landbewirtschaftung von den Experten negativ beurteilt. Die folgende Tabelle 5-10 stellt die Befragungsergebnisse differenziert nach Schutzzielen und Regionen dar. Besonders negativ werden die Auswirkungen der Landwirtschaft auf die Umwelt der Region 1 mit überdurchschnittlicher Ertragsfähigkeit bewertet (Mittelwerte=MI: -2,6; -3,5 und -2,9). Im Vergleich hierzu wird die landwirtschaftliche Praxis in Region 3, den Mittelgebirgs- und Hanglagen, mit Mittelwerten von -2,1; -1,6 und -0,7 weniger umweltbelastend eingestuft. Die gleiche Tendenz zeigen die Modalwerte=MO. Die Standardabweichungen befinden sich in Tabelle 11-1 im Anhang. Sie liegen in Region 3 deutlich über den beiden anderen Regionen.

Die größte abiotische Ressourcenbelastung findet nach Auffassung der Experten auf ertragsschwachen Standorten (Region 2) statt (MI: -3,1). Dies kann damit erklärt werden, daß die Böden dieser Region i.d.R. vergleichsweise durchlässig sind, d.h. Schadstoffausträge leichter stattfinden, und daß der Tierbesatz in dieser Region höher ist als in Region 1 (vgl. Tabelle 6-1). Was die biotischen und ästhetischen Schutzziele betrifft, werden die Umweltwirkungen des Status quo landwirtschaftlicher Praxis auf ertragsstarken Standorten (Region 1) besonders negativ eingestuft. Dies ist vermutlich darauf zurückzuführen, daß die Mehrheit der Experten mit dieser Region ausgeräumte Landschaften verbindet und von einer höheren Bewirtschaftungsintensität mit negativen Auswirkungen auf den biotischen Ressourcenschutz ausgeht. Vergleichsweise gut schneidet die Belastung der ästhetischen Ressourcen in Mittelgebirgslagen mit einem Mittelwert von -0,7 ab. D.h. ein weitgehend intaktes Landschaftsbild und die Erfüllung ästhetischer Aspekte durch die Landbewirtschaftung sehen die Befragten am ehesten in dieser Region verwirklicht.

Tabelle 5-10: Bewertung der Umweltwirkungen des Status quo landwirtschaftlicher Praxis und Integrierter Wirtschaftsweisen differenziert nach Regionen und Schutzzielen

Wirtschaftsweise:	Status quo landwirtschaftlicher Praxis					
Schutzziele: / Regionen	abiotische	biotische (Modalwerte)	ästhetische	abiotische	biotische (Mittelwerte)	ästhetische
Region 1: (überdurchschnittliche Erträge)	-3	-4	-3	-2,6	-3,5	-2,9
Region 2: (unterdurchschnittliche Erträge)	-3	-3	-2	-3,1	-2,8	-1,8
Region 3: (Mittelgebirgs- u. Hanglagen)	-2	-3	-1	-2,1	-1,6	-0,7
Wirtschaftsweise:	**Integrierter Ackerbau**					
Schutzziele: / Regionen	abiotische	biotische (Modalwerte)	ästhetische	abiotische	biotische (Mittelwerte)	ästhetische
Region 1: (überdurchschnittliche Erträge)	2	1	0	1,8	0,6	0,1
Region 2: (unterdurchschnittliche Erträge)	2	1	0	1,8	0,7	0,3
Region 3: (Mittelgebirgs- u. Hanglagen)	1	0	0	1,5	0,3	0,3
Wirtschaftsweise:	**Integrierter Dauerkultur- und Gartenbau**					
Schutzziele: / Regionen	abiotische	biotische (Modalwerte)	ästhetische	abiotische	biotische (Mittelwerte)	ästhetische
Region 1: (überdurchschnittliche Erträge)	3	2	0	2,3	1,0	0,3
Region 2: (unterdurchschnittliche Erträge)	3	1	0	2,3	0,8	0,2
Region 3: (Mittelgebirgs- u. Hanglagen)	2	1	0	1,9	0,9	0,0

Quelle: Eigene Erhebung und Berechnungen

Die Bewertung erfolgte auf einer Skala von -5 (deutliche Mehrbelastung) bis +5 (deutliche Verbesserung) der Schutzziele im Vergleich zur Ordnungsgemäßen Landbewirtschaftung = 0.

In der folgenden Abbildung 5-4 werden die Ergebnisse für den Status quo landwirtschaftlicher Praxis grafisch dargestellt. Einige Experten vergeben sogar positive Bewertungen für die Umweltwirkungen der Landbewirtschaftung in Region 3. Diese Bewertungen betreffen nur die ästhetischen Schutzziele, was der Abbildung nicht entnommen werden kann, weil die Säulen aus Übersichtsgründen nicht nach Schutzzielen differenziert sind. Die starke Streuung einiger Expertenurteile bei der Bewertung des Status quo landwirtschaftlicher Praxis könnte damit zusammenhängen, daß unter dem Status quo landwirtschaftlicher Praxis eine Vielzahl von Wirtschaftsweisen zu verstehen sind, die in den Augen der Experten unterschiedlich charakterisiert sein können.

Abbildung 5-4: Umweltwirkungen des Status quo landwirtschaftlicher Praxis differenziert nach Regionen

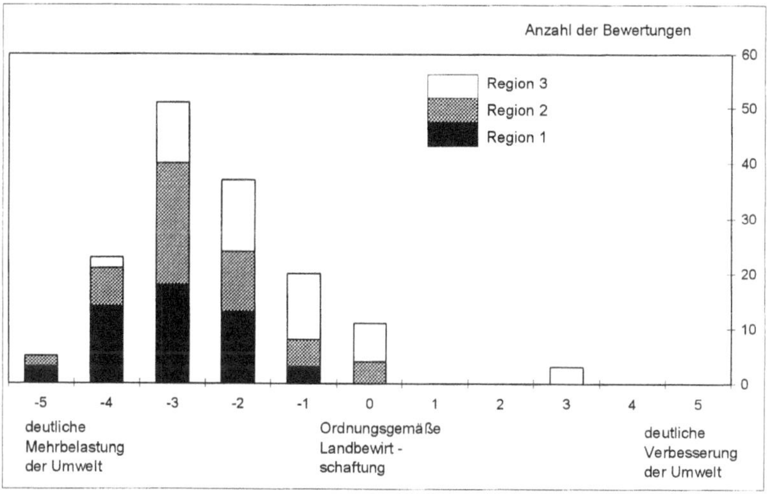

Quelle: Eigene Erhebung und Berechnungen

Im Rahmen der Befragung wurde auch die Wirtschaftsweise Integrierter Ackerbau von den Experten bewertet. Darunter versteht man i.w.S. standort- und umweltgerechte Systeme der Pflanzenproduktion, in denen alle geeigneten Verfahren des Acker- und Pflanzenbaus, der Pflanzenernährung und des Pflanzenschutzes in möglichst guter Abstimmung aufeinander eingesetzt werden (vgl. HEITEFUSS 1994 und Abschnitt 3.2). Für die Befragung wurde der Integrierte Ackerbau darüber hinaus folgendermaßen konkretisiert: Viehbesatzbegrenzung (max. 2,5 Großvieheinheiten pro ha), Grünlandumbruchverbot, Führung einer Schlagkartei, Bodenuntersuchungen und Bilanzierung der Hauptnährstoffe, Pflanzenschutzmitteleinsatz nach dem Schadensschwellenprinzip sowie Vorgaben für Fruchtfolgen und Sortenwahl.

Der Integrierte Ackerbau wird von den Experten mit 0 oder geringfügig positiv bewertet (MO: 0; 1 oder 2). Die positive Bewertung gegenüber einer ordnungsgemäßen Landbewirtschaftung beruht, wie Tabelle 5-10 zeigt, im Wesentlichen auf einer Verbesserung der abiotischen Ressourcen bei integrierter Wirtschaftsweise (MI: + 1,8; +1,8 und +1,5). Die Bewertung der Umweltwirkungen differenziert nach Regionen ist hier im Vergleich zur Bewertung nach Schutzzielen relativ homogen, und es zeigen sich keine eindeutigen Trends. Deshalb sind die Säulen in Abbildung 5-5 nach Schutzzielen differenziert.

Die Verbesserung abiotischer Umweltmedien kann damit erklärt werden, daß mit dem Integrierten Ackerbau in erster Linie die Einsparung und bessere Ausnutzung umweltrelevanter Produktionsmittel wie Dünger und Pflanzenschutz verbunden sind. So konnten bei einer konsequenten Umsetzung der Prinzipien des Integrierten Ackerbaus in Feldversuchen ca. 30 % der N-Düngung und ca. 50 % der Pflanzenschutzmittel gegenüber den konventionellen Vergleichsvarianten eingespart werden (vgl. Abschnitt 3.2.2).

Abbildung 5-5: **Umweltwirkungen des Integrierten Ackerbaus differenziert nach Schutzzielen**

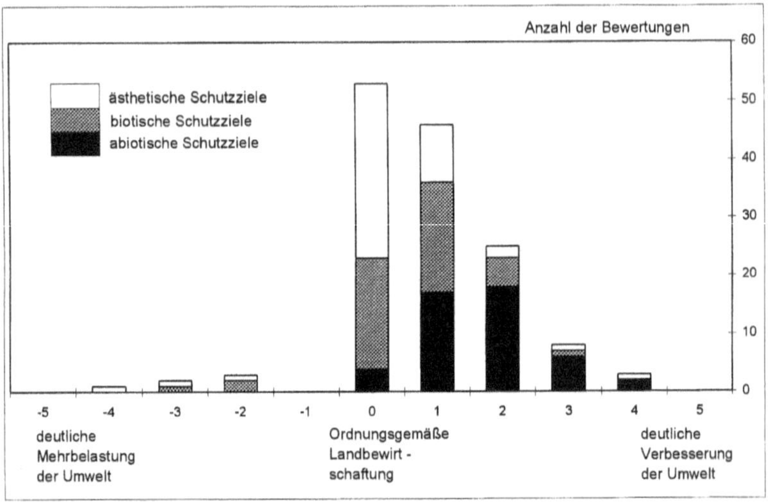

Quelle: Eigene Erhebung und Berechnungen

Weniger positiv (und von einigen Experten sogar negativ) wird das Verbesserungspotential des Integrierten Ackerbaus hinsichtlich des biotischen und ästhetischen Ressourcenschutzes beurteilt (Modalwerte 1 und 0; Mittelwerte < 1). Einige Experten sind der Meinung, daß bei der Formulierung der Prinzipien des Integrierten Ackerbaus die Bedeutung von Rand- und Zwischenstrukturen in der Kulturlandschaft zu wenig Berücksichtigung fanden.

Die Bewertung des Integrierten Garten- und Dauerkulturanbaus differenziert nach Regionen und Schutzzielen kann ebenfalls der Tabelle 5-10 entnommen werden. Die positiven Umweltwirkungen eines Integrierten Dauerkultur- und Gartenbaus werden hinsichtlich der abiotischen und biotischen Schutzziele höher eingestuft als die des Integrierten Ackerbaus. Dies kann damit erklärt werden, daß die Ausgangsintensität beim ordnungsgemäßen Dauerkultur- und Gartenbau höher ist als beim ordnungsgemäßen Ackerbau und somit die Einsparungspotentiale bei den extern regelnden Produktionsfaktoren beim Übergang zur integrierten Wirtschaftsweise größer sind.

5.5.1.2 Organische Anbauverfahren

Die Befragungsergebnisse zu den Organischen Wirtschaftsweisen werden in der folgenden Tabelle 5-11 dargestellt. Der Begriff Organischer Anbau wird in dieser Arbeit synonym zu dem Begriff des Ökologischen Landbaus verwendet. Beide sind übergreifende Begriffe für den Biologisch-dynamischen und den Biologisch-organischen Landbau sowie den Ökologischen Landbau gemäß der VO (EWG) 2092/91.

Positive Umweltwirkungen Organischer Wirtschaftsweisen werden von den Experten vor allem im Bereich abiotischer und biotischer Ressourcen mit Mittelwerten von +2,2 bis +3,3 gesehen. Aber auch hinsichtlich seiner Auswirkungen auf ästhetische Schutzziele werden Organischen Wirtschaftsweisen positive Effekte im Vergleich zur ordnungsgemäßen Landbewirtschaftung zugesprochen (MI von +1,0 bis +1,9). Hinsichtlich einer regionalen Differenzierung zeigt sich kein deutlicher Trend. Auf dem Grünland werden die positven Auswirkungen Organischer Wirtschaftsweisen niedriger eingestuft als auf dem Ackerland, und im Organischen Dauerkultur- und Gartenbau dominiert der abiotische Ressourcenschutz vergleichsweise stark (MI: +2,9 bis +3,2). Ein vergleichsweise geringes Verbesserungspotential konnte hier für ästhetische Schutzziele ermittelt werden (MI: +1,0 bis +1,2).

Die positiven Effekte auf biotische Ressourcen sind nach Angaben der Experten wesentlich durch die Auflockerung der Fruchtfolgen und den fehlenden Einsatz von Pflanzenbehandlungsmitteln zurückzuführen. Aufgelockerte Fruchtfolgen tragen darüber hinaus zu einem ästhetischen Landschaftsbild bei. Der Schutz abiotischer Ressourcen resultiert, wie auch verschiedene Feldversuche belegen, aus niedrigeren Nährstoffimporten und -konzentrationen im Ökologischen Anbau im Vergleich zu konventionellen Wirtschaftsweisen (vgl. Kap. 3.6). Im Grünland vermindern sich nach Einschätzung der Experten die Unterschiede von konventioneller und ökologischer Bewirtschaftung, was darauf zurückzuführen ist, daß es hier keine Fruchtfolgeeinwirkungen gibt und die Auswaschungsgefahr von Nährstoffen bei der Grünlandbewirtschaftung deutlich niedriger ist als beim Ackerbau.

Tabelle 5-11: Bewertung der Umweltwirkungen des Organischen Landbaus differenziert nach Regionen und Schutzzielen

Wirtschaftsweise:	Organische Bewirtschaftung von Ackerland					
Schutzziele: / Regionen	abiotische	biotische (Modalwerte)	ästhetische	abiotische	biotische (Mittelwerte)	ästhetische
Region 1: (überdurchschnittliche Erträge)	4	2	2	2,9	2,7	1,9
Region 2: (unterdurchschnittliche Erträge)	4	3	2	3,3	3,0	1,9
Region 3: (Mittelgebirgs- u. Hanglagen)	3	3	1	2,8	2,7	1,4
Wirtschaftsweise:	**Organische Bewirtschaftung von Grünland**					
Schutzziele: / Regionen	abiotische	biotische (Modalwerte)	ästhetische	abiotische	biotische (Mittelwerte)	ästhetische
Region 1: (überdurchschnittliche Erträge)	2	2	0	2,5	2,5	1,5
Region 2: (unterdurchschnittliche Erträge)	2	2	1	2,6	2,5	1,4
Region 3: (Mittelgebirgs- u. Hanglagen)	2	2	0	2,3	2,6	1,4
Wirtschaftsweise:	**Organischer Dauerkultur- und Gartenbau**					
Schutzziele: / Regionen	abiotische	biotische (Modalwerte)	ästhetische	abiotische	biotische (Mittelwerte)	ästhetische
Region 1: (überdurchschnittliche Erträge)	4	2	1	3,2	2,2	1,1
Region 2: (unterdurchschnittliche Erträge)	4	2	0	3,2	2,2	1,0
Region 3: (Mittelgebirgs- u. Hanglagen)	4	3	2	2,9	2,4	1,2

Quelle: Eigene Erhebung und Berechnungen

Die Bewertung erfolgte auf einer Skala von -5 (deutliche Mehrbelastung) bis +5 (deutliche Verbesserung) der Schutzziele im Vergleich zur Ordnungsgemäßen Landbewirtschaftung = 0.

5.5.1.3 Extensivierungsmaßnahmen auf dem Ackerland

In diesem Abschnitt werden die Befragungsergebnisse zu den Umweltwirkungen verschiedener Extensivierungsmaßnahmen auf dem Ackerland dargestellt, dazu zählen die folgenden Wirtschaftsweisen:

1. Verzicht auf Herbizide im Ackerbau
2. Verzicht auf Mineraldünger im Ackerbau
3. Verzicht auf Mineraldünger und Pflanzenschutzmittel im Ackerbau
4. Verzicht auf Wachstumsregulatoren im Ackerbau
5. Umweltgerechte Gülleausbringung auf Ackerland
6. Erweiterung des Drillreihenabstandes
7. Verwendung von Mulchsaatverfahren
8. Aussaat von Unter- und Stoppelsaaten

9. Fruchtfolgen mit mindestens 4 Gliedern

In Abschnitt 3.3 wurde ausgeführt, daß die breite Anwendung von Herbiziden eine wesentliche Ursache der Artenverarmung auf dem Ackerland darstellt. Diese Aussage spiegelt sich in der mit +3,4 bis +3,6 sehr positiven Beurteilung des Herbizidverzichts im Hinblick auf den biotischen Ressourcenschutz durch die Experten wider. Die positiven Auswirkungen eines Verzichts auf Herbizide liegen am stärksten im biotischen Bereich. Aber auch hinsichtlich einer Entlastung abiotischer Umweltgüter und hinsichtlich einer Bereicherung ästhetischer Schutzgüter wird der Herbizidverzicht von den Experten positiv bewertet. Einige Experten befürchten allerdings, daß mit einem Herbizidverzicht die Ausnutzung des Nährstoffpotentials der Böden nicht immer erreicht wird und vergaben deshalb negative Bewertungen (vgl. Abbildung 5-6). Auch in der Literatur wird darauf hingewiesen, daß der alleinige Verzicht bestimmter Produktionsmittel unter Beibehaltung der Intensität der anderen Faktoren wenig sinnvoll erscheint (vgl. Abschnitt 3.4).

Tabelle 5-12: Bewertung der Umweltwirkungen von Extensivierungsmaßnahmen auf dem Ackerland differenziert nach Regionen und Schutzzielen

Schutzziele / Wirtschaftsweisen		abiotische (Modalwerte)	biotische (Modalwerte)	ästhetische (Modalwerte)	abiotische (Mittelwerte)	biotische (Mittelwerte)	ästhetische (Mittelwerte)
Verzicht auf Herbizide	R 1:	3	5	1	1,5	3,4	1,6
	R 2:	2	4	1	1,9	3,6	1,6
	R 3:	2	4	1	1,6	3,5	1,3
Verzicht auf Mineraldünger	R 1:	3	2	0	2,4	1,9	0,8
	R 2:	4	3	0	2,7	2,1	0,8
	R 3:	3	3	0	2,9	2,0	0,6
Verzicht auf Mineraldünger und PSM	R 1:	4	5	2	3,4	3,6	1,9
	R 2:	4	5	2	3,6	4,0	2,1
	R 3:	5	5	1	3,8	3,9	1,8
Verzicht auf Wachstums-regulatoren	R 1:	1	0	0	1,6	0,9	0,2
	R 2:	2	1	0	1,5	0,8	0,2
	R 3:	1	0	0	1,6	0,9	0,2
Umweltgerechte Gülleaus-bringung	R 1:	3	0	0	2,5	0,5	0,8
	R 2:	4	0	0	3,3	0,9	1,0
	R 3:	4	0	0	3,3	0,9	0,9
Erweiterung des Drillreihen-abstandes	R 1:	0	2	0	0,2	1,7	0,4
	R 2:	0	2	0	0,2	1,9	0,4
	R 3:	0	2	0	0,2	2,1	0,4
Mulchsaat-verfahren	R 1:	1	1	0	1,8	1,0	0,1
	R 2:	2	1	0	2,1	0,9	-0,1
	R 3:	3	1	0	2,9	0,8	0,1
Untersaaten und Soppel-saaten	R 1:	2	1	1	2,1	0,9	0,8
	R 2:	3	1	1	2,7	1,1	0,9
	R 3:	3	1	0	2,5	0,9	0,8
Fruchtfolgen mit mindestens 4 Gliedern	R 1:	2	2	2	1,9	1,7	1,9
	R 2:	2	2	2	1,8	1,6	1,6
	R 3:	2	2	2	1,7	1,6	1,6

Quelle: Eigene Erhebung und Berechnungen

R 1 = Region 1 (überdurchschnittliche Erträge)
R 2 = Region 2 (unterdurchschnittliche Erträge)
R 3 = Region 3 (Mittelgebirgs- und Hanglagen)

Die Bewertung erfolgte auf einer Skala von -5 (deutliche Mehrbelastung) bis +5 (deutliche Verbesserun der Schutzziele im Vergleich zur Ordnungsgemäßen Landbewirtschaftung = 0.

In der Tabelle 5-12 werden auch die Befragungsergebnisse für den Verzicht auf Mineraldüngereinsatz auf Ackerland und den vollständigen Verzicht auf Mineraldünger- und Pflanzenschutzmitteleinsatz dargestellt. Beim Mineraldüngerverzicht überwiegen die positiven Umweltwirkungen mit Bewertungen von +2,4 bis +2,9 im abiotischen Bereich, gefolgt von den Auswirkungen auf die biotischen Ressourcen (+1,9 bis +2,1). Beim vollständigen Verzicht auf die extern regelnden Produktionsfaktoren Dünger und Pflanzenschutz fallen die positiven Bewertungen erwartungsgemäß höher aus. Hier werden die umweltentlastenden Wirkungen auf die biotischen Ressourcen am höchsten bewertet (+3,6 bis +4,0). In der Literatur sind die positiven Umweltwirkungen eines unterlassenen Mineraldünger- und Pflanzenschutzmitteleinsatzes vielfach belegt worden. Die meisten Agrarökosysteme reagieren auf die geringeren Belastungen mit einer erhöhten bodenbiologischen Aktivität und einer Erhöhung der Individuen- und Artenzahlen (vgl. Abschnitt 3.4).

Auffällig erscheint die höhere Bewertung des vollständigen Verzichts auf die extern regelnden Produktionsfaktoren Mineraldüngung und Pflanzenschutz im Vergleich zum Ökologischen Landbau, denn auch hier ist dieser Mitteleinsatz verboten. Vermutlich verbinden die Befragten mit der Wirtschaftsweise Verzicht auf Düngung und Pflanzenschutz einen besonders hohen Einmaleffekt in Hinblick auf die resultierenden Umweltentlastungen. Im Rahmen des Ökologischen Landbaus sind demgegenüber auch vergleichsweise intensive Wirtschaftsweisen (mit einem hohen Einsatz intern regelnder Produktionsfaktoren) und ein vermehrter Anbau von Leguminosen praktizierbar. Dies könnten Gründe dafür sein, weshalb die Experten den Ökologischen Landbau weniger positiv bewerten als den Verzicht auf Dünge- und Pflanzenschutzmittel.

Abbildung 5-6: Umweltwirkungen eines Verzichts auf Herbizide im Ackerbau differenziert nach Schutzzielen

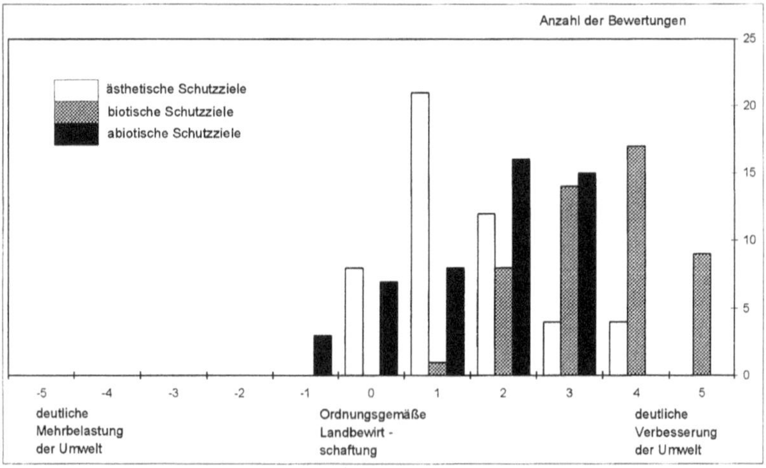

Quelle: Eigene Erhebung und Berechnungen

Der Verzicht auf Wachstumsregulatoren und eine umweltgerechte Gülleausbringung sind nach Meinung der Experten vor allem zum Schutz abiotischer Ressourcen geeignet. Die umweltgerechte Ausbringung von Gülle wird dabei mit Werten von +2,5 bis +3,3 positiver eingestuft als der Verzicht auf Wachstumsregulatoren, mit denen i.d.R. eine Reduzierung des (Mineral-) Stickstoffeinsatzes verbunden ist (+1,5 bis +1,6). Auf ertragsstarken Standorten wird einer umweltgerechten Gülleausbringung weniger positives Potential zugesprochen, was auch plausibel ist, da hier die Böden weniger durchlässig sind und der mengenmäßige Anfall an Gülle in diesen Regionen aufgrund des niedrigeren Tierbesatzes kleiner ist.

Weiterhin werden in der Tabelle 5-12 die Befragungsergebnisse zu einer Erweiterung des Drillreihenabstandes dargestellt. Diese Wirtschaftsweise ist nach Auffassung der Experten vor allem in der Lage, einen positiven Beitrag zum biotischen Ressourcenschutz zu leisten (Werte von +1,7 bis +2,1). Durch eine Erweiterung des Drillreihenabstandes kann sich das Mikroklima im Getreidebestand positiv verändern, und die Lebensbedingungen für Begleitunkräuter können sich erhöhen. Es wurde aber auch angemerkt, daß sich mit einer Erweiterung des Drillreihenabstandes die Stickstoffauswaschungsgefahr leicht erhöhen könnte und deshalb negative Auswirkungen hinsichtlich des abiotischen Ressourcenschutzes auftreten können.

Die Anwendung von Mulchsaatverfahren ist im wesentlichen eine Maßnahme zur Vermeidung von Bodenerosion, also zur Verhinderung abiotischer Ressourcenbelastungen. Dies spiegelt sich auch in den Bewertungen der Experten mit Werten von +1,8 bis +2,9 wieder. Darüber hinaus zeigt sich bei dem Expertenvotum eine deutliche Differenzierung zwischen den Regionen, denn in den besonders erosionsgefährdeten Mittelgebirgs- und Hanglagen wird mit +2,9 ein deutlich höherer Wert erreicht als in den beiden anderen Regionen - ein ebenfalls plausibles Ergebnis. Für einige Experten haben Mulchsaatverfahren negative Auswirkungen hinsichtlich eines ästhetischen Landschaftsbildes, andere vergaben negative Werte beim biotischen Ressourcenschutz, weil sie in Verbindung mit Mulchsaatverfahren von einem erhöhten Herbizideinsatz ausgegangen sind.

Die Verwendung von Unter- und Stoppelsaaten ist wie das Mulchsaatverfahren in erster Linie geeignet, Beiträge zum abiotischen Schutz der Ressourcen zu leisten. Dies spiegelt sich im Expertenvotum mit Werten von +2,1 bis +2,7 wider. Hinsichtlich der ästhetischen Schutzziele Landschaftsbild und kulturelle Aspekte schneiden diese Verfahren im Vergleich zur Mulchsaat um knapp einen Punkt besser ab. Dies kann damit begründet werden, daß einige Experten die Aussaat von Zwischenfrüchten und Untersaaten als Auflockerung der Fruchtfolgen begreifen, die die Vielfalt in der Kulturlandschaft erhöhen. Hinsichtlich des biotischen Ressourcenschutzes gibt es einige negative Bewertungen, wie die Abbildung 5-7 verdeutlicht.

Abbildung 5-7: Umweltwirkungen von Untersaaten und Stoppelsaaten differenziert nach Schutzzielen

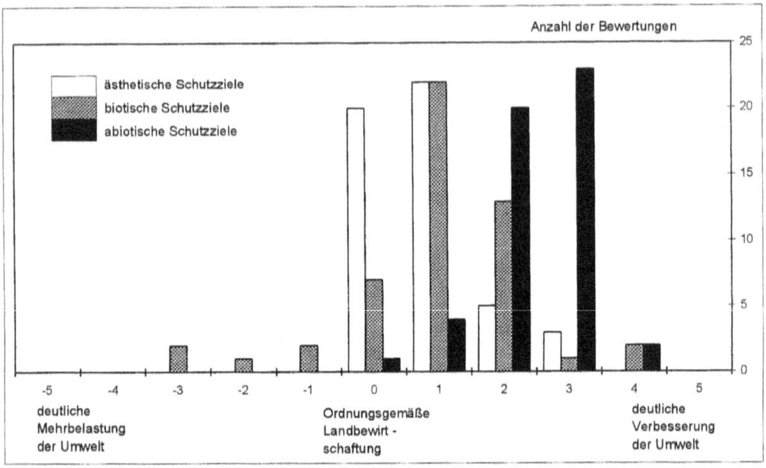

Quelle: Eigene Erhebung und Berechnungen

Einige wenige Experten waren der Ansicht, daß die Verwendung von Unter- und Stoppelsaaten das Vorkommen von Ackerwildkräutern zurückdrängt und vergaben deshalb negative Bewertungen beim biotischen Ressourcenschutz.

Fruchtfolgen mit mindestens vier Gliedern werden von den Experten hinsichtlich aller Schutzziele recht einheitlich mit Werten von +1,6 bis +1,9 beurteilt. Hieran ist bemerkenswert, daß die Experten davon ausgehen, daß Fruchtfolgen mit vier oder mehr Gliedern bereits eine spürbare Umweltverbesserung im Vergleich zur ordnungsgemäßen Landbewirtschaftung bewirken. Dies ist plausibel, da in den Grundsätzen ordnungsgemäßer Landbewirtschaftung außer dem Hinweis, daß die Fruchtfolgegestaltung dazu dienen soll, die Bodenfruchtbarkeit nachhaltig zu sichern sowie unerwünschte Pflanzen und Schadorganismen abzuwehren, keine weiteren Vorgaben für die Fruchtfolgegestaltung gemacht werden. Konkreter formuliert sind beispielsweise die Leitlinien ordnungsgemäße Landbewirtschaftung der Landwirtschaftskammern Hannover und Weser-Ems (LWK 1991), die bei den Hauptanbaufrüchten Fruchtfolgeanteile von bis zu 33 % und mehr zulassen. Damit sind mit einer ordnungsgemäßen Landbewirtschaftung vergleichsweise enge Fruchtfolgen mit drei oder weniger Gliedern vereinbar.

5.5.1.4 Extensivierungsmaßnahmen auf dem Grünland

Im Folgenden werden die Befragungsergebnisse zu den Umweltwirkungen verschiedener Extensivierungsmaßnahmen auf dem Grünland dargestellt, wozu diese Wirtschaftsweisen zählen:

1. Umwandlung von Ackerbau in extensives Grünland

2. Haltung von Rinder- und/oder Schafbeständen mit weniger als 1,4 rauhfutterfressenden Großvieheinheiten pro Hektar Hauptfutterfläche
3. Reduzierter Mineraldüngereinsatz
4. Verzicht auf Mineraldünger- und Pflanzenschutzmitteleinsatz
5. Umweltgerechte Gülleausbringung auf Grünland
6. Späte Schnittnutzung auf Grünland
7. Extensive Bewirtschaftung von Grünlandeinzelflächen

Die Ergebnisse der Befragung werden in der Tabelle 5-13 dargestellt. Die Umwandlung von Ackerland in extensiv bewirtschaftetes Grünland wird von den Experten sehr positiv bewertet. Diese Wirtschaftsweise ist nach Meinung der Befragten vor allem zum Schutz abiotischer Ressourcen geeignet (MI: +3,7 bis +4,2), aber auch der Beitrag zum biotischen Schutz wird hoch eingestuft (MI: +3,4 bis +3,8). Die Bewertung des ästhetischen Schutzbeitrages fällt insbesondere in Region 3, den Mittelgebirgs- und Hanglagen, deutlich ab, da hier einige Experten aufgrund des hohen Grünlandanteils in dieser Region eine Umwandlung von weiteren Flächen aus ästhetischer Sicht negativ beurteilten (MI: +2,0).

Tabelle 5-13: Bewertung der Umweltwirkungen von Extensivierungsmaßnahmen auf dem Grünland differenziert nach Regionen und Schutzzielen

Schutzziele / Wirtschaftsweisen		abiotische (Modalwerte)	biotische (Modalwerte)	ästhetische (Modalwerte)	abiotische (Mittelwerte)	biotische (Mittelwerte)	ästhetische (Mittelwerte)
Umwandlung von Ackerland in ext. Grünland	R 1:	5	4	2	3,7	3,5	2,6
	R 2:	5	5	3	4,2	3,8	2,6
	R 3:	5	5	3	4,1	3,4	2,0
Haltung von < 1,4 RGV / ha Hauptfutterfläche	R 1:	2	1	0	2,3	2,1	1,4
	R 2:	3	4	0	2,7	2,5	1,4
	R 3:	3	4	0	2,7	2,7	1,4
Reduzierter Mineraldünger-einsatz	R 1:	3	2	1	2,3	2,2	0,9
	R 2:	2	3	1	2,3	2,7	0,8
	R 3:	2	3	1	2,4	3,0	1,0
Verzicht auf Mineraldünger und PSM	R 1:	3	4	2	3,1	3,2	2,1
	R 2:	2	4	2	3,4	3,6	2,3
	R 3:	3	4	2	3,2	3,6	2,3
Umweltgerechte Gülleaus-bringung	R 1:	3	2	0	2,6	1,3	0,7
	R 2:	3	2	0	3,0	1,4	0,9
	R 3:	3	2	0	3,0	1,3	1,1
Späte Schnitt-nutzung auf Grünland	R 1:	0	3	1	0,1	2,6	0,8
	R 2:	0	4	2	0,2	2,6	1,2
	R 3:	0	4	0	0,3	2,7	1,1
Ext. Bewirtsch. von Grünland-einzelflächen	R 1:	1	4	2	1,7	3,2	2,1
	R 2:	2	3	2	2,1	3,2	1,9
	R 3:	1	2	1	1,6	3,0	1,7

Quelle: Eigene Erhebung und Berechnungen

R 1 = Region 1 (überdurchschnittliche Erträge)
R 2 = Region 2 (unterdurchschnittliche Erträge)
R 3 = Region 3 (Mittelgebirgs- und Hanglagen)

Die Bewertung erfolgte auf einer Skala von -5 (deutliche Mehrbelastung) bis +5 (deutliche Verbesserun der Schutzziele im Vergleich zur Ordnungsgemäßen Landbewirtschaftung = 0.

Die Haltung von weniger als 1,4 rauhfutterfressenden Großvieheinheiten (RGV) wird hinsichtlich des abiotischen Ressorcenschutzes mit +2,3 auf guten Standorten und mit +2,7 in den beiden anderen Regionen bewertet. Eine niedrigere Bewertung auf undurchlässigen Standorten mit geringerem Viehbesatz ist plausibel. Der biotische Beitrag zum Schutz der Umwelt wird mit Werten von +2,1 bis +2,7 ebenfalls positiv eingestuft. Der Beitrag eines verringerten Tierbesatzes auf Grünland zum Schutz abiotischer Umweltmedien wird auch in der Literatur belegt (vgl. Kap. 3.5). Eine Zunahme der Artenvielfalt, insbesondere in Hinblick auf Rote Liste Arten, wird von verschiedenen Autoren jedoch erst bei sehr niedrigen Besatzdichten von ca. 0,4 RGV pro ha auf den Grünlandflächen erwartet, die mit einer Tierbesatzgrenze von 1,4 RGV pro ha Hauptfutterfläche (HFF: Bezugsgröße ist hier die gesamte Grünland- und Futterfläche des Betriebes) in den meisten Fällen nicht erreicht werden dürfte. Dies ist wohl auch der Grund dafür, weshalb die Bewertung des biotischen Ressourcenschutzes nicht höher ausfällt. Das Erreichen ästhetischer Schutzziele wird mit +1,4 vergleichsweise niedrig bewertet.

Eine Reduzierung des Mineraldüngereinsatzes auf Grünland hat nach Einschätzung der Experten positive Auswirkungen auf den abiotischen und biotischen Ressourcenschutz im Vergleich zur ordnungsgemäßen Landbewirtschaftung (MI: +2,3 bis +2,4 bzw. +2,2 bis +3,0). Die Beurteilung der ästhetischen Aspekte fällt dagegen mit +0,8 bis +1,0 deutlich ab. Mit einer reduzierten Düngungsintensität sinkt die Auswaschungsgefahr von Nährstoffen, und der Leguminosenanteil in den Grasnaben kann deutlich zunehmen.

Eine umweltgerechte Gülleausbringung auf dem Grünland bringt nach Ansicht der Experten vergleichsweise wenig für den ästhetischen (MI: +0,7 bis +1,1) und biotischen Ressourcenschutz (MI: +1,3 bis +1,4) und ist, wie erwartet werden konnte, besser zur Verringerung von abiotischen Ressourcenbelastungen geeignet (+2,6 bis +3,0). Die Abstufung zwischen guten und weniger guten Standorten beträgt hier 0,4 Punkte.

Die Beurteilung einer späten Schnittnutzung auf dem Grünland ist insbesondere hinsichtlich der biotischen und ästhetischen Umweltwirkungen sehr unterschiedlich ausgefallen, was anhand der folgenden Abbildung 5-8 verdeutlicht werden soll. Die Bewertungen des biotischen Ressourcenschutzes reichen von +5 bis -3. Die des ästhetischen Ressourcenschutzes von +4 bis -3.

Was die abiotischen Schutzziele angeht, sind die meisten Experten der Ansicht, daß eine verspätete Schnittnutzung keine Entlastung im Vergleich zur ordnungsgemäßen Bewirtschaftung bringt (MO: 0). Einige sind sogar der Meinung, daß mit einer verspäteten Schnittnutzung eine deutliche Belastung abiotischer Umweltmedien verbunden ist, insbesondere dann, wenn das Grünland vorher nicht ausgehagert wurde und der Stickstoffvorrat im Boden noch groß ist. Bei einer plötzlichen Umstellung von intensiver Nutzung auf eine späte Schnittnutzung im Folgejahr sind die Grünlandaufwüchse nach Ansicht einiger Experten noch sehr dicht, so daß auch keine Beiträge zum Schutz biotischer Schutzgüter der Umwelt erwartet werden können.

Abbildung 5-8: Umweltwirkungen einer späten Schnittnutzung auf Grünland differenziert nach Schutzzielen

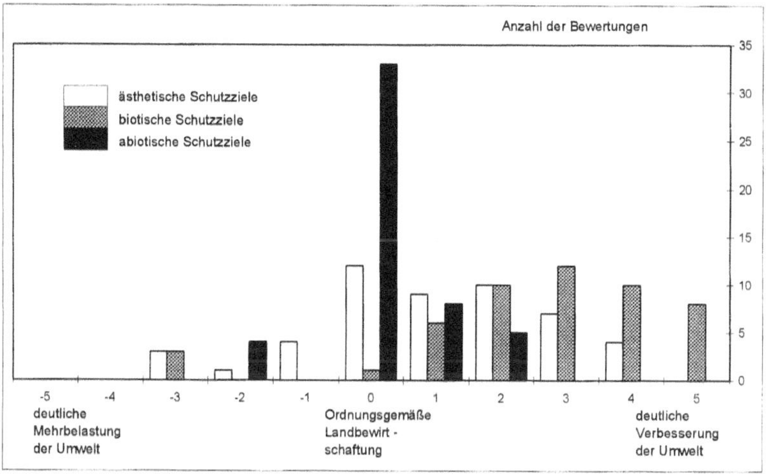

Quelle: Eigene Erhebung und Berechnungen

Mit einer verspäteten Schnittnutzung sollte deshalb eine vorherige Aushagerung des Grünlandes verbunden werden. Darüber hinaus wurde angemerkt, daß eine starre Vorgabe von Schnittzeitpunkten i.d.R. wenig sachgerecht ist, weil Temperatur und Wetter von Jahr zu Jahr schwanken und die Präsenz von schutzwürdigen Tierarten ebenfalls zeitlichen und zufälligen Schwankungen unterliegt.

Eine extensive Bewirtschaftung von Grünlandeinzelflächen ist nach Meinung der Experten vergleichsweise gut für den Schutz biotischer Ressourcen geeignet (MI: +3,0 bis +3,2). Bei allen Schutzzielen fällt die Region 3 bei dieser Bewertung leicht ab. Dafür wird bei einigen Experten der bereits recht hohe Extensivgrünlandanteil in dieser Region angeführt. Die Beiträge zum abiotischen Ressourcenschutz werden bei dieser Maßnahme niedriger eingestuft als bei einer Reduzierung des Viehbesatzes auf 1,4 RGV oder eines reduzierten Mineraldüngereinsatzes, obwohl diese Maßnahmen hinsichtlich der Bewirtschaftungsauflagen weniger restriktiv sind. Dies könnte damit erklärt werden, daß die Experten bei einer Extensivierung von Einzelflächen den geringeren Flächenumfang, der mit dieser Extensivierungsmaßnahme erreicht werden kann, in ihre Bewertung einfließen lassen. Ein Schutz spezieller Arten und Biotope kann mit dieser Maßnahme gezielt erreicht werden, wohingegen die Verringerung des Dünge- und Pflanzenschutzmitteleinsatzes bezogen auf die gesamte landwirtschaftlich genutzte Fläche (LF) relativ gering ausfallen muß.

5.5.1.5 Naturschutz- und Landschaftspflegemaßnahmen

Im diesem Abschnitt werden die Befragungsergebnisse zu den Umweltwirkungen von Naturschutz- und Landschaftspflegemaßnahmen, die in der Kulturlandschaft und in Agrarumweltprogrammen Anwendung finden, dargestellt. Dazu zählen die folgenden Maßnahmen:

1. Pflege aufgegebener Flächen (Mulchen oder Mahd und Abtransport des Aufwuchses)
2. 20-jährige Stillegung zur Biotopgestaltung
3. Mehrjährige Ackerrandstreifen
4. Mehrjährige Uferrandstreifen
5. Verzicht auf Düngung und Pflanzenschutzmittel an besonders umweltsensiblen Bereichen und an Gewässern
6. Bewirtschaftung von Einzelflächen unter Vertragsnaturschutzbedingungen
7. Streuobstwiesenbewirtschaftung
8. Anlage und Pflege von Schutzpflanzungen und Feldgehölzen

Die Modal- und Mittelwerte der Delphi-Befragung werden in der folgenden Tabelle 5-14 dargestellt. Die Pflege aufgegebener Flächen erreicht die höchste Umweltbewertung bei der Beurteilung des ästhetischen Ressourcenschutzes (MI: +3,2 bis +4,1), gefolgt von den positiven Auswirkungen hinsichtlich biotischer (MI: +2,3 bis +3,6) und abiotischer Ressourcen (MI: +1,6 bis +2,1). Bezogen auf die abiotischen Auswirkungen wurde von einigen Experten darauf hingewiesen, daß der Abtransport des Aufwuchses positiver zu bewerten sei als das Mulchen der Flächen, welches zu Mineralisation der Pflanzenreste und teilweise zur Auswaschung der Nährstoffe führt. Die höhere Bewertung der biotischen und ästhetischen Schutzziele in Region 3 kann damit erklärt werden, daß in Mittelgebirgslagen der Anteil der Flächen, die vom Brachfallen betroffen sind, von den Experten höher eingeschätzt wurde als in den beiden anderen Regionen und deshalb finanzierte Pflegemaßnahmen von besonderer Bedeutung sind.

Im Gegensatz zur Pflege aufgegebener Flächen, wo die Bewertung in Region 3 besonders positiv ausfällt, wird eine 20-jährige Stillegung zur Biotopgestaltung in Region 1 am positivsten beurteilt. Dies liegt nach Aussagen einiger Experten daran, daß der Mangel an Biotopen in Regionen mit überdurchschnittlicher Ertragsfähigkeit meist größer ist als in landwirtschaftlich weniger begünstigten Gebieten. In begünstigten Regionen wird deshalb der Beitrag zum biotischen Ressourcenschutz mit einem Mittelwert von +4,1 hoch eingestuft.

Ziele einer Anlage von Ackerrandstreifen sind die Erhaltung und der Schutz seltener und gefährdeter Ackerwildkräuter und die Leistung eines Beitrages zur Biotopvernetzung (vgl. Kap. 3.7). Die Beiträge von Ackerrandstreifen zum biotischen und ästhetischen Ressourcenschutz werden im Rahmen der Expertenbefragung mit Werten von +3,0 bis +3,4 höher eingestuft als die Beiträge zum Schutz abiotischer Umweltmedien (MI: +2,0 bis +2,2).

Tabelle 5-14: Bewertung der Umweltwirkungen von Naturschutz- und Landschaftspflegemaßnahmen differenziert nach Regionen und Schutzzielen

Schutzziele / Wirtschaftsweisen		abiotische	biotische	ästhetische	abiotische	biotische	ästhetische
		(Modalwerte)			(Mittelwerte)		
Pflege aufgegebener Flächen	R 1:	3	4	5	1,8	2,3	3,2
	R 2:	3	4	4	2,1	2,7	3,3
	R 3:	2	5	5	1,6	3,6	4,1
20-jährige Stilllegung zur Biotopgestaltung	R 1:	3	5	4	2,9	4,1	3,7
	R 2:	3	4	4	2,6	3,8	3,2
	R 3:	3	4	5	1,8	3,5	3,1
Mehrjährige Ackerrandstreifen	R 1:	1	2	3	2,0	3,0	3,4
	R 2:	1	4	4	2,2	3,4	3,4
	R 3:	1	4	3	2,2	3,0	3,3
Mehrjährige Uferrandstreifen	R 1:	5	4	5	3,6	3,8	4,1
	R 2:	3	4	5	3,8	3,8	4,0
	R 3:	4	5	4	3,8	3,7	3,8
Verzicht an umweltsensiblen Bereichen	R 1:	5	4	4	4,1	3,6	2,9
	R 2:	5	4	2	4,2	3,8	3,1
	R 3:	5	4	3	4,1	3,7	2,7
Einzelflächen unter Vertragsnaturschutz	R 1:	3	5	4	2,3	4,1	3,4
	R 2:	3	4	4	2,8	3,9	3,3
	R 3:	3	5	3	2,4	3,9	3,4
Steuobstwiesenbewirtschaftung	R 1:	0	5	5	1,8	4,2	4,3
	R 2:	3	5	5	1,9	4,4	4,4
	R 3:	1	5	5	1,7	4,3	4,6
Anlage von Schtzpflanzungen und Feldgehölzen	R 1:	3	5	5	2,6	4,3	4,7
	R 2:	3	5	5	3,1	4,2	4,4
	R 3:	3	3	3	2,5	3,5	3,5

Quelle: Eigene Erhebung und Berechnungen

R 1 = Region 1 (überdurchschnittliche Erträge)
R 2 = Region 2 (unterdurchschnittliche Erträge)
R 3 = Region 3 (Mittelgebirgs- und Hanglagen)

Die Bewertung erfolgte auf einer Skala von -5 (deutliche Mehrbelastung) bis +5 (deutliche Verbesserung der Schutzziele im Vergleich zur Ordnungsgemäßen Landbewirtschaftung = 0.

Uferrandstreifen sind zum Schutz abiotischer Ressourcen besser geeignet. Mehr als 50 % der abgegebenen Bewertungen entfallen bei dieser Maßnahme auf die Werte + 4 und + 5. Uferrandstreifen sind nach Aussagen der Experten zum Schutz von Oberflächengewässern vor dem Eintrag von Emissionen aus der Landbewirtschaftung durch Auswaschung und Abtrag umweltgefährdender Stoffe geeignet. In der Literatur wird darauf hingewiesen, daß die positiven Funktionen von Ufer- und Ackerrandstreifen für den Artenschutz nicht unwesentlich von der Entfernung zum nächsten ähnlichen Biotop abhängen (vgl. Kap. 3.8).

Der Verzicht auf jegliche Düngung und Pflanzenschutz an besonders umweltsensiblen Bereichen und Gewässern kann im Gegensatz zu Uferrandstreifen an allen schützenswerten Biotopen in der Agrarlandschaft angewendet werden. Die Wirkungsweise dieser

Maßnahme ist vergleichbar mit der Anlage von Uferrandstreifen, da die Einträge von Dünge- und Pflanzenschutzmitteln in die angrenzenden Biotope und Gewässer gezielt reduziert werden sollen. Der abiotische Ressourcenschutz wird mit +4,1 und +4,2 sehr hoch bewertet. Nach Aussage einiger Experten bleibt eine gewisse Belastung dieser Biotope durch Interflow und Einträge übers Grundwasser bestehen. Eine durch den Verzicht auf Pflanzenschutzmittel arten- und blütenreichere Saumstruktur entlang dieser Biotope wird aus ästhetischer Sicht ebenfalls positiv bewertet (+2,7 bis +3,1), auch wenn die Werte hier hinter denen von Uferrandstreifen zurückbleiben. Die Werte für den biotischen Ressourcenschutz sind bei beiden Maßnahmen vergleichbar.

Die extensive Bewirtschaftung von Einzelflächen mit differenzierten Bewirtschaftungsauflagen im Rahmen von Naturschutzverträgen wird von den Experten sehr hoch im Hinblick auf den Schutz biotischer Ressourcen bewertet (MI: +3,9 bis +4,1). Bei dieser Maßnahme steht der abiotische Ressourcenschutz nicht im Vordergrund und wird von den Experten folgerichtig etwas niedriger eingestuft (MI: +2,3 bis +2,8).

Eine extensive Bewirtschaftung von Streuobstwiesen zählt, was die Beiträge zum biotischen und ästhetischen Ressourcenschutz angehen, zu den von den Experten am höchsten bewerteten Wirtschaftsweisen. Die Häufigkeitsverteilung der Bewertungen wird in der folgenden Abbildung 5-9 dargestellt.

Abbildung 5-9: Umweltwirkungen einer Streuobstwiesenbewirtschaftung differenziert nach Schutzzielen

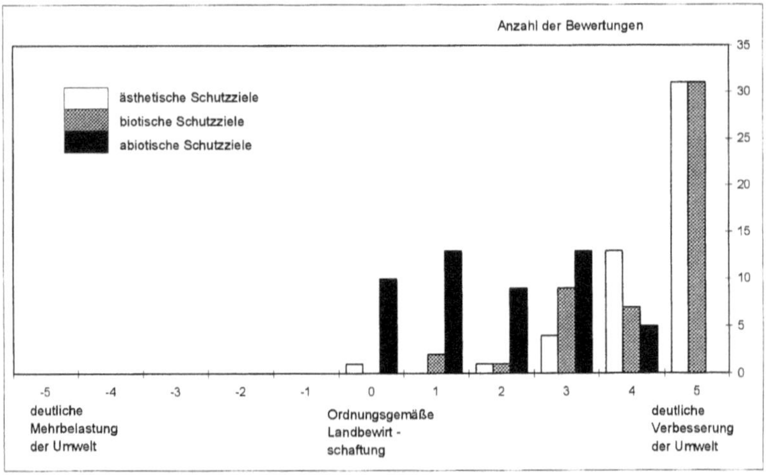

Quelle: Eigene Erhebung und Berechnungen

Streuobstwiesen übernehmen wichtige Habitatfunktionen und haben einen hohen ästhetischen und kulturellen Wert (vgl. Kap. 3.11). Dies spiegelt sich auch in den Expertenurteilen bei den Modal- und Mittelwerten für den biotischen und ästhetischen Ressurcenschutz wider (MO: 5; MI: 3,5 bis 4,7). Hinsichtlich der Beurteilung des abiotischen

Schutzbeitrages zeigt sich ein weniger einheitliches Bild, da hier die Werte 0 und 1 häufig vergeben wurden. Nach Aussagen einiger Experten ist die abiotische Wirkung aufgrund der Kleinräumigkeit der Maßnahme nicht sehr hoch. An diesen Äußerungen wird deutlich, daß die Experten bei der Beurteilung der Wirtschaftsweisen den potentiellen Flächenumfang, der erreicht werden kann, offenbar in ihre Bewertung einfließen lassen. Die Beiträge von Steuobstwiesen zum Schutz abiotischer Ziele sind räumlich eng begrenzt, wohingegen die biotischen und ästhetischen Effekte, wie bei Naturschutzflächen, auf das umliegende Gebiet positiv ausstrahlen.

Als letzte Maßnahme sind in Tabelle 5-14 die Bewertungsergebnisse für die Anlage und Pflege von Schutzpflanzungen und Feldgehölzen in der Agrarlandschaft dargestellt. Die höchste Umweltbewertung mit +4,7 erreicht hier der Beitrag zum ästhetischen Ressourcenschutz in Gebieten mit überdurchschnittlicher Ertragsfähigkeit. Neuangelegte Gehölzpflanzungen sollen vor allem in ausgeräumten Agrarlandschaften als Trittsteinbiotope, als Ausbreitungskorridore und als inselartige Refugien positive Beiträge zum Arten- und Biotopschutz leisten (vgl. Kap. 3.12). Die Beiträge zum biotischen Ressourcenschutz werden von den Experten in Region 1 und 2 mit +4,3 und +4,2 bewertet und in Region 3 mit +3,5. Hieran wird deutlich, daß die Befragten den zusätzlichen Nutzen einer Neuanlage oder Pflege von Schutzpflanzungen in Mittelgebirgs- und Hanglagen niedriger bewerten als in den anderen Regionen. Dies ist aufgrund der i.d.R. strukturreicheren Agrarlandschaften in Region 3 ein plausibles Befragungsergebnis.

5.5.2 Aufteilung der Finanzmittel innerhalb von Agrarumweltprogrammen

Der zweite Teil der Delphi-Befragung befaßt sich mit der Verteilung von Finanzmitteln innerhalb von Agrarumweltprogrammen. Die Experten sollten ihre Meinungen dazu äußern, wie sie ein gegebenes Finanzbudget im Rahmen von Agrarumweltprogrammen aufteilen würden, mit dem Ziel möglichst viel für die Umwelt zu erreichen. Ausgangspunkt für diese Fragestellung war die Überlegung, daß die Finanzmittel knapp sind und die Verwendung der Mittel für eine Förderungsstrategie eine andere Strategie ausschließt. Außerdem besteht die Gefahr, daß bei einer einseitigen Verwendung der Finanzmittel Wirtschaftsweisen mit einer sehr hohen Umsetzungsrate einen Großteil der Finanzmittel verbrauchen. Aus der Literatur ist bekannt, daß Wirtschaftsweisen mit einer sehr hohen Akzeptanz i.d.R. durch niedrige Bewirtschaftsauflagen gekennzeichnet sind. Am Beispiel des baden-württembergischen Agrarumweltprogramms haben ZEDDIES und DOLUSCHITZ (1996) gezeigt, daß eine hohe Teilnahmebereitschaft dann vorliegt, wenn die Betriebe schon vor Einführung des Programms extensiv gewirtschaftet haben oder die einzelbetriebliche Anpassung an die Bewirtschaftsauflagen geringe oder gar keine Opportunitätskosten verursacht. Wenn keine Anpassung der betrieblichen Abläufe erfolgt, sind die entlastenden Effekte für die Umwelt entsprechend gering und bestehen im Wesentlichen aus der Verhinderung von Intensivierungen oder dem Brachfallen von Flächen.

Mit den Fragen an die Experten sollte darüber hinaus geklärt werden, ob es aus ökologischer Sicht sinnvoll ist, die Finanzmittel auf die Erreichung eines bestimmten Schutzziels, zugunsten einer Region oder auf bestimmte Wirtschaftsweisen zu konzentrieren. Die bisherigen Erfahrungen mit den Agrarumweltprogrammen zeigen, daß in verschiedenen Bundes- und EU-Ländern über unterschiedliche Förderstrategien und Prämienhöhen deutliche Akzentverschiebungen bei den Programmwirkungen erzielt werden können (KAULE u. MORGAN 1996; BRUCKMAIER u. LANGKAU 1996; WILHELM 1999; DEBLITZ et al. 1998).

Es kann nicht sinnvoll sein, nur eine Extensivierungsmaßnahme im Rahmen von Agrarumweltprogrammen zu unterstützen. Man muß davon ausgehen, daß der ökologische Grenznutzen einer Extensivierung mit zunehmenden Flächenumfang abnimmt. Ökonomisch betrachtet ist die Aufteilung von Finanzmitteln auf zwei oder mehrere Extensivierungsmaßnahmen (im Sinne einer Förderungsstrategie: wieviel Geld wird für welche Maßnahmen ausgegeben) dann sinnvoll bzw. effizient, wenn der positive Grenzumwelteffekt der mit Strategie 1 in Abhängigkeit vom Finanzmitteleinsatz erzielt wird genau so hoch ist wie der Grenzumwelteffekt der mit der Strategie 2 erreicht wird. Dies soll anhand der folgenden Abbildung 5-10 verdeutlicht werden:

Abbildung 5-10: Umwelteffekte von Förderungsstrategien in Abhängigkeit vom Finanzmitteleinsatz

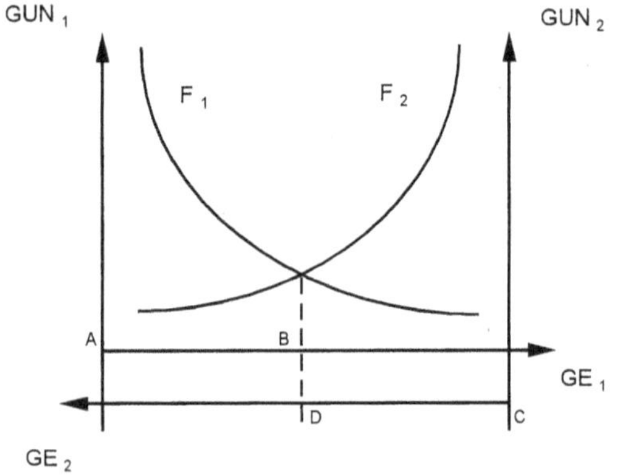

GUN: Grenzumweltnutzen

GE: Geldeinheiten

F: Förderungsstrategie

Quelle: Eigene Darstellung

Mit zunehmender Finanzmittelverwendung für die Förderstrategie 1 nimmt der erzielte positive Grenzeffekt für die Umwelt ab, gleiches gilt für die Förderstrategie 2. Die Förderstrategie 1 ist dann übersteuert, wenn über die Strecke AB hinaus weitere Finanzmittel in diese Strategie fließen. Ab dem Schnittpunkt der Kurven F1 mit F2 kann für die Umwelt mehr erreicht werden, wenn die knappen Finanzmittel anstatt weiter für Strategie 1 für die Strategie 2 verbraucht werden. Die Geldeinheiten oder finanziellen Ressourcen sind im oben dargestellten Beispiel dann ausgabeneffizient auf die Förderstrategien verteilt, wenn Strategie 1 mit Geldeinheiten in Höhe der Strecke AB und Strategie 2 in Höhe der Strecke CD gefördert werden.

Die Befragung der Experten zur Aufteilung der Finanzmittel innerhalb von Agrarumweltprogrammen liefert alle erforderlichen Informationen über den Schnittpunkt der Kurven F1 und F2. Die Ergebnisse der Befragung werden im Folgenden erläutert.

Auf die Frage, wie ein Budget von 1.000 Geldeinheiten (GE) auf die **Regionen 1, 2 oder 3** verteilt werden sollte, damit möglichst viele positive Umweltwirkungen mit dem eingesetzten Geld erzielt werden, wurde folgendermaßen geantwortet (vgl. Tabelle 11-3 Frage 4 im Anhang):

300 Geldeinheiten für Region 1,

400 Geldeinheiten für Region 2 und

300 Geldeinheiten für Region 3.

D.h. auf Standorte mit unterdurchschnittlicher Ertragsfähigkeit sollte nach Auffassung der Experten im Rahmen von Agrarumweltprogrammen ein größerer Budgetanteil verwendet werden.

Ob eine Differenzierung der Finanzmittel hinsichtlich der **Schutzgüter der Umwelt** vorgenommen werden sollte, wurde ebenfalls erfragt (vgl. Tabelle 11-3 Frage 5 im Anhang). Für den abiotischen Ressourcenschutz sollten nach Meinung der Experten in Abhängigkeit von der Region 330-390 Geldeinheiten eingesetzt werden, für den biotischen Ressourcenschutz 400-430 Geldeinheiten und für den ästhetischen Ressourcenschutz 180-270 Einheiten des Finanzvolumens.

Bemerkenswert hierbei ist, daß die Experten die Finanzierung des abiotischen Ressourcenschutzes empfehlen, obwohl man den Wasserschutz aus ökonomischer Sicht als Betreiberpflicht im Sinne von Artikel 14 Absatz 2 des Grundgesetzes interpretieren kann (SCHEELE u. SCHMITT 1989; KARL 1991).

Der Schwerpunkt der Förderstrategie sollte nach Ansicht der Experten beim biotischen Ressourcenschutz liegen. Die geringsten Geldmittel sollten für den ästhetischen Ressourcenschutz ausgegeben werden. Hierbei ist zu berücksichtigen, daß Maßnahmen, die zum biotischen Ressourcenschutz beitragen, in der Regel auch ästhetische Wirkungen haben. Schutzpflanzungen und Hecken sehen einige der befragten Wissenschaftler nicht in erster Linie als ästhetische Elemente der Kulturlandschaft, sondern primär als Maßnahmen zum biotischen Ressourcenschutz. In dieser Hinsicht sind der biotische und der ästhetische Ressourcenschutz schwer voneinander zu trennen und für beide zusammen sollen ca. zwei Drittel der Finanzmittel ausgegeben werden.

Schließlich wurde noch gefragt, welche finanzielle Gewichtung den einzelnen Wirtschaftsweisen in Agrarumweltprogrammen zugemessen werden sollte. Damit diese Frage überschaubar wird, wurden die verschiedenen Wirtschaftsweisen in den gleichen Gruppen zusammengefaßt, wie im vorangegangenen Abschnitt 5.5.1. Es wurden also Maßnahmengruppen aus ökologischen Anbauverfahren, jeweils eine Gruppe für extensive Wirtschaftsweisen auf dem Ackerland und Grünland sowie eine Gruppe für spezielle Naturschutz- und Landschaftspflegemaßnahmen gebildet. Dabei zeigte sich das in der folgenden Übersicht 5-1 dargestellte Ergebnis (vgl. auch Tabelle 11-2 Frage 3 im Anhang):

Übersicht 5-1: Finanzielle Gewichtung verschiedener Maßnahmengruppen innerhalb von Agrarumweltprogrammen

Region 1	GE von 1.000
1. Organische Anbauverfahren	240
2. Maßnahmen auf Ackerland	220
3. Maßnahmen auf Grünland	190
4. Naturschutz und Landschaftspflege	350

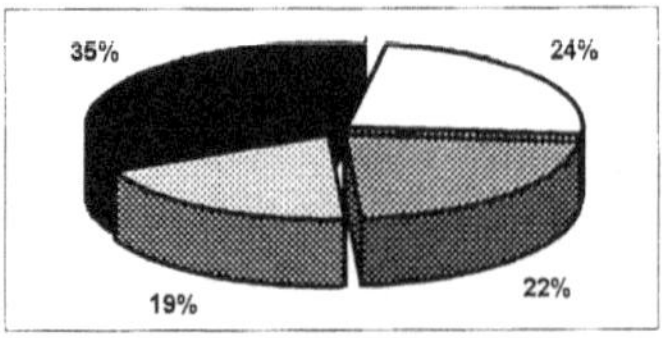

Region 2	
1. Organische Anbauverfahren	240
2. Maßnahmen auf Ackerland	210
3. Maßnahmen auf Grünland	250
4. Naturschutz und Landschaftspflege	300

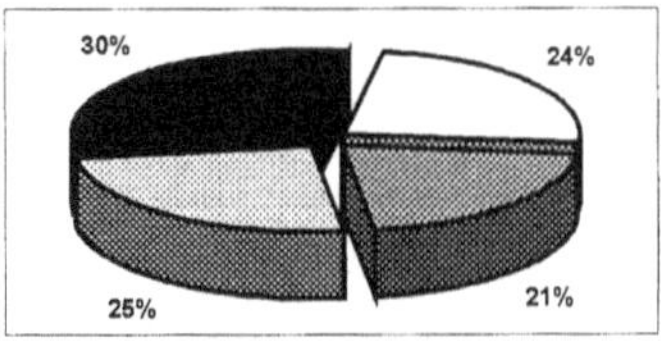

Region 3	
1. Organische Anbauverfahren	200
2. Maßnahmen auf Ackerland	150
3. Maßnahmen auf Grünland	260
4. Naturschutz und Landschaftspflege	390

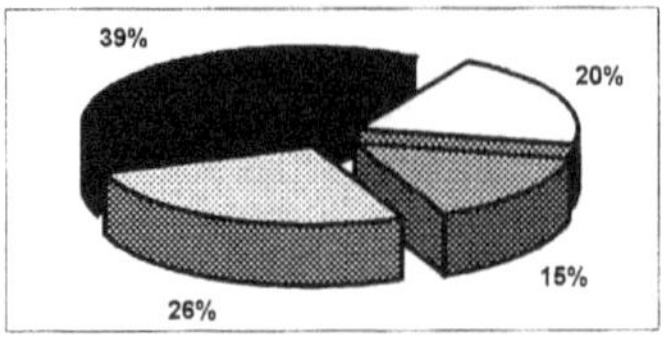

Quelle: Eigene Erhebung und Berechnungen

Die vergleichsweise stärkste finanzielle Förderung sollte mit 300 bis 390 Geldeinheiten in allen drei Regionen für Naturschutz- und Landschaftspflegemaßnahmen verwendet werden. In dem höheren Anteil der Förderung von Grünlandmaßnahmen in Region 2 und 3 (250 bzw. 260 GE im Vergleich zu 190 GE) reflektieren die Experten den höheren Grünlandanteil an der LF in diesen Regionen im Vergleich zur Region 1. Der ökologische Landbau sollte nach Meinung der Experten mit 240 GE der Finanzmittel in den Regionen 1 und 2 und mit einem etwas niedrigeren Anteil von 200 GE in Mittelgebirgs- und Hanglagen gefördert werden.

Die Befragungsergebnisse zeigen, daß aus Sicht der befragten Experten, d.h. aus ökologischer Sicht, die Finanzmittel im Rahmen von Agrarumweltprogrammen zwar mit differenzierter Akzentsetzung, aber nicht einseitig für bestimmte Regionen, Schutzziele oder Maßnahmengruppen ausgegeben werden sollten. Am deutlichsten zeigt sich eine Differenzierung bei den Maßnahmengruppen, wo die empfohlenen Budgetanteile von 15 bis maximal 39 % reichen. Dieses ist gemessen an der Förderungspraxis derzeitiger Agrarumweltprogramme immer noch eine relativ ausgewogene Mittelverteilung (vgl. Kapitel 6).

Weitere im Rahmen der VO (EWG) 2078/92 geförderte Maßnahmen, auf die bisher nicht eingegangen wurde, sind die Haltung vom Aussterben bedrohter Nutztierrassen, der Anbau und die Züchtung von Nutzpflanzen, die von einer genetischen Erosion bedroht sind, sowie Maßnahmen der beruflichen Bildung von Landwirten und sogenannte Demonstrationsvorhaben (vgl. Fragebogen). Diese Maßnahmen können ebenfalls im Rahmen von Agrarumweltprogrammen gefördert werden. Hinsichtlich dieser Maßnahmen wurde gefragt, wieviel Prozent der Finanzmittel hierfür verwendet werden sollten. Für die zwei zuerst genannten Maßnahmen sollten nach Aussagen der Befragten jeweils ca. 2% der bereitgestellten Mittel, für Demonstrationsvorhaben ca. 2-5 % und für die Maßnahmen der beruflichen Bildung ca. 5-10 % der Mittel eines Programms ausgegeben werden.

5.6 Aggregation der Befragungsergebnisse

In Abschnitt 5.6 soll aufgezeigt werden, wie die Befragungsergebnisse der Delphi-Studie zusammengefaßt und für die Bewertung von Agrarumweltprogrammen operationalisiert werden können. Ziel der Delphi-Befragung war es, die Umweltwirkungen landwirtschaftlicher Wirtschaftsweisen differenziert nach verschiedenen Regionen und Schutzzielen zu ermitteln. Die Umweltwirkungen setzen sich zusammen aus den Zielbeiträgen zum abiotischen, biotischen und ästhetischen Ressourcenschutz. Im Folgenden werden die Aggregationsschritte aufgezeigt, die erforderlich sind, um zu einem regional differenzierten Umweltpunktwert für jede Wirtschaftsweise zu kommen. Dafür wird das Verfahren einer Nutzwertanalyse angewendet.

5.6.1 Das Verfahren der Nutzwertanalyse

Die Nutzwertanalyse ist ein Verfahren, mit dem aus mehreren Alternativen in transparenten Schritten die für den Entscheidungsträger „beste" Lösung ausgewählt werden kann, auch wenn sich die Alternativen in Bezug auf mehrere, schwer zu messende und zu vergleichende Ziele unterscheiden (HENRICHSMEYER u. WITZKE 1994). HILFENHANS (1991, S. 65) regt die Anwendung nutzwertanalytischer Verfahren im Rahmen von Kosten-Wirksamkeits-Analysen an, wenn dies zur Gewichtung der Teilziele im Rahmen der Wirkungsanalyse eines Projektes erforderlich ist. Damit kann man der Schwierigkeit begegnen, mehrere Nutzen zusammenzufassen, die in verschiedenen Einheiten auftreten. Ein allgemeines Ablaufschema zur Nutzwertanalyse sieht folgendermaßen aus:

Übersicht 5-2: Ablaufschema einer Nutzwertanalyse

(Z)	1	(Ziele)	... n
1	Z_{11}	...	Z_{1n}
.	.		.
.	.		.
(Alternativen)		(Zielvariablen)	
.	.		.
.	.		.
m	Z_{m1}	...	Z_{mn}

1	E_{11}	...	E_{1n}
.	.		.
.	.		.
(Alternativen)		(Zielerfüllungsgrade)	
.	.		.
.	.		.
m	E_{m1}	...	E_{mn}
(G)	G_1	(Gewichte)	G_n

1	$E_{11}*G_1$	...	$E_{1n}*Gn$
.	.		.
.	.		.
(Alternativen)		(Teilnutzenwerte)	
.	.		.
.	.		.
m	Em_1*G_1	...	$Emn*Gn$

1	Summe($E_{11}*G_1$+...)=N_1
.	.
.	.
(Alternativen)	(Nutzwerte)
.	.
.	.
m	Nm

Quelle: Nach HENRICHSMEYER u. WITZKE 1994, S. 81

Der erste Schritt einer Nutzwertanalyse besteht in der Operationalisierung der Ziele, die ggf. aus Ober- und Unterzielen bestehen können, durch meßbare Zielvariablen (Z). Im zweiten Schritt müssen die sich für diese Zielvariablen ergebenen Werte (Z_{mn}) ermittelt werden. Die eigentliche Bewertung der Alternativen erfolgt meist in drei Schritten:

1. Skalierung: Die Werte der Zielvariablen sind häufig nicht so leicht vergleichbar wie z.B. verschiedene in DM gemessene Größen. Um etwa die Höhe einer in DM gemessenen Zielvariable mit einem in physischen Einheiten gemessenen Umweltindikator

zu vergleichen, kann man den erreichten Werten für die Zielvariablen sogenannte Erfüllungsgrade (E_{mn}) auf einer einheitliche Skala zuordnen. 100 Punkte bedeutet dann z.B., daß das Teilziel vollständig erfüllt ist, 0 Punkte würde bedeuten, das Teilziel wurde verfehlt. Wenn die ursprünglichen Zielvariablen unterschiedliche Meßqualitäten aufweisen, wie z.B. DM-Größen und Umweltwirkungen, ist die Umskalierung eine pragmatische aber meßtheoretisch problematische Vorgehensweise (HENRICHSMEYER u. WITZKE 1994).

2. Gewichtung: In diesem Schritt werden die Zielerfüllungsgrade mit Gewichten (G) für die jeweiligen Ziele multipliziert und auf diese Weise Teilnutzenwerte ermittelt. Die vorausgegangene einheitliche Skalierung erleichtert die Gewichtung erheblich, da die Dimension der Zielvariablen nicht mehr berücksichtigt werden muß.

3. Aggregation: Im letzten Schritt werden i.d.R. durch einfache Addition die Teilnutzenwerte zu den Nutzwerten zusammengefaßt. Die beste Alternative ist die mit dem höchsten Nutzwert, der in Abhängigkeit vom Untersuchungsgegenstand ein „Politikwert", ein „Umweltwert" oder ein anderer Wert sein kann.

Auf die durchgeführte Delphi-Studie übertragen bedeutet dies, daß verschiedene landwirtschaftliche Wirtschaftsweisen die zu bewertenden Alternativen sind. Oberziel ist die Ermittlung ihrer Umweltwirkungen in verschiedenen Regionen differenziert nach den Teilzielen abiotischer, biotischer und ästhetischer Ressourcenschutz. Die über alle Experten gemittelten Urteile stellen die Zielerfüllungsgrade der Alternativen dar (A_{m1} bis C_{m3} in der folgenden Übersicht 5-3). Die oben bereits angesprochene meßtheoretisch problematische Umskalierung der Zielvariablen entfällt, da die Urteile der Experten (die Auswirkungen der Wirtschaftsweisen) bereits in einheitlichen „Nutzwerten" (Umweltwirkungen im Vergleich zum Referenzsystem „Ordnungsgemäße Landbewirtschaftung") ausgedrückt wurden. Notwendig ist allerdings die Gewichtung der Teilziele abiotischer, biotischer und ästhetischer Ressourcenschutz, wenn ein einziger Umweltwert für jede Wirtschaftsweise ermittelt werden soll.

Es ist davon auszugehen, daß mit der Anwendung einer Wirtschaftsweise ihre Umweltwirkungen hinsichtlich abiotischer, biotischer und ästhetischer Schutzziele simultan, d.h. immer abhängig voneinander und zwar im additiven Sinne, realisiert werden. Eine isolierte Betrachtung der abiotischen, biotischen und ästhetischen Umweltwirkung einer Wirtschaftsweise macht aus naturwissenschaftlicher Sicht wenig Sinn. In dieser Untersuchung wurde deshalb die Annahme getroffen, daß alle drei Schutzziele mit dem gleichen Gewicht in die Beurteilung der Wirtschaftsweisen einfließen. Die Übertragung in ein nutzwertanalytisches Ablaufschema ergibt folgendes:

Übersicht 5-3: Nutzwertanalytische Aggregation der Befragungsergebnisse

Ziele:	Umweltwirkungen in Region 1			Umweltwirkungen in Region 2			Umweltwirkungen in Region 3		
	abio.	biot.	ästh.	abio.	biot.	ästh.	abio.	biot.	ästh.
1	A_{11}	...	A_{13}	B_{11}	...	B_{13}	C_{11}	...	C_{13}
.	.		.	.		.	.		.
.	.		.	.		.	.		.
(Produktions-weisen)		(Zielerfüllungsgrade = Expertenurteile)			(Zielerfüllungsgrade = Expertenurteile)			(Zielerfüllungsgrade = Expertenurteile)	
.	.		.	.		.	.		.
.	.		.	.		.	.		.
m	A_{m1}	...	A_{m3}	B_{m1}	...	B_{m3}	C_{m1}	...	C_{m3}
Gewichte:	1/3	1/3	1/3	1/3	1/3	1/3	1/3	1/3	1/3
1		N_{a1}			N_{b1}			N_{c1}	
.									
.									
(Produktions-weisen)		(Nutzwerte, Umweltpunkte)			(Nutzwerte, Umweltpunkte)			(Nutzwerte, Umweltpunkte)	
.									
.									
m		N_{am}			N_{bm}			N_{cm}	

Quelle: Eigene Darstellung

abio. = Teilziel abiotischer Rssourcenschutz
biot. = Teilziel biotischer Ressourcenschutz
ästh. = Teilziel ästhetischer Ressourcenschutz

Die Gewichtungsfaktoren für die jeweiligen Schutzziele erhalten den Wert 1/3, weil die Gleichgewichtung der Umweltziele aus naturwissenschaftlicher Sicht eine plausible Annahme ist. Aus agrarpolitischer Sicht könnte es von besonderem Interesse sein, wie ein Agrarumweltprogramm hinsichtlich des Arten- und Biotopschutzes zu beurteilen ist, unabhängig davon welche anderen Umweltwirkungen darüber hinaus mit einem Programm realisiert werden. In diesem Fall würde man die Betonung auf den Arten- und Biotopschutz, also die biotischen Schutzziele, legen. Im Rahmen der Nutzwertanalyse müßten in diesem Fall in dem oben dargestellten Ablaufschema die Gewichtungsfaktoren für den abiotischen und ästhetischen Ressourcenschutz gleich Null gesetzt werden, und der Gewichtungsfaktor für den biotischen Ressourcenschutz würde den Wert 1/3 behalten oder den Wert 1 bekommen [3]. Auf diesen speziellen Aspekt wird in Abschnitt 8.1 vertieft eingegangen.

Das Ergebnis der Nutzwertanalyse wird im folgenden Abschnitt als Ranking der Wirtschaftsweisen kurz dargestellt.

---

3 Für eine vergleichende Beurteilung der Umweltwirkungen spielt es keine Rolle, ob das Verhältnis der Summen (Gewichtung mit 1) oder das Verhältnis der Mittelwerte (Gewichtung mit 1/3) der Zielerfüllungsgrade gebildet wird. Beide Verfahren führen zu dem gleichen Ergebnis.

5.6.2 Berechnung von Umweltpunktwerten

In diesem Abschnitt werden die Befragungsergebnisse zu Umweltpunktwerten für die Wirtschaftsweisen zusammengefaßt. Dazu werden die Expertenurteile (= Zielerfüllungsrade) für alle Wirtschaftsweisen in den Tabellen 5-15 bis 5-17 differenziert nach abiotischen, biotischen und ästhetischen Schutzzielen dargestellt und die Mittelwerte berechnet (Nummerierung wie in Tabelle 5-2). Es erfolgt eine Mittelwertbildung, weil aus naturwissenschaftlicher Sicht vieles dafür spricht, alle Schutzziele mit dem gleichen Gewicht bei der Umweltbewertung der Wirtschaftsweisen zu berücksichtigen. In den Tabellen werden die Wirtschaftsweisen nach der Höhe ihrer Umweltpunktzahlen sortiert, damit die Abstufungen zwischen den Wirtschaftsweisen leichter zu erkennen sind. Die ermittelten Umweltpunkte fließen in Kapitel 7 in die Wirkungsanalyse der Programme ein.

Die Auswertung der Befragungsergebnisse zeigt, daß nach Einschätzung der befragten Experten von allen Wirtschaftsweisen positive Umweltwirkungen im Vergleich zur ordnungsgemäßen Landbewirtschaftung zu erwarten sind. Der Status quo landwirtschaftlicher Praxis hingegen wird in allen Regionen als umweltbelastend eingestuft. Als für den abiotischen Ressourcenschutz besonders geeignete Maßnahmen können für alle Regionen der Verzicht auf Düngung und Pflanzenschutz in besonders umweltsensiblen Bereichen und die Umwandlung von Ackerland in extensives Grünland identifiziert werden. Aus Sicht des biotischen Ressourcenschutzes besonders geeignet gelten nach Einschätzung der Experten die Streuobstwiesenbewirtschaftung, die Anlage und Pflege von Schutzpflanzungen und Feldgehölzen sowie der Vertragsnaturschutz auf Einzelflächen und der Verzicht auf Düngung und Pflanzenschutz. Dem ästhetischen Ressourcenschutz dienen vor allem mehrjährige Uferrandstreifen, die Anlage und Pflege von Schutzpflanzungen und Feldgehölzen sowie ebenfalls die Steuobstwiesenbewirtschaftung. Die Umweltpunkte schwanken von - 3,0 für den Status quo landwirtschaftlicher Praxis in Region 1 bis + 3,9 für die Anlage und Pflege von Schutzpflanzungen und Feldgehölzen in den Regionen 1 und 2. Damit schwankt der Beitrag verschiedener Wirtschaftsweisen zur potentiellen Verbesserung der betrachteten Umweltmedien deutlich, wie den folgenden Tabellen zu entnehmen ist.

Tabelle 5-15: Ranking der Wirtschaftsweisen in Region 1 bei gleicher Gewichtung der Schutzziele

Produktionsweisen in Region 1 mit überdurchschnittlicher Ertragsfähigkeit	Auswirkungen auf ... Schutzziele abiotische	biotische	ästhetische	Umweltpunkte
1 Status quo landwirtschaftlicher Praxis	-2,6	-3,5	-2,9	**-3,0**
12 Erweiterung des Drillreihenabstandes	0,2	1,7	0,4	**0,8**
2 Integrierter Ackerbau	1,8	0,6	0,1	**0,8**
10 Verzicht auf Wachstumsregulatoren im Ackerbau	1,6	0,9	0,2	**0,9**
13 Mulchsaatverfahren	1,8	1,0	0,1	**0,9**
21 Späte Schnittnutzung auf Grünland	0,1	2,6	0,8	**1,2**
3 Integrierter Garten- und Dauerkulturanbau	2,3	1,0	0,3	**1,2**
14 Untersaaten / Stoppelsaaten	2,1	0,9	0,8	**1,3**
11 Umweltgerechte Gülleausbringung auf Acker	2,5	0,5	0,8	**1,3**
20 Umweltgerechte Gülleausbringung auf GL	2,6	1,3	0,7	**1,5**
8 Verzicht auf Mineraldünger im Ackerbau	2,4	1,9	0,8	**1,7**
18 Reduzierter Mineraldüngereinsatz auf GL	2,3	2,2	0,9	**1,8**
15 Mindestens viergliedrige Fruchtfolge	1,9	1,7	1,9	**1,8**
17 Rinder- u. Schafbest. mit < 1,4 RGV / HFF	2,3	2,1	1,4	**1,9**
7 Verzicht auf Herbizide im Ackerbau	1,5	3,4	1,6	**2,2**
6 Org. Anbauverfahren bei Dauerk. u. Gartenbau	3,2	2,2	1,1	**2,2**
5 Organische Bewirtschaftung des Grünlandes	2,5	2,5	1,5	**2,2**
22 Extensive Bew. von Grünlandeinzelflächen	1,7	3,2	2,1	**2,3**
23 Pflege aufgegebener Flächen	1,8	2,3	3,2	**2,4**
4 Organische Bewirtschaftung des Ackerlandes	2,9	2,7	1,9	**2,5**
25 Mehrjährige Ackerrandstreifen	2,0	3,0	3,4	**2,8**
19 Verzicht auf Mineraldünger u. PSM auf GL	3,1	3,2	2,1	**2,8**
9 Verzicht auf Mineraldünger u. PSM im Ackerbau	3,4	3,6	1,9	**3,0**
28 Einzelflächen unter Vertragsnaturschutz	2,3	4,1	3,4	**3,3**
16 Umwandlung von Ackerland in extensives GL	3,7	3,5	2,6	**3,3**
29 Steuobstwiesenbewirtschaftung	1,8	4,2	4,3	**3,4**
27 Verzicht auf Dü. u. PSM in umwelts. Bereichen	4,1	3,6	2,9	**3,5**
24 20-jährige Stillegung zur Biotopgestaltung	2,9	4,1	3,7	**3,6**
26 Mehrjährige Uferrandstreifen	3,6	3,8	4,1	**3,8**
30 Schutzpflanzungen und Feldgehölze	2,6	4,3	4,7	**3,9**

Quelle: Eigene Erhebung und Berechnungen

Tabelle 5-16: Ranking der Wirtschaftsweisen in Region 2 bei gleicher Gewichtung der Schutzziele

Produktionsweisen in Region 2 mit unterdurchschnittlicher Ertragsfähigkeit		Auswirkungen auf ... Schutzziele abiotische	biotische	ästhetische	Umwelt-punkte
1	Status quo landwirtschaftlicher Praxis	-3,1	-2,8	-1,8	**-2,6**
10	Verzicht auf Wachstumsregulatoren im Ackerbau	1,5	0,8	0,2	**0,8**
12	Erweiterung des Drillreihenabstandes	0,2	1,9	0,4	**0,8**
2	Integrierter Ackerbau	1,8	0,7	0,3	**0,9**
13	Mulchsaatverfahren	2,1	0,9	-0,1	**1,0**
3	Integrierter Garten- und Dauerkulturanbau	2,3	0,8	0,2	**1,1**
21	Späte Schnittnutzung auf Grünland	0,2	2,6	1,2	**1,4**
14	Untersaaten / Stoppelsaaten	2,7	1,1	0,9	**1,5**
15	Mindestens viergliedrige Fruchtfolge	1,8	1,6	1,6	**1,7**
11	Umweltgerechte Gülleausbringung auf Acker	3,3	0,9	1,0	**1,7**
20	Umweltgerechte Gülleausbringung auf GL	3,0	1,4	0,9	**1,8**
8	Verzicht auf Mineraldünger im Ackerbau	2,7	2,1	0,8	**1,9**
18	Reduzierter Mineraldüngereinsatz auf GL	2,3	2,7	0,8	**1,9**
6	Org. Anbauverfahren bei Dauerk. u. Gartenbau	3,2	2,2	1,0	**2,1**
5	Organische Bewirtschaftung des Grünlandes	2,6	2,5	1,4	**2,2**
17	Rinder- u. Schafbest. mit < 1,4 RGV / HFF	2,7	2,5	1,4	**2,2**
7	Verzicht auf Herbizide im Ackerbau	1,9	3,6	1,6	**2,4**
22	Extensive Bew. von Grünlandeinzelflächen	2,1	3,2	1,9	**2,4**
4	Organische Bewirtschaftung des Ackerlandes	3,3	3,0	1,9	**2,7**
23	Pflege aufgegebener Flächen	2,1	2,7	3,3	**2,7**
25	Mehrjährige Ackerrandstreifen	2,2	3,4	3,4	**3,0**
19	Verzicht auf Mineraldünger u. PSM auf GL	3,4	3,6	2,3	**3,1**
24	20-jährige Stillegung zur Biotopgestaltung	2,6	3,8	3,2	**3,2**
9	Verzicht auf Mineraldünger u. PSM im Ackerbau	3,6	4,0	2,1	**3,2**
28	Einzelflächen unter Vertragsnaturschutz	2,8	3,9	3,3	**3,3**
16	Umwandlung von Ackerland in extensives GL	4,2	3,8	2,6	**3,5**
29	Steuobstwiesenbewirtschaftung	1,9	4,4	4,4	**3,6**
27	Verzicht auf Dü. u. PSM in umwelts. Bereichen	4,2	3,8	3,1	**3,7**
26	Mehrjährige Uferrandstreifen	3,8	3,8	4,0	**3,9**
30	Schutzpflanzungen und Feldgehölze	3,1	4,2	4,4	**3,9**

Quelle: Eigene Erhebung und Berechnungen

Tabelle 5-17: Ranking der Wirtschaftsweisen in Region 3 bei gleicher Gewichtung der Schutzziele

Produktionsweisen in Region 3 Mittelgebirgs- und Hanglagen		Auswirkungen auf ... Schutzziele abiotische	 biotische	 ästhetische	Umwelt- punkte
1	Status quo landwirtschaftlicher Praxis	-2,1	-1,6	-0,7	**-1,5**
2	Integrierter Ackerbau	1,5	0,3	0,3	**0,7**
12	Erweiterung des Drillreihenabstandes	0,2	2,1	0,4	**0,9**
10	Verzicht auf Wachstumsregulatoren im Ackerbau	1,6	0,9	0,2	**0,9**
3	Integrierter Garten- und Dauerkulturanbau	1,9	0,9	0,0	**0,9**
13	Mulchsaatverfahren	2,9	0,8	0,1	**1,3**
21	Späte Schnittnutzung auf Grünland	0,3	2,7	1,1	**1,4**
14	Untersaaten / Stoppelsaaten	2,5	0,9	0,8	**1,4**
15	Mindestens viergliedrige Fruchtfolge	1,7	1,6	1,6	**1,6**
11	Umweltgerechte Gülleausbringung auf Acker	3,3	0,9	0,9	**1,7**
20	Umweltgerechte Gülleausbringung auf GL	3,0	1,3	1,1	**1,8**
8	Verzicht auf Mineraldünger im Ackerbau	2,9	2,0	0,6	**1,8**
5	Organische Bewirtschaftung des Grünlandes	2,3	2,6	1,4	**2,1**
22	Extensive Bew. von Grünlandeinzelflächen	1,6	3,0	1,7	**2,1**
18	Reduzierter Mineraldüngereinsatz auf GL	2,4	3,0	1,0	**2,1**
7	Verzicht auf Herbizide im Ackerbau	1,6	3,5	1,3	**2,1**
6	Org. Anbauverfahren bei Dauerk. u. Gartenbau	2,9	2,4	1,2	**2,1**
17	Rinder- u. Schafbest. mit < 1,4 RGV / HFF	2,7	2,7	1,4	**2,3**
4	Organische Bewirtschaftung des Ackerlandes	2,8	2,7	1,4	**2,3**
24	20-jährige Stillegung zur Biotopgestaltung	1,8	3,5	3,1	**2,8**
25	Mehrjährige Ackerrandstreifen	2,2	3,0	3,3	**2,8**
19	Verzicht auf Mineraldünger u. PSM auf GL	3,2	3,6	2,3	**3,0**
23	Pflege aufgegebener Flächen	1,6	3,6	4,1	**3,1**
9	Verzicht auf Mineraldünger u. PSM im Ackerbau	3,8	3,9	1,8	**3,2**
16	Umwandlung von Ackerland in extensives GL	4,1	3,4	2,0	**3,2**
30	Schutzpflanzungen und Feldgehölze	2,5	3,5	3,5	**3,2**
28	Einzelflächen unter Vertragsnaturschutz	2,4	3,9	3,4	**3,3**
27	Verzicht auf Dü. u. PSM in umwelts. Bereichen	4,1	3,7	2,7	**3,5**
29	Steuobstwiesenbewirtschaftung	1,7	4,3	4,6	**3,5**
26	Mehrjährige Uferrandstreifen	3,8	3,7	3,8	**3,8**

Quelle: Eigene Erhebung und Berechnungen

6 Analyse der finanziellen Kosten der Programme

In einem vom Bundesministerium für Ernährung, Landwirtschaft und Forsten finanzierten und den zuständigen Länderministerien unterstützten Forschungsvorhaben wurden im Vorfeld dieser Arbeit die Daten zur Umsetzung der Agrarumweltprogramme im Jahr 1996 in allen Kreisen Deutschlands zusammengetragen (vgl. OSTERBURG et al. 1997). Für die spezielle Fragestellung dieser Arbeit konnten die Daten ab dem Frühjahr 1998 gezielt weiterbearbeitet werden. Dies war notwendig, weil die Kosten-Wirksamkeits-Analyse bei der Ermittlung der Kosten und der Bewertung der Wirkungen der Wirtschaftsweisen ein aufeinander abgestimmtes methodisches Vorgehen erfordert.

In Abschnitt 6.1 werden die in den Ländern geförderten Wirtschaftsweisen gruppiert, damit sie dem in der Delphi-Studie benutzten Bewertungsrahmen zugeordnet werden können. Unter 6.2 werden alle Kreise der Bundesländer so differenziert, daß sie den Regionen 1, 2 oder 3 der Delphi-Studie möglichst weit entsprechen. In Abschnitt 6.3 erfolgt die Darstellung der Umsetzung der Länderprogramme anhand von Maßnahmengruppen und Regionen, die auf die Delphi-Befragung abgestimmt sind.

6.1 Bildung von Maßnahmengruppen

Im Rahmen der Delphi-Studie wurden 30 Grundformen landwirtschaftlicher Wirtschaftsweisen einer Bewertung ihrer Umweltwirkungen unterzogen. Diese Grundformen wurden aus produktionstechnischen Überlegungen und dem konkreten Angebot an Förderungsmaßnahmen in den praktizierten Programmen abgeleitet (vgl. Kap. 5.3).

Manchmal unterscheiden sich in den Programmen nur die Bezeichnungen der Wirtschaftsweisen, in anderen Fällen sind die Bewirtschaftungsauflagen sehr unterschiedlich. In den deutschen Agrarumweltprogrammen werden über 340 verschiedene Maßnahmen angeboten. Diese werden im Folgenden entsprechend ihrer Bewirtschaftungsauflagen den im Rahmen dieser Arbeit benutzten Maßnahmengruppen zugeordnet. Die sorgfältige Zuordnung der einzelnen Maßnahmen ist wichtig, weil damit der später benutzte Umweltwert einer Maßnahme festgelegt wird.

In den Maßnahmengruppen 2a, 2b und 3 (vgl. Anhang) wurden **integrierte Anbauverfahren** auf dem Ackerland bzw. im Dauerkultur- oder Gemüsebau unterschieden. Hierunter sollen Wirtschaftsweisen verstanden werden, die über die Anforderungen der guten fachlichen Praxis oder der ordnungsgemäßen Landwirtschaft mit konkreten Bewirtschaftungsauflagen hinausgehen. Dies kann beispielsweise die Begrenzung des Tierbesatzes auf der Nutzfläche des Betriebes sein, das Verbot, Grünland umzubrechen und/oder die Anforderung bestimmte Kontrollverfahren auf dem Betrieb durchführen zu lassen. Auch eine Verpflichtung, an bestimmten Düngungs-, Sorten- oder Pflanzenschutzempfehlungen teilzunehmen, kann zu den Bewirtschaftungsauflagen gehören. Konkrete Beispiele für solche Maßnahmen im Rahmen der Agrarumweltprogramme sind der Kontrolliert-integrierte Ackerbau in Thüringen oder der Integrierte Obstbau in Hamburg.

Von besonderer Bedeutung für die späteren Berechnungen in Bayern und Sachsen ist die Entscheidung darüber, ob die Grundförderung in diesen Ländern den integrierten Anbauverfahren zugerechnet werden kann. Diese Maßnahmen nehmen einen erheblichen Umfang der Fördermittel in beiden Ländern in Anspruch. Die bayerische Grundförderung ist an folgende Bewirtschaftungsauflagen gekoppelt:

- gezielter Pflanzenschutz nach Schadensschwellen
- bedarfsgerechte Düngung
- Verbot der Gülleausbringung bis Mitte Februar
- maximal 2,0 bzw. 2,5 GVE/ha Grünland
- keine weiteren Meliorationsmaßnahmen
- kein Grünlandumbruch
- die Empfehlungen des Programms „Umweltgerechter Pflanzenbau Bayern" sind umzusetzen[4]

Die sächsische Grundförderung im Ackerbau beinhaltet die Verpflichtung, die folgenden Bewirtschaftungsauflagen einzuhalten (vgl. PLANKL 1996, S. 118):

- Pflanzenschutz nach Schadensschwellen und auf der Basis von Prognosemodellen
- N-Düngung nach Beratungsprogramm und N_{min}
- bei Zuckerrüben N-Düngung nach der Elektro-Ultra-Filtrationsmethode
- Grunddüngung unter Berücksichtigung des Nährstoffgehaltes und pH-Wertes
- Nährstoffgehalt des Wirtschaftsdüngers anrechnen
- organische Düngung maximal gemäß 2,0 GVE/ha LF
- Gülle-, Jauche- und Festmistlagerraum für 180 Tage
- keine Ausbringung von Klärschlamm und betriebsfremden Fäkalien
- ordnungsgemäße Silagebereitung
- Bodenuntersuchungen alle 3 bis 5 Jahre
- Führen einer Schlagkartei
- Grünlandumbruchverbot
- standortangepaßte, mindestens dreigliedrige Fruchtfolge
- Anbau standortgerechter Sorten

Inzwischen sind viele dieser Auflagen durch die Düngeverordnung, das novellierte Pflanzenschutzgesetz und das Bodenschutzgesetz Gegenstand der guten fachlichen Praxis in der Landwirtschaft geworden. Die gute fachliche Praxis nähert sich auf diese Weise immer stärker den Vorstellungen des Integrierten Ackerbaus an, der sich aber seiner-

[4] Die BAYERISCHE LANDESANSTALT FÜR BODENKULTUR UND PFLANZENBAU hat 1997 zur Problematik der Definition nachhaltiger landwirtschaftlicher Anbauverfahren in Bayern eine Veröffentlichung herausgegeben. Dort werden unter einem umweltgerechten Pflanzenbau alle Maßnahmen verstanden, die von den Landwirten ohne negative Auswirkungen auf das Betriebsergebnis umgesetzt werden können.

seits auch ständig fortentwickelt (GEROWITT u. WILDENHAYN 1997). Bei der Veränderung beider Anbausysteme im Zeitablauf handelt es sich um einen dynamischen Prozeß (PIORR u. WERNER 1998), was die Abgrenzung konventioneller und integrierter Wirtschaftsweisen im Einzelfall voneinander erschwert. Da weiter oben die Definition des Integrierten Ackerbaus für diese Arbeit relativ weit gefaßt wurde, werden die Grundförderungen in Bayern und Sachsen im Folgenden dieser Maßnahmengruppe zugerechnet.

Die Gruppen 4 bis 6 enthalten Maßnahmen, die die Förderung organischer Wirtschaftsweisen bzw. den **Ökologischen Landbau** umfassen. Hier wird unterschieden zwischen Maßnahmen, die nur auf dem Acker-, Grünland oder auf Dauerkulturflächen angewendet werden, und Kombinationen hieraus, da in einigen Ländern keine differenzierten Daten zum Flächenbezug vorliegen. Die Wirtschaftsweisen erfüllen mindestens die Vorschriften der EU-Verordnung zum ökologischen Landbau (VO (EWG) 2092/91). Beispiele hierfür sind die Beibehaltung und die Einführung des ökologischen Landbaus in Nordrhein-Westfalen oder der ökologische Landbau mit Anschluß an einen Erzeugerverband in Hessen.

In den vier weiteren Gruppen 7-10 wurden verschiedene **Verzichtsmaßnahmen auf dem Ackerland** zusammengefaßt. Hierzu zählen Wirtschaftsweisen, bei denen selektiv auf den Einsatz von Produktionsmitteln wie Herbizide, Wachstumsregulatoren oder mineralischen Stickstoff verzichtet wird, oder bei denen generell der Einsatz von Pestiziden und Mineraldüngern verboten ist. Beispiele hierfür sind der extensive Ackerbau in Brandenburg, der Verzicht auf chemisch-synthetische Düngemittel in Nordrhein-Westfalen oder der Verzicht auf Wachstumsregulatoren im Roggenanbau in Baden-Württemberg.

Weitere Maßnahmen (11-15), die sich auf das Ackerland beziehen, sind eine **umweltgerechte Gülleausbringung**, die Erweiterung des **Drillreihenabstandes**, **Mulchsaat-, Untersaaten- oder Stoppelsaatverfahren, die Umwandlung von Ackerland in Grünland** oder **Fruchtfolgen mit mindestens 4 Gliedern**. Beispiele hierfür sind verschiedene gleichnamige Förderungsmaßnahmen in Baden-Württemberg und Bayern sowie die bodenschonende Bewirtschaftung von Ackerland in Brandenburg als Unter- oder Stoppelsaatverfahren.

Im folgenden werden die Extensivierungsmaßnahmen auf dem Grünland klassifiziert. Hier wird zunächst eine Maßnahmengruppe gebildet, die eine **Begrenzung des Tierbesatzes** auf den Futterflächen des Betriebes umfaßt. Dies ist die einzige Maßnahmengruppe, von der alle Länder Gebrauch machen. Insgesamt sind 39 verschiedene Varianten in den Ländern zu unterscheiden, die dieser Gruppe (17) zugeordnet werden können. Beispiele sind die Grünlandgrundförderung in Baden-Württemberg oder die Extensivgrünlandnutzung im Saarland.

Unter **Verzichtsmaßnahmen auf dem Grünland** wird unterschieden zwischen einer Reduzierung des Mineraldüngereinsatzes und dem völligen Verzicht auf den Einsatz von Mineraldünger und Pflanzenschutzmitteln. Da der Pflanzenschutzmitteleinsatz auf dem Grünland eine geringere Rolle spielt als auf dem Ackerland (MÄHRLEIN 1993a), ist eine

Maßnahmengruppe zur Reduzierung des Pflanzenschutzmitteleinsatzes wie im Ackerbau hier nicht erforderlich.

Weitere extensive Wirtschaftsweisen auf dem Grünland sind eine **umweltgerechte Gülleausbringung**, eine **späte Schnittnutzung** und die **extensive Bewirtschaftung von Grünlandeinzelflächen**, mit der keine Verringerung der Produktionsintensität auf der gesamten Grünlandfläche eines Betriebes verbunden sein muß.

Die übrigen Gruppen (23-30) enthalten Maßnahmen, die meist einen speziellen Landschaftspflege- oder Naturschutzcharakter aufweisen. Im Einzelnen sind hierunter die **Pflege aufgegebener Flächen**, die **20-jährige Stillegung zur Biotopgestaltung**, die Anlage **mehrjähriger Ackerrand- oder Uferrandstreifen**, die Bewirtschaftung von **Einzelflächen unter Vertragsnaturschutzauflagen**, die extensive **Streuobstwiesenbewirtschaftung** und **die Anlage und/oder Pflege von Schutzpflanzungen und Feldgehölzen** zu verstehen. Für den vollständigen Verzicht auf Düngung und Pflanzenschutz in besonders umweltsensiblen Bereichen, wie z.B. entlang von Wasserläufen oder Biotopen, wurde ebenfalls eine eigenständige Maßnahmengruppe gebildet (27).

Fünf Förderungsmaßnahmen können den oben dargestellten Wirtschaftsweisen nicht zugeordnet werden. Diese haben nur eine geringe Bedeutung und gehen als **„missing value“** (Gruppe 0) weder mit ihren Kosten noch mit ihren Umweltwirkungen in die Berechnungen ein. Hierzu zählen die Förderung der Teichwirtschaft und die Aufrechterhaltung der Grünlandbewirtschaftung in Bayern, die Teichpflege und die Begrünung von Stillegungsflächen in Sachsen sowie der Verzicht auf eine Qualitätsdüngung im Brotgetreide in Thüringen. Die vollständige Auflistung der Maßnahmengruppen befindet sich im Anhang.

6.2 Zuordnung der Kreise zu den Regionen

Die Datenerfassung zur Umsetzung der Programme in den Bundesländern erfolgt auf Kreisebene. Damit die Stadt- und Landkreise den drei in der Wirkungsanalyse benutzten Regionen zugeordnet werden können, sind Informationen über die Standortqualitäten der einzelnen Kreise erforderlich. Diese Informationen sind in einer Datenbank enthalten, die an der Bundesforschungsanstalt für Landwirtschaft in Braunschweig z.B. für Berechnungen mit dem Modell RAUMIS herangezogen wird (zu RAUMIS vgl. HENRICHSMEYER et al. 1992). Die Datenbank enthält wich-tige Regionalkennzahlen zu den natürlichen Standortbedingungen, zur Tierhaltung und zur Pflanzenproduktion der Region, die i.d.R. auf Angaben des Statistischen Bundesamtes beruhen. Insgesamt gibt es in Deutschland über 400 Kreise und kreisfreie Städte. Diese werden dort, wo beispielsweise eine Stadt über eine sehr geringe landwirtschaftliche Nutzfläche verfügt, mit dem Nachbarkreis zusammen-gefaßt, so daß sich die Anzahl der im Rahmen dieser Arbeit verwendeten Kreise auf 312 Modellkreise reduziert. Auf diesem Wege werden Verzerrungen bei der Darstellung landwirtschaftlicher Kennzahlen vermieden und Stadtgebiete in der kartographischen Darstellung wie die umliegenden landwirtschaftlich geprägten Regionen behandelt.

Im Rahmen der Wirkungsanalyse wurden drei Regionen unterschieden. Gebiete mit überdurchschnittlicher Ertragsfähigkeit (Region 1), Gebiete mit unterdurchschnittlicher Ertragsfähigkeit (Region 2) sowie Mittelgebirgs- und Hanglagen (Region 3). Boden und Klima zusammen bilden den ökologischen Begriff Standort (AMBERGER 1988, S. 50). Bevorzugte landwirtschaftliche Standorte sind die Börden von Hannover-Braunschweig bis Leipzig, die Köln-Aachener Bucht sowie das Mittelrheintal mit Bodenklimazahlen von über 60 bei einem Bundesdurchschnitt von 45 (BERGMANN et al. 1991). Die besonders leichten Böden und niederschlagsarmen Standorte liegen vor allem in Brandenburg und Mecklenburg-Vorpommern, die Mittelgebirge nehmen eine Zwischenstellung ein (ebenda). Unter Berücksichtigung dieser Sachverhalte wurden die Modellkreise anhand der folgenden Kriterien abgegrenzt und zugeordnet:

Region 1: Modellkreise mit überdurchschnittlicher Ertragsfähigkeit

- Bodenklimazahl über 45 und
- Höhe über normal Null (NN) unter 300 Meter
  oder
- Höhe über NN über 300 Meter und
- Bodenklimazahl über 55

Region 2: Modellkreise mit unterdurchschnittlicher Ertragsfähigkeit

- Bodenklimazahl unter 45 und
- Höhe über NN unter 300 Meter

Region 3: Modellkreise in Mittelgebirgs- oder Hanglagen

- Bodenklimazahl unter 55 und
- Höhe über NN über 300 Meter

Die Zusammenfassung der Modellkreise zu Modellregionen für Gesamtdeutschland führt anhand dieser Kriterien zu den in Tabelle 6-1 dargestellten strukturellen Daten der Regionen.

Tabelle 6-1: Strukturkennzahlen der Modellregionen im Bundesdurchschnitt

Modellregion / Kennzahl	Region 1	Region 2	Region 3
Anzahl der Modellkreise	100	70	142
durchschnittliche BKZ	58	36	41
Anteil an LF der BRD	28 %	36 %	36 %
benachteiligtes Gebiet	17 %	60 %	69 %
Ackerlandanteil	75 %	72 %	59 %
Grünlandanteil	23 %	27 %	40 %
Brache / Ackerfläche (AF)	11 %	13 %	8 %
Zuckerrüben / AF	8,3 %	2,1 %	1,6 %
GVE / ha LF	0,69	0,95	1,05
Betriebe > 50 ha	26,4 %	26,3 %	9,5 %
Betriebe bis 10 ha	39,5 %	42.0 %	49,4 %

Quelle: Statistisches Jahrbuch versch. Jgg., RAUMIS Datenbank, eigene Berechnungen

Auf die „guten Standorte“ entfallen 100 Modellkreise mit einem Anteil von 28 % an der gesamten LF der Bundesrepublik Deutschland. 70 Modellkreise gehören zu den „schlechten Standorten“ und 142 zu den „Mittelgebirgslagen“. Auf die beiden zuletzt genannten Regionen entfallen jeweils 36 % der LF. Die durchschnittlichen Bodenklimazahlen liegen in Region 3 wie erwartet zwischen den beiden anderen Regionen. In Region 3 sind der Anteil an benachteiligtem Gebiet und der Grünlandanteil besonders hoch. Der hier relativ geringe Anteil an Brachflächen an der Ackerfläche kann mit dem hohen Anteil kleinerer Betriebe in dieser Region erklärt werden. Vermutlich machten in Region 3 vermehrt Betriebe von der Kleinerzeugerregelung der Agrarreform Gebrauch, d.h. sie wurden von der Flächenstillegungspflicht befreit. Der Anteil an Zuckerrüben ist in Region 1 besonders hoch; der Bestand an Großvieheinheiten ist in dieser Region hingegen am niedrigsten.

In der folgenden Übersicht werden die Regionen der Länder mit den dazugehörigen Modellkreisen, den durchschnittlichen Bodenklimazahlen und der landwirtschaftlich genutzten Fläche dargestellt, damit nachvollzogen werden kann, welche Kreise zu welcher Region gehören, und welche Größenordnung die einzelnen Regionen haben.

Im Anschluß an diese Auflistung wird die räumliche Verteilung der Modellkreise anhand der Karte 1 dargestellt.

Schleswig-Holstein

Region 1, BKZ 50 (500.751 ha)
Neumünster, Dithmarschen, Nordfriesland, Ostholstein, Steinburg
Region 2, BKZ 38 (552.559 ha)
Flensburg, Kiel, Lübeck, Pinneberg, Segeberg, Stormarn

Hamburg

Region 1, BKZ 45 (14.723 ha)

Niedersachsen

Region 1, BKZ 58 (928.326 ha)
Braunschweig, Wolfenbüttel, Salzgitter, Wolfsburg, Göttingen, Goslar, Northeim, Hannover, Hameln-Pyrmont, Hildesheim, Holzminden, Schaumburg, Stade, Emden, Wilhelmshaven, Wesermarsch, Wittmund
Region 2, BKZ 36 (1.769.455 ha)
Gifhorn, Diepholz, Nienburg (Weser), Celle, Cuxhaven, Harburg, Lüchow-Dannenberg, Lüneburg, Osterholz, Rotenburg (Wümme), Soltau-Fallingbostel, Uelzen, Verden, Delmenhorst, Osnabrück, Ammerland, Cloppenburg, Emsland, Grafschaft Bentheim, Leer, Vechta
Region 3, BKZ 54 (16.348 ha)
Osterode am Harz

Bremen

Region 1, BKZ 45 (9.413 ha)

Nordrhein-Westfalen

Region 1, BKZ 58 (741.757 ha)
Kleve, Mettmann (mit den Städten Düsseldorf, Duisburg, Essen, Mülheim/Ruhr, Oberhausen, Remscheid, Solingen, Wuppertal), Neuss und Stadt Mönchengladbach, Viersen und Stadt Krefeld, Wesel, Aachen, Rhein-Sieg-Kreis und Stadt Bonn, Erftkreis und Stadt Köln, Rhein-Berg.-Kreis und Stadt Leverkusen, Düren, Heinsberg, Herford, Höxter, Lippe, Soest, Unna
Region 2, BKZ 39 (657.647 ha)
Oberbergischer Kreis, Recklinghausen, Münster, Borken, Coesfeld, Steinfurt, Gütersloh, Minden-Lübbecke, Paderborn, Ennepe-Ruhr-Kreis
Region 3, BKZ 37 (167.881 ha)
Euskirchen, Hochsauerlandkreis, Märkischer Kreis, Olpe, Siegen-Wittgenstein

Hessen

Region 1, BKZ 50 (358.097 ha)
Bergstrasse, Darmstadt-Dieburg, Groß-Gerau, Frankfurt/M., Hochtaunus, Main-Taunus, Offenbach, Main-Kinzig-Kreis, Wiesbaden, Rheingau-Taunus, Limburg-Weilburg, Wetterau, Gießen u. Lahn-Dill Kreis, Kassel
Region 3, BKZ 40 (418.207 ha)
Odenwald Kreis, Marburg-Biedenkopf, Vogelsberg Kreis, Fulda, Hersfeld-Rotenburg, Schwalm-Eder-Kreis, Waldeck-Frankenberg, Werra-Meißner

Rheinland-Pfalz

Region 1, BKZ 59 (289.279 ha)
Koblenz, Bad Kreuznach, Neuwied, Rhein-Lahn-Kreis, Frankenthal, Landau i. d. Pfalz, Mainz, Neustadt a. d. Weinstrasse, Worms, Germersheim
Region 3, BKZ 40 (431.411 ha)
Ahrweiler, Altenkirchen, Birkenfeld, Cochem-Zell, Rhein-Hunsrück-Kreis, Westerwaldkreis, Trier, Bernkastel-Wittlich, Bitburg-Prüm, Daun, Kaiserslautern, Pirmasens, Donnersbergkreis, Kusel

Baden-Württemberg

Region 1, BKZ 60 (237.439 ha)
Stuttgart, Heilbronn, Karlsruhe, Heidelberg, Ortenaukreis
Region 2, BKZ 40 (14.464 ha)
Baden-Baden
Region 3, BKZ 42 (1.225.025 ha)
Böblingen, Esslingen, Göppingen, Rems-Murr-Kreis, Hohenlohekreis, Schwäbisch Hall, Main-Tauber-Kreis, Heidenheim, Ostalbkreis, Neckar-Odenwald-Kreis, Pforzheim, Calw, Freudenstadt, Freiburg, Breisgau, Emmendingen, Rottweil, Schwarzwald-Baar-Kreis, Tuttlingen, Konstanz, Lörrach, Waldshut, Reutlingen, Tübingen, Zollernalbkreis, Ulm, Biberach, Bodenseekreis, Ravensburg, Sigmaringen

Bayern

Region 1, BKZ 53 (162.014 ha)
Würzburg, Kitzingen, Miltenberg, Main-Spessart
Region 2, BKZ 44 (15.297 ha)
Aschaffenburg
Region 3, BKZ 43 (3.217.328 ha)
Ingolstadt, München, Rosenheim, Altötting, Berchtesgadener Land, Bad Tölz-Wolfratshausen, Dachau, Ebersberg, Erding, Freising, Fürstenfeldbruck, Garmisch-Partenkirchen, Landsberg a. Lech, Miesbach, Mühldorf a. Inn, Neuburg-Schrobenhausen, Pfaffenhofen a. d. Ilm, Starnberg, Traunstein, Weilheim-Schongau, Landshut, Passau, Straubing, Deggendorf, Freyung-Grafenau, Kelheim, Regen, Rottal-Inn, Dingolfing-Landau, Amberg, Regensburg, Weiden i. d. Opf., Cham, Neumark i. d. Opf., Schwandorf i. Bayern, Tirschenreuth, Bamberg, Bayreuth, Coburg, Hof, Forchheim, Kronach, Kulmbach, Lichtenfels, Wunsiedel i. Fichtelgebirge, Ansbach, Erlangen, Fürth, Schwabach, Nürnberger Land, Neustadt a. d. Aisch, Weissenburg-Gunzenhausen, Schweinfurt, Bad Kissingen, Rhön-Grabfeld, Hassberge, Augsburg, Kaufbeuren, Kempten (Allgäu), Memmingen, Aichach-Friedberg, Dillingen a. d. Donau, Günzburg, Neu-Ulm, Lindau (Bodensee), Donau-Ries

Saarland

Region 3, BKZ 40 (73.359 ha)

Berlin

Region 2, BKZ 35 (2.244 ha)

Brandenburg

Region 2, BKZ 32 (1.337.352 ha)
Cottbus, Frankfurt (Oder), Barnin, Dahme-Spreewald, Elbe-Elster, Havelland, Märk-Oderland, Oberhavel, Oberspreewald-Lausitz, Oder-Spree, Ostprignitz, Ruppin, Potsdam, Prignitz, Teltow-Fläming, Uckermark

Mecklenburg-Vorpommern

Region 2, BKZ 38 (1.343.687 ha)
Greifswald, Rostock, Schwerin, Stralsund, Wismar, Demmin/M.-Strelitz

Sachsen

Region 1, BKZ 53 (468.268 ha)
Chemnitzer Land, Mittweida, Bautzen, Meißen-Radebeul, Löbau-Zittau, Leipzig, Delitzsch, Döbeln, Muldentalkreis, Torgau-Oschatz
Region 2, BKZ 41 (222.647 ha)
Görlitz, Riesa-Großenhain, Sächsische Schweiz, Weißeritzkreis, Westlausitz-Dresdner-Land,
Region 3, BKZ 34 (216.799 ha)
Chemnitz, Zwickau, Annaberg, Freiberg, Vogtlandkreis, Mittlerer Erzgebirgskreis, Aue-Schwarzenberg,

Sachsen-Anhalt

Region 1, BKZ 70 (828.837 ha)
Bernburg, Bitterfeld, Köthen, Halle/Saale, Burgenlandkreis, Mansfelder Land, Merseburg-Querfurt, Sangerhausen, Weißenfels, Magdeburg, Aschersleben-Staßfurter-Landkreis, Bördekreis, Halberstadt, Ohre-Kreis, Östliche Altmark, Quedlinburg, Schönebeck, Wernigerode
Region 2, BKZ 40 (329.106 ha)
Dessau, Zerbst, Wittenberg, Jerichower-Land, Westliche Altmark

Thüringen

Region 1, BKZ 57 (342.143 ha)
Nordhausen, Unstrut-Hainich-Kreis, Kyffhäuserkreis, Sömmerda, Weimar-Land, Altenburg
Region 3, BKZ 36 (458. 026 ha)
Eichsfeld, Wartburgkreis, Schmalkreis-Meiningen, Gotha, Hildburghausen, Ilmkreis, Sonneberg, Saalfeld-Rudolstadt, Holzlandkreis, Saale-Orla-Kreis, Greiz

Karte 6-1: Aggregation der Modellkreise zu Regionen mit über- (Region 1) und unterdurchschnittlicher (Region 2) Ertragsfähigkeit sowie Mittelgebirgslagen (Region 3)

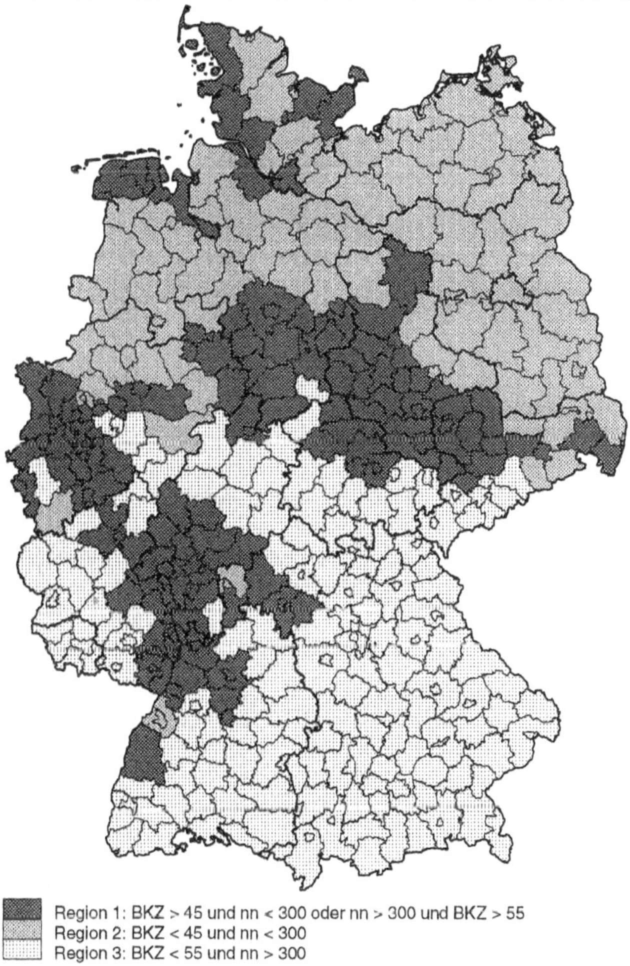

Quelle: Eigene Berechnungen nach Angaben des Statistischen Bundesamtes sowie A. Meuer und W. Roubitschek: Planungsatlas Landwirtschaft und Ernährungswirtschaft Deutsche Demokratische Republik (1971)

6.3 Finanzielle Kosten der Programme

In diesem Abschnitt werden die finanziellen Kosten der Agrarumweltprogramme detailliert nach Wirtschaftsweisen, Maßnahmenbereichen und Regionen dargestellt. Bisher wurden die Daten zur Umsetzung der Agrarumweltprogramme nicht in einer vergleichbar systematischen und differenzierten Weise flächendeckend für Deutschland ausgewertet. Eine ebenfalls flächendeckende aber in Bezug auf den Finanzmitteleinsatz wesentlich höher aggregierte Darstellung der Programmumsetzung wurde von OSTERBURG et al. (1997) vorgelegt. Aus Gründen der Übersichtlichkeit bietet es sich an, die Länder getrennt nach Gruppen zu bearbeiten. Dazu werden die Bundesländer gemäß ihrer geografischen Lage in die Gruppen Nord-West-, Süd-West-, Nord-Ost- und Süd-Ost-Deutschland unterteilt. Die Nummerierung der Wirtschaftsweisen orientiert sich wieder an Tabelle 5-2. Außerdem werden die vier bekannten Maßnahmengruppen oder -bereiche verwendet. Finanzmittel für integrierte Wirtschaftsweisen werden hier zum Bereich Ackerlandextensivierung gezählt, ebenso die Umwandlung von Ackerland in extensives Grünland.

6.3.1 Nord-Westen: Schleswig-Holstein, Hamburg, Bremen, Niedersachsen und Nordrhein-Westfalen

Die Umsetzung der Agrarumweltprogramme im Rahmen der VO (EWG) 2078/92 in Schleswig-Holstein wird in der folgenden Tabelle dargestellt.

Tabelle 6-2: Umsetzung und finanzielle Kosten der Agrarumweltprogramme in Schleswig-Holstein im Jahr 1996

Wirtschaftsweisen	Schleswig-Holstein R1			Schleswig-Holstein R2		
	ha	**P.**	**DM**	**ha**	**P.**	**DM**
4 u. 5. Organische Bewirtschaftung AL oder GL	405	250	101373	796	250	198896
16. Umwandlung von Ackerland in extensives Grünland	237	600	142066	176	600	105851
17. Haltung von Rinder- u. Schafbest. mit < 1,4 RGV / HFF	5517	250	1379296	1939	250	484632
25. Mehrjährige Ackerrandstreifen	319	1000	318910	368	1000	368030
26. Mehrjährige Uferrandstreifen	24	1000	23540	46	1000	46030
28. Einzelflächen unter Vertragsnaturschutz	3679	575	2097987	3404	575	1940684
Summen :	**10181**		**4063171**	**6729**		**3144123**
Prozentuale Verwendung der Finanzmittel für die Maßnahmenbereiche:						
Ökologischer Landbau (4 u. 5)		**2,5**			**6,3**	
Ackerlandextensivierung (16)		**3,5**			**3,4**	
Grünlandextensivierung (17)		**33,9**			**15,4**	
Naturschutz/Landschaftspflege (25, 26 u. 28)		**60,1**			**74,9**	

Quelle: Eigene Berechnungen auf Grundlage von Bundesländerdaten für das Jahr 1996

R1 = Region mit überdurchschnittlicher Ertragsfähigkeit, R2 = Region mit unterdurchschnittlicher Ertragsfähigkeit

ha = ha LF, die im Rahmen der VO (EWG) 2078/92 gefördert werden

P. = Prämie in DM/ha, gerundet

DM = Finanzmitteleinsatz je Wirtschaftsweise und Jahr in DM

In der ertragsstarken Region von Schleswig-Holstein wurden 10.181 ha extensiviert, was einem Anteil von gut 2 % der LF in dieser Region entspricht. Im ertagsschwächeren Landesteil wurden 6.729 ha oder gut 1,2 % der LF im Rahmen von Agrarumweltprogrammen extensiv bewirtschaftet. Die Extensivierung von Grünland stellt in beiden Regionen die größte Maßnahmengruppe dar. Dabei ist zu unterscheiden zwischen einer mit geringen Auflagen verbundenen extensiven Grünlandbewirtschaftung (3.), die vor allem in Region 1 stark umgesetzt wurde, und einer Grünlandextensivierung im Sinne des Vertragsnaturschutzes, d.h. mit weitergehenden Bewirtschaftungsauflagen, wie z.B. eine Bewirtschaftung von Magergrünland, Kleinseggenwiesen oder Sumpfdotterblumenwiesen, die dem Bereich Naturschutz zugerechnet werden können (6.). Der überwiegende Anteil der Finanzmittel wird in Schleswig-Holstein mit 60,1 bzw. 74,9 % der Mittel für Naturschutz und Landschaftspflegemaßnahmen ausgegeben. Der durchschnittliche Finanzmitteleinsatz pro ha geförderter bzw. extensivierter Fläche (EF) beträgt rd. 426 DM/ha (EF). Bezieht man die Fördermittel auf die im gesamten Bundesland landwirtschaftlich genutzte Fläche, verringert sich der Betrag auf 6,8 DM/ha (LF).

Die Umsetzung der Agrarumweltprogramme in Hamburg zeigt Tabelle 6-3:

Tabelle 6-3: Umsetzung und finanzielle Kosten der Agrarumweltprogramme in Hamburg im Jahr 1996

Wirtschaftsweisen	Hamburg R1		
	ha	P.	DM
3. Integrierter Garten- und Dauerkulturanbau	1306	785	1025296
6. Organischer Garten- und Dauerkulturanbau	77	1300	99645
4 u. 5. Organische Bewirtschaftung AL oder GL	481	300	144300
10. Umwandlung von Ackerland in extensives Grünland	28	580	16002
17. Haltung von Rinder- u. Schafbest. mit < 1,4 RGV / HFF	306	350	107216
28. Einzelflächen unter Vertragsnaturschutz	1766	750	1324500
Summen :	**3964**		**2716959**
Prozentuale Verwendung der Finanzmittel für die Maßnahmenbereiche:			
Ökologischer Landbau (4,5 u. 6)		**9,0**	
Ackerlandextensivierung (3 u. 10)		**38,3**	
Grünlandextensivierung (17)		**3,9**	
Naturschutz/Landschaftspflege (28)		**48,7**	

Quelle: Eigene Berechnungen auf Grundlage von Bundesländerdaten für das Jahr 1996
R1 = Region mit überdurchschnittlicher Ertragsfähigkeit
ha = ha LF, die im Rahmen der VO (EWG) 2078/92 gefördert werden
P. = Prämie in DM/ha, gerundet
DM = Finanzmitteleinsatz je Wirtschaftsweise und Jahr in DM

In Hamburg werden 26,9 % der LF im Rahmen von Agrarumweltprogrammen finanziell gefördert. Schwerpunkte der Förderung sind der Integrierte Obstbau und die extensive Bewirtschaftung von naturschutzwürdigen Einzelflächen auf Ackerland, Grünland oder älteren Obstflächen. Der Dauerkulturflächenanteil in Hamburg liegt mit ca. 12 % weit über dem Bundesdurchschnitt; hier beträgt der Anteil von Obstanlagen und Rebland zusammen nur ca. 1 % der LF. Der Anteil von Ackerland und Grünland beträgt in Hamburg jeweils ca. 44 % der LF, damit liegt der Grünlandanteil über und der Ackerlandanteil unter dem Bundesdurchschnitt von ca. 31 % (STATISTISCHES JAHRBUCH 1997). Der durchschnittliche Finanzmitteleinsatz pro ha EF liegt in Hamburg bei ca. 685 DM und pro ha LF bei knapp 185 DM.

In der Hansestadt Bremen wurden 10,9 % der landwirtschaftlich genutzten Fläche extensiviert. Dazu wurden Fördermittel in Höhe von gut 337.000 DM oder ca. 329 DM/ha EF bzw. 35,8 DM/ha LF aufgewendet (vgl. Tabelle 6-4). Zur Umsetzung kamen zwei Wirtschaftsweisen: Die extensive Grünlandbewirtschaftung mit verringertem Tierbesatz und die Extensivierung von Wiesen- und Weidenökosystemen als erweiterter Grünlandschutz auf Einzelflächen mit zusätzlichen Bewirtschaftsauflagen. Diese bestehen in einer stark reduzierten Düngung, einem Einsatzverbot von Pflanzenschutzmitteln und der Spät- oder reinen Weidenutzung des Grünlandes mit sehr niedrigem Tierbesatz. Diese Maßnahme kann daher dem Naturschutz zugeordnet werden. Für die einfache Grünlandextensivierung wurden gut 40 % der Finanzmittel und für die Naturschutzvariante knapp 60 % der Mittel aufgewendet.

Tabelle 6-4: Umsetzung und finanzielle Kosten der Agrarumweltprogramme in Bremen im Jahr 1996

Wirtschaftsweisen	Bremen R1		
	ha	P.	DM
17. Haltung von Rinder- u. Schafbest. mit < 1,4 RGV / HFF	687	200	137366
28. Einzelflächen unter Vertragsnaturschutz	337	590	199776
Summen :	**1024**		**337142**
Prozentuale Verwendung der Finanzmittel für die Maßnahmenbereiche:			
Ökologischer Landbau (-)		**0,0**	
Ackerlandextensivierung (-)		**0,0**	
Grünlandextensivierung (17)		**40,7**	
Naturschutz/Landschaftspflege (28)		**59,3**	

Quelle: Eigene Berechnungen auf Grundlage von Bundesländerdaten für das Jahr 1996
R1 = Region mit überdurchschnittlicher Ertragsfähigkeit
ha = ha LF, die im Rahmen der VO (EWG) 2078/92 gefördert werden
P. = Prämie in DM/ha, gerundet
DM = Finanzmitteleinsatz je Wirtschaftsweise und Jahr in DM

Die Umsetzung der Agrarumweltprogramme in Niedersachsen wird in der folgenden Tabelle 6-5 dargestellt.

Tabelle 6-5: Umsetzung und finanzielle Kosten der Agrarumweltprogramme in Niedersachsen im Jahr 1996

Wirtschaftsweisen	Niedersachsen R1			Niedersachsen R2			Niedersachsen R3		
	ha	**P.**	**DM**	**ha**	**P.**	**DM**	**ha**	**P.**	**DM**
4. Organische Bewirtschaftung des Ackerlandes	3215	260	835942	5267	260	1369358	54	300	16125
5. Organische Bewirtschaftung des Grünlandes	2575	260	669422	3672	260	954715	51	300	15204
6. Organischer Garten- und Dauerkulturanbau	198	1300	257309	214	1300	278109	0		0
7. Verzicht auf Herbizide im Ackerbau	195	180	35109	1081	180	194639	0		0
17. Haltung von Rinder- u. Schafbest. mit < 1,4 RGV / HFF	14969	250	3742125	30963	250	7740720	30	250	7393
24. 20-jährige Stillegung zur Biotopgestaltung	20	1200	23432	18	1000	18428	0		0
28. Einzelflächen unter Vertragsnaturschutz	1744	400	697723	817	400	326792	56	650	36335
Summen :	**22915**		**6261061**	**42032**		**10882761**	**190**		**75057**
Prozentuale Verwendung der Finanzmittel für die Maßnahmenbereiche:									
Ökologischer Landbau (4, 5 u. 6)		**28,2**			**23,9**			**41,7**	
Ackerlandextensivierung (7)		**0,6**			**1,8**			**0,0**	
Grünlandextensivierung (17)		**59,8**			**71,1**			**9,8**	
Naturschutz/Landschaftspflege (24 u. 28)		**11,5**			**3,2**			**48,4**	

Quelle: Eigene Berechnungen auf Grundlage von Bundesländerdaten für das Jahr

R1 = Region mit überdurchschnittlicher Ertragsfähigkeit, R2 = Region mit unterdurchschnittlicher Ertragsfähigkeit, R3 = Mittelgebirgs- und Hanglagen

ha = ha LF, die im Rahmen der VO (EWG) 2078/92 gefördert werden

P. = Prämie in DM/ha, gerundet

DM = Finanzmitteleinsatz je Wirtschaftsweise und Jahr in DM

In Niedersachsen wurde 1996 mit 65.137 ha 2,4 % der LF im Rahmen von Agrarumweltprogrammen gefördert. Im Durchschnitt wurden Finanzmittel in Höhe von ca. 264 DM/ha EF und 6,3 DM/ha LF ausgegeben. Eindeutiger Schwerpunkt der Agrarumweltförderung war die extensive Grünlandbewirtschaftung mit weniger als 1,4 RGV/ha HFF, die insbesondere in ertragsschwächeren Landkreisen vermehrt umgesetzt wurde (71,1 % der Mittel). Rund ein Viertel der Fördermittel wurden für den ökologischen Landbau verwendet. Die Region 3 wird in Niedersachsen lediglich durch den Landkreis Osterode am Harz repräsentiert. Diese Region hat damit eine geringere Repräsentativität. In Osterode wurden 190 ha oder 1,1 % der LF extensiviert.

Die Umsetzung der Agrarumweltprogramme in Nordrhein-Westfalen wird in Tabelle 6-6 auf der folgenden Seite dargestellt. In Nordrhein-Westfalen wurden 1996 auf gut 50.000 ha extensive Wirtschaftsweisen im Rahmen von Agrarumweltprogrammen gefördert. Dies entspricht einem Anteil von 3,2 % an der landwirtschaftlich genutzten Fläche des Landes. Die auf die gesamte LF bezogene durchschnittliche Förderungshöhe betrug 9,4 DM. Auf der extensivierten Fläche wurden ca. 289 DM/ha ausgegeben. Ein Förderungsschwerpunkt in Nordrhein-Westfalen bildeten die Naturschutz- und Landschaftspflegemaßnahmen, für die in Region 1 35,1 % und in Region 2 52,5 % der Mittel verwendet wurden. Hierunter fallen der Feuchtwiesenschutz sowie das ebenfalls überwiegend auf Grünland bezogene Kulturlandschaftsprogramm und das Mittelgebirgsprogramm. Das Mittelgebirgsprogramm wird in Regionen ab einer durchschnittlichen Höhe von 200 Metern über Normal Null (NN) angeboten, weshalb diese Maßnahmen in allen drei Modellregionen umgesetzt werden konnten. Ebenfalls vergleichsweise umfangreich wird in den Regionen 1 und 2 der ökologische Landbau mit 33,6 bzw. 22,6 % der Mittel gefördert. In Region 3 stellt sich die Situation anders dar. Hier wird die Grünlandextensivierung mit 1,4 RGV von den Landwirten am stärksten angenommen und mit 69,7 % der Finanzmittel der Region finanziert. Auf Naturschutzmaßnahmen entfallen hier nur 11,6 % der Mittel. Die Extensivierung des Ackerbaus spielt, bis auf die Umwandlung von Ackerland in Grünland (wovon immerhin 1.490 ha betroffen waren), im gesamten Bundesland eine untergeordnete Rolle.

Tabelle 6-6: Umsetzung und finanzielle Kosten der Agrarumweltprogramme in Nordrhein-Westfalen im Jahr 1996

Wirtschaftsweisen	Nordrhein-Westfalen R1			Nordrhein-Westfalen R2			Nordrhein-Westfalen R3		
	ha	**P.**	**DM**	**ha**	**P.**	**DM**	**ha**	**P.**	**DM**
4. Organische Bewirtschaftung des Ackerlandes	5200	280	1455930	2822	250	705565	399	280	111586
5. Organische Bewirtschaftung des Grünlandes	2102	280	588476	1186	250	296430	581	280	162560
6. Organischer Garten- und Dauerkulturanbau	133	1200	159600	99	1200	119280	3	1200	3828
7. Verzicht auf Herbizide im Ackerbau	24	160	3822	55	160	8738	23	160	3654
8. Verzicht auf Mineraldünger im Ackerbau	21	160	3389	0		0	22	160	3550
9. Verzicht auf Mineraldünger u. PSM im Ackerbau	99	300	29814	158	300	47295	19	300	5691
16. Umwandlung von Ackerland in extensives Grünland	563	700	394086	511	700	357644	416	700	291326
17. Haltung von Rinder- u. Schafbest. mit < 1,4 RGV / HFF	6513	250	1628138	3313	250	828290	8709	250	2177168
25. Mehrjährige Ackerrandstreifen	100	600	60142	36	600	21899	376	600	225652
26. Mehrjährige Uferrandstreifen	60	1400	83726	1585	800	1268233	0		0
28. Einzelflächen unter Vertragsnaturschutz	8647	250	2161701	6592	200	1318446	393	350	137465
Summen :	**23461**		**6568824**	**16358**		**4971820**	**10940**		**3122479**
Prozentuale Verwendung der Finanzmittel für die Maßnahmenbereiche:									
Ökologischer Landbau (4, 5 u. 6)		**33,6**			**22,6**			**8,9**	
Ackerlandextensivierung (7, 8, 9 u. 16)		**6,6**			**8,3**			**9,7**	
Grünlandextensivierung (17)		**24,8**			**16,7**			**69,7**	
Naturschutz/Landschaftspflege (25, 26 u. 28)		**35,1**			**52,5**			**11,6**	

Quelle: Eigene Berechnungen auf Grundlage von Bundesländerdaten für das Jahr

R1 = Region mit überdurchschnittlicher Ertragsfähigkeit, R2 = Region mit unterdurchschnittlicher Ertragsfähigkeit, R3 = Mittelgebirgs- und Hanglagen

ha = ha LF, die im Rahmen der VO (EWG) 2078/92 gefördert werden

P. = Prämie in DM/ha, gerundet

DM = Finanzmitteleinsatz je Wirtschaftsweise und Jahr in DM

6.3.2 Süd-Westen: Hessen, Rheinland-Pfalz, Baden-Württemberg, Bayern und Saarland

In Hessen wurden im Jahr 1996 125.411 ha oder 16,2 % der LF im Rahmen von Agrarumweltprogrammen extensiv bewirtschaftet. Teile des Hessischen Landschaftspflegeprogramms (HELP) wurden darüber hinaus ohne EU-Kofinanzierung umgesetzt und werden deshalb in dieser Arbeit nicht berücksichtigt. Insgesamt wurden 1996 gut 37 Mio. DM aufgewendet, das entspricht einer Förderungshöhe von ca. 300 DM/ha EF und 48,5 DM pro ha LF. Der überwiegende Anteil der Finanzmittel wurde für eine Extensivierung der Grünlandnutzung verwendet (73,5 bzw. 81,8 % der Mittel). In den Mittelgebirgslagen Hessens war die Akzeptanz der Grünlandextensivierung besonders hoch, allein hier wurden über 60.000 ha finanziell gefördert. Für die Unterstützung des ökologischen Landbaus werden rund 20 % der Mittel verwendet. Die übrigen Wirtschaftsweisen spielen in diesem Bundesland eine untergeordnete Rolle, wie Tabelle 6-7 zeigt.

Tabelle 6-7: Umsetzung und finanzielle Kosten der Agrarumweltprogramme in Hessen im Jahr 1996

Wirtschaftsweisen	Hessen R1			Hessen R3		
	ha	**P.**	**DM**	**ha**	**P.**	**DM**
4, 5 u. 6. Organische Bewirtschaftung AL, GL oder DK	9027	380	3430309	9463	380	3596103
7. Verzicht auf Herbizide im Ackerbau	1240	280	347284	442	280	123763
8. Verzicht auf Mineraldünger im Ackerbau	1085	280	303834	348	280	97541
16. Umwandlung von Ackerland in extensives Grünland	148	580	85782	108	580	62756
17. Haltung von Rinder- u. Schafbest. mit < 1,4 RGV / HFF	38407	280	10753879	60421	280	16917911
19. Verzicht auf Mineraldünger u. PSM auf Grünland	2643	400	1057240	1829	400	731720
23. Pflege aufgegebener Flächen	162	235	38047	6	235	1293
25. Mehrjährige Ackerrandstreifen	38	1150	43470	44	1150	50025
Summen :	**52750**		**16059844**	**72661**		**21581111**
Prozentuale Verwendung der Finanzmittel für die Maßnahmenbereiche:						
Ökologischer Landbau (4, 5 u. 6)		**21,4**			**16,7**	
Ackerlandextensivierung (7 u. 16)		**4,6**			**1,3**	
Grünlandextensivierung (17 u. 19)		**73,5**			**81,8**	
Naturschutz/Landschaftspflege (23 u. 25)		**0,5**			**0,2**	

Quelle: Eigene Berechnungen auf Grundlage von Bundesländerdaten für das Jahr 1996
R1 = Region mit überdurchschnittlicher Ertragsfähigkeit, R3 = Mittelgebirgs- und Hanglagen
ha = ha LF, die im Rahmen der VO (EWG) 2078/92 gefördert werden
P. = Prämie in DM/ha, gerundet
DM = Finanzmitteleinsatz je Wirtschaftsweise und Jahr in DM

Die Umsetzung der Agrarumweltprogramme in Rheinland-Pfalz wird in der folgenden Tabelle 6-8 dargestellt.

Tabelle 6-8: Umsetzung und finanzielle Kosten der Agrarumweltprogramme in Rheinland-Pfalz im Jahr 1996

Wirtschaftsweisen	Rheinland-Pfalz R1			Rheinland-Pfalz R3		
	ha	**P.**	**DM**	**ha**	**P.**	**DM**
2 u. 3. Integrierter Acker- und Dauerkulturbau	9918	525	5207078	11967	425	5085855
4. Organische Bewirtschaftung des Ackerlandes	1799	500	899450	3963	450	1783455
6. Organischer Garten- und Dauerkulturanbau	447	1300	580517	119	1300	155004
17. Haltung von Rinder- u. Schafbest. mit < 1,4 RGV / HFF	4507	300	1352196	28353	250	7088172
24. 20-jährige Stillegung zur Biotopgestaltung	169	780	131848	67	680	45282
25. Mehrjährige Ackerrandstreifen	11	1300	14228	7	1300	9345
26. Einzelflächen unter Vertragsnaturschutz	820	450	368937	2573	450	1157024
Summen :	**17671**		**8554254**	**47049**		**15325037**
Prozentuale Verwendung der Finanzmittel für die Maßnahmenbereiche:						
Ökologischer Landbau (4 u. 6)		**17,3**			**12,6**	
Ackerlandextensivierung (2 u. 3)		**60,9**			**33,2**	
Grünlandextensivierung (17)		**15,8**			**46,3**	
Naturschutz/Landschaftspflege (24, 25 u. 26)		**6,0**			**7,9**	

Quelle: Eigene Berechnungen auf Grundlage von Bundesländerdaten für das Jahr 1996
R1 = Region mit überdurchschnittlicher Ertragsfähigkeit, R3 = Mittelgebirgs- und Hanglagen
ha = ha LF, die im Rahmen der VO (EWG) 2078/92 gefördert werden
P. = Prämie in DM/ha, gerundet
DM = Finanzmitteleinsatz je Wirtschaftsweise und Jahr in DM

Im Bundesland Rheinland-Pfalz wurden 7 extensive Wirtschaftsweisen im Rahmen von Agrarumweltprogrammen umgesetzt. 9 % der landwirtschaftlich genutzten Fläche des Landes wurden auf diese Weise mit gut 24 Mio. DM im Jahr finanziell unterstützt. Bezogen auf die gesamte LF des Landes bedeutet dies einen Betrag von 33,1 DM pro ha. Auf der extensivierten Fläche entspricht das einer Höhe von ca. 369 DM/ha. Förderungsschwerpunkte waren in den ertragreichen Landkreisen der Integrierte Ackerbau und in den Mittelgebirgslagen die extensive Grünlandbewirtschaftung mit weniger als 1,4 RGV pro ha HFF. In der ertragreichen Region 1 wurden 6,1 % der LF und in den Mittelgebirgslagen 10,9 % der LF extensiviert.

Die Umsetzung der Agrarumweltprogramme in Baden-Württemberg zeigt Tabelle 6-9:

Tabelle 6-9: Umsetzung und finanzielle Kosten der Agrarumweltprogramme in Baden-Württemberg im Jahr 1996

Wirtschaftsweisen	Baden-Württemberg R1			Baden-Württemberg R2			Baden-Württemberg R3		
	ha	**P.**	**DM**	**ha**	**P.**	**DM**	**ha**	**P.**	**DM**
3. Integrierter Garten- und Dauerkulturanbau	20209	200	4041800	1237	200	247400	104284	200	20856800
4 u. 5. Organische Bewirtschaftung von AL u. GL	2880	230	662290	187	230	43054	28524	230	6560617
6. Organischer Garten- und Dauerkulturanbau	183	1000	182680	21	1000	21360	607	1000	606740
7. Verzicht auf Herbizide im Ackerbau	8771	100	877085	839	100	83874	18525	100	1852483
9. Verzicht auf Mineraldünger u. PSM im Ackerbau	4739	180	853051	469	180	84400	50458	180	9082487
10. Verzicht auf Wachstumsregulatoren im Ackerbau	20297	130	2638575	2046	130	265915	104529	130	13588774
12. Erweiterung des Drillreihenabstandes	36878	120	4425362	1368	120	164132	144745	120	17369396
13. Mulchsaatverfahren	25010	120	3001200	1378	120	165402	62505	120	7500590
14. Untersaaten / Stoppelsaaten	74581	130	9695568	4193	130	545041	193054	130	25097068
17. Haltung von Rinder- u. Schafbest. mit < 1,4 RGV / HFF	19216	120	2305978	3560	120	427256	166443	120	19973116
18. Reduzierter Mineraldüngereinsatz auf Grünland	17258	50	862888	67	50	3365	104752	50	5237618
22. Extensive Bewirtschaftung von Grünlandeinzelflächen	12143	100	1214339	553	100	55345	48515	100	4851540
28. Einzelflächen unter Vertragsnaturschutz	110	250	27513	63	300	18756	3622	250	905595
29. Steuobstwiesenbewirtschaftung	9730	200	1946000	650	200	130000	54500	200	10900000
Summen :	**252005**		**32734327**	**16631**		**2255300**	**1085064**		**144382824**
Prozentuale Verwendung der Finanzmittel für die Maßnahmenbereiche:									
Ökologischer Landbau (4, 5 u. 6)		**2,6**			**2,9**			**5,0**	
Ackerlandextensivierung (3, 7, 9, 10, 12, 13, 14)		**78,0**			**69,0**			**66,0**	
Grünlandextensivierung (17, 18 u. 22)		**13,4**			**21,5**			**20,8**	
Naturschutz/Landschaftspflege (28 u. 29)		**6,0**			**6,6**			**8,2**	

Quelle: Eigene Berechnungen auf Grundlage von Bundesländerdaten für das Jahr 1996 (ohne Daten zur Landschaftspflegerichtlinie)

R1 = Region mit überdurchschnittlicher Ertragsfähigkeit, R2 = Region mit unterdurchschnittlicher Ertragsfähigkeit, R3 = Mittelgebirgs- und Hanglagen

ha = ha LF, die im Rahmen der VO (EWG) 2078/92 gefördert werden

P. = Prämie in DM/ha, gerundet

DM = Finanzmitteleinsatz je Wirtschaftsweise und Jahr in DM

In Baden-Württemberg wurden 1,35 Mio. ha LF im Rahmen von Agrarumweltprogrammen gefördert. Dies entspricht über 90 % der gesamten landwirtschaftlich genutzten Fläche des Landes. Einige Extensivierungsmaßnahmen können allerdings auf derselben Fläche umgesetzt werden, wie z.B. eine Erweiterung des Drillreihenabstandes und der Verzicht auf Wachstumsregulatoren, so daß die effektiv geförderte Fläche ca. 80 % betragen dürfte. Die durchschnittliche Förderungshöhe auf der extensivierten Fläche betrug ca. 132 DM/ha. Umgerechnet auf die gesamte LF sind das ca. 121 DM/ha. Förderungsschwerpunkt ist die Extensivierung des Ackerlandes mit den in der Tabelle 6-9 dargestellten Maßnahmen 3. bis 8. Rund 70 % der Finanzmittel wurden hierfür verwendet. Extensivierungsmaßnahmen auf dem Grünland wurden mit rund 20 % der Mittel gefördert. Gemessen am Gesamtbudget wurde der ökologische Landbau wenig unterstützt, im Vergleich zu den anderen Bundesländern wurde mit über 30.000 ha aber ein beachtlicher Flächenumfang gefördert. Ähnliches gilt für den Naturschutz und die Landschaftspflege, in dessen Rahmen die Bewirtschaftung von über 60.000 ha Streuobstwiesen finanziell unterstützt wurde. Für beide Maßnahmengruppen zusammen wurden rund 10 % der Mittel verwendet.

In Bayern wurden über 98 % der gesamten landwirtschaftlich genutzten Fläche im Rahmen von Agrarumweltprogrammen gefördert. Dieser hohe Wert wurde durch eine nahezu flächendeckende Umsetzung der Grundförderung erreicht. Insgesamt werden jährlich über 250 Mio. DM im Rahmen der Programme ausgegeben, das sind ca. 76 bzw. 77 DM pro ha LF oder EF. Die dem Integrierten Ackerbau zuzurechnende Grundförderung (vgl. 2. in Tabelle 6-10) ist die mit Abstand wichtigste Extensivierungsmaßnahme in Bayern. In Abhängigkeit von der Region werden 50 bis 75 % der Mittel für diese Maßnahmen verwendet. Die Grünlandextensivierung ist die zweitwichtigste Maßnahmengruppe. Auf die Förderung des ökologischen Landbaus entfallen 6,0 bis 7,6 % der Finanzmittel. Damit werden über 50.000 ha Land gefördert, womit Bayern die bundesweit umfangreichste Förderung des ökologischen Landbaus realisiert. Naturschutz und Landschaftspflegemaßnahmen spielen im Rahmen der Agrarumweltprogramme gemäß VO (EWG) 2078/92 eine untergeordnete Rolle. An dieser Stelle wird darauf hingewiesen, daß es für diese Maßnahmengruppe in Bayern über die VO (EWG) 2078/92 hinaus weitere Förderungsprogramme gibt, in deren Rahmen z.B. das Umweltministerium jährlich ca. 40 Mio. DM für Naturschutz- und Landschaftspflegemaßnahmen zur Verfügung stellt (BSTELF 1997, S. 13).

Tabelle 6-10: Umsetzung und finanzielle Kosten der Agrarumweltprogramme in Bayern im Jahr 1996

Wirtschaftsweisen	Bayern R1			Bayern R2			Bayern R3		
	ha	P.	DM	ha	P.	DM	ha	P.	DM
0. Teichwirtschaft, Aufrechterhaltung GL (nicht berücksichtigt)	*786*	*140*	*110023*	*60*	*140*	*8337*	*22289*	*140*	*3120442*
2. Integrierter Ackerbau	144628	40	5785116	11362	40	454465	2778801	40	111152021
4. Organische Bewirtschaftung des Ackerlandes	880	350	307843	73	350	25442	22442	350	7854718
5. Organische Bewirtschaftung des Grünlandes	334	320	106864	176	320	56182	30481	320	9753994
6. Organischer Garten- und Dauerkulturanbau	283	1000	282980	25	1000	25480	863	1000	862750
7. Verzicht auf Herbizide im Ackerbau	42	200	8462	0		0	3253	200	650658
8. Verzicht auf Mineraldünger im Ackerbau	379	225	85230	132	225	29797	1245	225	280055
9. Verzicht auf Mineraldünger u. PSM im Ackerbau	150	320	48074	50	320	15840	6677	320	2136573
14. Untersaaten / Stoppelsaaten	0		0	0		0	125	150	18794
15. Mindestens viergliedrige Fruchtfolge	11436	250	2859108	852	250	213115	111435	250	27858625
17. Haltung von Rinder- u. Schafbest. mit < 1,4 RGV / HFF	353	400	141016	18	400	7252	27429	400	10971798
19. Verzicht auf Mineraldünger u. PSM auf Grünland	690	300	206997	656	300	196920	89161	300	26748150
21. Späte Schnittnutzung auf Grünland	3210	500	1605215	808	500	403905	88642	500	44321240
22. Extensive Bewirtschaftung von Grünlandeinzelflächen	0		0	0		0	50	600	29712
24. 20-jährige Stillegung zur Biotopgestaltung	14	800	11496	1	500	355	85	600	50724
27. Verzicht auf Düng. u. PSM in umweltsensiblen Bereichen	5	500	2670	0		0	82	500	41125
28. Einzelflächen unter Vertragsnaturschutz	0		0	0		0	208	600	124530
29. Steuobstwiesenbewirtschaftung	224	740	165397	53	740	39035	2247	740	1662802
Summen :	**162628**		**11616467**	**14206**		**1467787**	**3163224**		**244518268**
Prozentuale Verwendung der Finanzmittel für die Maßnahmenbereiche:									
Ökologischer Landbau (4, 5 u. 6)		**6,0**			**7,3**			**7,6**	
Ackerlandextensivierung (2, 7, 8, 9, 14, 15, 27)		**75,7**			**48,6**			**58,1**	
Grünlandextensivierung (17, 19, 21 u. 22)		**16,8**			**41,4**			**33,6**	
Naturschutz/Landschaftspflege (24, 28 u. 29)		**1,5**			**2,7**			**0,8**	

Quelle: Eigene Berechnungen auf Grundlage von Bundesländerdaten für das Jahr 1996

R1 = Region mit überdurchschnittlicher Ertragsfähigkeit, R2 = Region mit unterdurchschnittlicher Ertragsfähigkeit, R3 = Mittelgebirgs- und Hanglagen

ha = ha LF, die im Rahmen der VO (EWG) 2078/92 gefördert werden

P. = Prämie in DM/ha, gerundet

DM = Finanzmitteleinsatz je Wirtschaftsweise und Jahr in DM

Die Umsetzung der Agrarumweltprogramme im Saarland wird in Tabelle 6-11 dargestellt. In diesem Bundesland wurden über 20.000 ha oder 28 % der LF im Rahmen von Agrarumweltprogrammen extensiviert. Durchschnittlich wurden ca. 235 DM/ha EF oder 66,5 DM/ha LF an Finanzmittel ausgegeben. Förderschwerpunkt war die Grünlandextensivierung mit verringertem Viehbesatz, die 77,5 % der Mittel verbrauchte. Aber auch die Umwandlung von Ackerland in Grünland wurde im Ländervergleich mit 14,8 % der Mittel stark umgesetzt. Naturschutz und Landschaftspflege spielten im Saarland eine untergeordnete Rolle, und der ökologische Landbau wurde 1996 im Rahmen der VO (EWG) 2078/92 nicht gefördert.

Tabelle 6-11: Umsetzung und finanzielle Kosten der Agrarumweltprogramme im Saarland im Jahr 1996

Wirtschaftsweisen	Saarland R3		
	ha	**P.**	**DM**
16. Umwandlung von Ackerland in extensives Grünland	1200	600	720000
17. Haltung von Rinder- u. Schafbest. mit < 1,4 RGV / HFF	18000	210	3780000
23. Pflege aufgegebener Flächen	1510	250	377500
Summen :	**20710**		**4877500**
Prozentuale Verwendung der Finanzmittel für die Maßnahmenbereiche:			
Ökologischer Landbau (-)		**0,0**	
Ackerlandextensivierung (16)		**14,8**	
Grünlandextensivierung (17)		**77,5**	
Naturschutz/Landschaftspflege (23)		**7,7**	

Quelle: Eigene Berechnungen auf Grundlage von Bundesländerdaten für das Jahr 1996
R3 = Mittelgebirgs- und Hanglagen
ha = ha LF, die im Rahmen der VO (EWG) 2078/92 gefördert werden
P. = Prämie in DM/ha, gerundet
DM = Finanzmitteleinsatz je Wirtschaftsweise und Jahr in DM

6.3.3 Nord-Osten: Berlin, Brandenburg, Mecklenburg-Vorpommern, Sachsen-Anhalt

Mit einer landwirtschaftlichen Nutzfläche von 2.244 ha ist Berlin die mit Abstand kleinste regionale Einheit im Rahmen dieser Untersuchung. 4,1 % der LF wurden 1996 im Rahmen der Agrarumweltprogramme extensiv bewirtschaftet, das sind 93 ha. Finanziell gefördert wurden der ökologische Landbau und der Verzicht auf Herbizide im Ackerbau. Durchschnittlich wurden ca. 185 DM/ha EL oder 7,6 DM/ha LF in dieser Region aufgewendet. In der Tabelle 6-12 wird die Umsetzung der beiden Maßnahmen in Berlin gezeigt. Mit weniger als 100 ha extensivierter Fläche ist Berlin bei den folgenden Berechnungen als Sonderfall zu betrachten und nur bedingt mit den übrigen Bundesländern vergleichbar.

Tabelle 6-12: Umsetzung und finanzielle Kosten der Agrarumweltprogramme in Berlin im Jahr 1996

Wirtschaftsweisen	Berlin R2		
	ha	**P.**	**DM**
4. Organische Bewirtschaftung des Ackerlandes	31	255	7816
7. Verzicht auf Herbizide im Ackerbau	62	150	9348
Summen :	**93**		**17164**
Prozentuale Verwendung der Finanzmittel für die Maßnahmenbereiche:			
Ökologischer Landbau (4)		**45,5**	
Ackerlandextensivierung (7)		**54,5**	
Grünlandextensivierung (-)		**0,0**	
Naturschutz/Landschaftspflege (-)		**0,0**	

Quelle: Eigene Berechnungen auf Grundlage von Bundesländerdaten für das Jahr 1996
R2 = Region mit unterdurchschnittlicher Ertragsfähigkeit
ha = ha LF, die im Rahmen der VO (EWG) 2078/92 gefördert werden
P. = Prämie in DM/ha, gerundet
DM = Finanzmitteleinsatz je Wirtschaftsweise und Jahr in DM

Mit einer durchschnittlichen Bodenklimazahl von 32 stellt das Bundesland Brandenburg die Region mit den leichtesten Böden in Deutschland dar. Im Jahr 1996 wurden 188.560 ha im Rahmen von Agrarumweltprogrammen gefördert, das waren 14,1 % der gesamten LF (vgl. Tabelle 6-13). Im Durchschnitt wurden Finanzmittel in Höhe von ca. 309 DM/ha EF oder 43,5 DM/ha LF ausgegeben. Die Förderung des ökologischen Landbaus spielte mit 4,4 % der Mittel eine untergeordnete Rolle. 13,6 % der Mittel wurden für Naturschutz- oder Landschaftspflegemaßnahmen verwendet. Die zweitwichtigste Gruppe von Maßnahmen ist die Ackerlandextensivierung mit 33,4 % des Finanzvolumens. Hier wurden insbesondere der Verzicht auf Mineraldünger und Pflanzenschutz im Ackerbau sowie die Umwandlung von Ackerland in Grünland gefördert. Knapp die Hälfte der Mittel in Brandenburg werden für die Förderung einer extensiven Grünlandbewirtschaftung mit weniger als 1,4 RGV pro ha Hauptfutterfläche verbraucht.

Tabelle 6-13: Umsetzung und finanzielle Kosten der Agrarumweltprogramme in Brandenburg im Jahr 1996

Wirtschaftsweisen	Brandenburg R2		
	ha	**P.**	**DM**
3. Integrierter Garten- und Dauerkulturanbau	6232	800	4985704
4 u. 5. Organische Bewirtschaftung AL u. GL	6978	300	2093376
6. Organischer Garten- und Dauerkulturanbau	480	1000	480240
7. Verzicht auf Herbizide im Ackerbau	9728	180	1751054
8. Verzicht auf Mineraldünger im Ackerbau	5242	180	943542
9. Verzicht auf Mineraldünger u. PSM im Ackerbau	13187	300	3956217
14. Untersaaten / Stoppelsaaten	24226	60	1453575
16. Umwandlung von Ackerland in extensives Grünland	10550	600	6329826
17. Haltung von Rinder- u. Schafbest. mit < 1,4 RGV / HFF	94235	300	28270638
23. Pflege aufgegebener Flächen	4764	300	1429293
28. Einzelflächen unter Vertragsnaturschutz	12835	500	6417560
29. Steuobstwiesenbewirtschaftung	102	800	81216
Summen :	**188560**		**58192241**
Prozentuale Verwendung der Finanzmittel für die Maßnahmenbereiche:			
Ökologischer Landbau (4, 5 u. 6)		**4,4**	
Ackerlandextensivierung (3, 7, 8, 9, 14 u. 16)		**33,4**	
Grünlandextensivierung (17)		**48,6**	
Naturschutz/Landschaftspflege (23, 28 u. 29)		**13,6**	

Quelle: Eigene Berechnungen auf Grundlage von Bundesländerdaten für das Jahr 1996
R2 = Region mit unterdurchschnittlicher Ertragsfähigkeit
ha = ha LF, die im Rahmen der VO (EWG) 2078/92 gefördert werden
P. = Prämie in DM/ha, gerundet
DM = Finanzmitteleinsatz je Wirtschaftsweise und Jahr in DM

Die Umsetzung der VO (EWG) 2078/92 in Mecklenburg-Vorpommern wird in der folgenden Tabelle 6-14 dargestellt. Die Bodenqualität ist in diesem Bundesland vergleichsweise niedrig. Extensivierungsmaßnahmen werden auf 5,5 % der landwirtschaftlich genutzten Fläche finanziell gefördert. Durchschnittlich wurden 20,6 DM/ha LF und ca. 377 DM/ha extensivierter Fläche aufgewendet. Förderungsschwerpunkte waren die Umwandlung von Ackerland in Grünland mit einem Anteil von knapp 20 % und eine naturschutzgerechte Bewirtschaftung von Extensivgrünlandflächen mit einem Anteil von 66,4 % der Mittel. Mecklenburg-Vorpommern ist eines der wenigen Bundesländer, in denen eine Grünlandbewirtschaftung mit weitergehenden Auflagen eine bedeutendere Rolle spielt als die Verringerung des Viehbesatzes auf unter 1,4 RGV, hierfür wurden nur 3,3 % der Finanzmittel verwendet.

Tabelle 6-14: Umsetzung und finanzielle Kosten der Agrarumweltprogramme in Mecklenburg-Vorpommern im Jahr 1996

Wirtschaftsweisen	Mecklenburg-Vorp. R2		
	ha	**P.**	**DM**
3. Integrierter Garten- und Dauerkulturanbau	1531	770	1179101
4 u. 5. Organische Bewirtschaftung AL u. GL	5744	300	1723275
16. Umwandlung von Ackerland in extensives Grünland	7596	720	5468882
17. Haltung von Rinder- u. Schafbest. mit < 1,4 RGV / HFF	6019	150	902856
28. Einzelflächen unter Vertragsnaturschutz	52422	350	18347700
Summen :	**73312**		**27621814**
Prozentuale Verwendung der Finanzmittel für die Maßnahmenbereiche:			
Ökologischer Landbau (4 u. 5)		**6,2**	
Ackerlandextensivierung (3 u. 16)		**24,1**	
Grünlandextensivierung (17)		**3,3**	
Naturschutz/Landschaftspflege (28)		**66,4**	

Quelle: Eigene Berechnungen auf Grundlage von Bundesländerdaten für das Jahr 1996
R2 = Region mit unterdurchschnittlicher Ertragsfähigkeit
ha = ha LF, die im Rahmen der VO (EWG) 2078/92 gefördert werden
P. = Prämie in DM/ha, gerundet
DM = Finanzmitteleinsatz je Wirtschaftsweise und Jahr in DM

In der Tabelle 6-15 wird die Umsetzung der VO (EWG) 2078/92 in Sachsen-Anhalt dargestellt. In Sachsen-Anhalt wurden 115.800 ha im Rahmen der Programme gefördert, das sind 10 % der LF des Landes. Pro ha landwirtschaftlich genutzter Fläche des Landes wurde durchschnittlich ein Betrag von 32,6 DM und pro ha EF eine Summe von ca. 326 DM aufgewendet. Mit 12 verschiedenen Maßnahmen wurde ein vergleichsweise breites Spektrum gefördert. Gut 70 % der Mittel wurden jedoch in Region 1 und über 80 % in Region 2 für eine extensive Grünlandbewirtschaftung mit weniger als 1,4 RGV ausgegeben. Auf den ertragsstarken Standorten wurde der ökologische Landbau mit knapp 20 % der Finanzmittel und in Region 2 mit einem Anteil von 8,7 % gefördert. Für die beiden anderen Maßnahmengruppen, der Ackerlandextensivierung und den Naturschutz- und Landschaftspflegemaßnahmen blieben lediglich 3,3 bis 5,7 % der Mittel übrig.

Tabelle 6-15: Umsetzung und finanzielle Kosten der Agrarumweltprogramme in Sachsen-Anhalt im Jahr 1996

Wirtschaftsweisen	Sachsen-Anhalt R1			Sachsen-Anhalt R2		
	ha	**P.**	**DM**	**ha**	**P.**	**DM**
4. Organische Bewirtschaftung des Ackerlandes	1985	300	595452	705	300	211467
5. Organische Bewirtschaftung des Grünlandes	301	300	90153	564	300	169344
6. Organischer Garten- und Dauerkulturanbau	2839	1400	3974475	618	1400	865785
7. Verzicht auf Herbizide im Ackerbau	682	150	102354	237	150	35591
8. Verzicht auf Mineraldünger im Ackerbau	358	150	53675	43	150	6384
9. Verzicht auf Mineraldünger u. PSM im Ackerbau	506	250	126416	246	250	61432
16. Umwandlung von Ackerland in extensives Grünland	1191	600	714800	613	600	367706
17. Haltung von Rinder- u. Schafbest. mit < 1,4 RGV / HFF	59907	280	16773922	42412	280	11875246
23. Pflege aufgegebener Flächen	305	350	106583	591	350	206922
25. Mehrjährige Ackerrandstreifen	16	470	7544	110	470	51537
28. Einzelflächen unter Vertragsnaturschutz	231	650	150150	835	650	542750
29. Steuobstwiesenbewirtschaftung	495	1370	677998	11	1370	15728
Summen :	**68815**		**23373520**	**46985**		**14409891**
Prozentuale Verwendung der Finanzmittel für die Maßnahmenbereiche:						
Ökologischer Landbau (4, 5 u. 6)		**19,9**			**8,7**	
Ackerlandextensivierung (7, 8, 9 u. 16)		**4,3**			**3,3**	
Grünlandextensivierung (17)		**71,8**			**82,4**	
Naturschutz/Landschaftspflege (13, 25, 28 u. 29)		**4,0**			**5,7**	

Quelle: Eigene Berechnungen auf Grundlage von Bundesländerdaten für das Jahr 1996
R1 = Region mit überdurchschnittlicher Ertragsfähigkeit, R2 = Region mit unterdurchschnittlicher Ertragsfähigkeit
ha = ha LF, die im Rahmen der VO (EWG) 2078/92 gefördert werden
P. = Prämie in DM/ha, gerundet
DM = Finanzmitteleinsatz je Wirtschaftsweise und Jahr in DM

6.3.4 Süd-Osten: Sachsen und Thüringen

In Sachsen werden knapp 770.000 ha LF im Rahmen der VO (EWG) 2078/92 gefördert (vgl. Tabelle 6-16). Durchschnittlich wurden 85,2 DM/ha an Fördermitteln auf der LF und ca. 100 DM/ha auf der EF aufgewendet. Der mit 84,6 % hohe Anteil der Fläche in Agrarumweltprogrammen resultiert aus der verbreiteten Umsetzung der in Abschnitt 6.1 erläuterten Grundförderung im sächsischen Ackerbau. In den begünstigten Regionen Sachsens wurden 84,1 % der Mittel für Ackerbauextensivierungsmaßnahmen ausgegeben. In den ertragsschwachen Regionen betrug dieser Anteil 73,3 % und in den Mittelgebirgslagen 59,1 %. Mit der Abnahme des Finanzmittelanteils für die Ackerlandextensivierung in den Regionen steigt der Anteil der Finanzmittel, der für Extensivierungsmaßnahmen auf dem Grünland verwendet wurde. Im Vordergrund standen dabei Wirtschaftsweisen mit einfach umzusetzenden Auflagen, wie z.B. eine Begrenzung des Gesamtstickstoffeinsatzes auf 120 kg pro ha (12.) oder die Begrenzung des Viehbesatzes auf der Weidefläche (11.). Der ökologische Landbau sowie Naturschutz- und Landschaftspflegemaßnahmen spielten jeweils mit einem Finanzmittelanteil von teilweise weniger als 1 % in allen Regionen eine untergeordnete Rolle.

Tabelle 6-16: Umsetzung und finanzielle Kosten der Agrarumweltprogramme in Sachsen im Jahr 1996

Wirtschaftsweisen	Sachsen R1			Sachsen R2			Sachsen R3		
	ha	**P.**	**DM**	**ha**	**P.**	**DM**	**ha**	**P.**	**DM**
0. Teichpflege (nicht berücksichtigt)	*3425*	*570*	*1952126*	*3644*	*570*	*2076801*	*150*	*570*	*85283*
0. Begrünung Stillegungsflächen (nicht berücksichtigt)	*2340*	*130*	*304255*	*2193*	*130*	*285119*	*980*	*130*	*127396*
2. Integrierter Ackerbau	251720	75	18878985	99101	75	7432600	90465	75	6784875
3. Integrierter Garten- und Dauerkulturanbau	5957	750	4468057	1771	750	1328090	150	750	112605
4. Organische Bewirtschaftung des Ackerlandes	288	500	144185	256	500	128075	133	500	66550
6. Organischer Garten- und Dauerkulturanbau	10	1400	13776	10	1400	14112	0		0
10. Verzicht auf Wachstumsregulatoren im Ackerbau	53233	120	6387917	50142	120	6017008	26302	120	3156223
13. Mulchsaatverfahren	31760	50	1588022	5028	50	251422	7909	50	395451
14. Untersaaten / Stoppelsaaten	10708	80	856614	3121	80	249650	3750	80	299976
16. Umwandlung von Ackerland in extensives Grünland	595	550	326992	432	550	237529	401	550	220418
17. Haltung von Rinder- u. Schafbest. mit < 1,4 RGV / HFF	15637	200	3127432	11872	200	2374462	24013	200	4802668
18. Reduzierter Mineraldüngereinsatz auf Grünland	18000	65	1169986	10582	65	687827	14999	65	974912
21. Späte Schnittnutzung auf Grünland	4240	250	1060070	4663	250	1165660	5977	250	1494175
23. Pflege aufgegebener Flächen	67	180	12046	89	180	15995	368	180	66271
24. 20-jährige Stillegung zur Biotopgestaltung	87	1000	86600	20	800	15832	18	850	15275
25. Mehrjährige Ackerrandstreifen	99	800	79014	101	800	80704	141	800	112471
29. Steuobstwiesenbewirtschaftung	1035	450	465552	188	450	84787	147	450	66280
Summen :	**393435**		**38665247**	**187376**		**20083751**	**174772**		**18568148**
Prozentuale Verwendung der Finanzmittel für die Maßnahmenbereiche:									
Ökologischer Landbau (4 u. 6)		**0,4**			**0,7**			**0,4**	
Ackerlandextensivierung (2, 3, 10, 13, 14 u. 16)		**84,1**			**77,3**			**59,1**	
Grünlandextensivierung (17, 18 u. 21)		**13,9**			**21,1**			**39,2**	
Naturschutz/Landschaftspflege (23, 24, 25 u. 29)		**1,7**			**1,0**			**1,4**	

Quelle: Eigene Berechnungen auf Grundlage von Bundesländerdaten für das Jahr 1996
R1 = Region mit überdurchschnittlicher Ertragsfähigkeit, R2 = Region mit unterdurchschnittlicher Ertragsfähigkeit, R3 = Mittelgebirgs- und Hanglagen
ha = ha LF, die im Rahmen der VO (EWG) 2078/92 gefördert werden
P. = Prämie in DM/ha, gerundet
DM = Finanzmitteleinsatz je Wirtschaftsweise und Jahr in DM

Zuletzt wird die Extensivierungsförderung von Thüringen dargestellt (vgl. Tabelle 6-17). In diesem Bundesland wurden 1996 gut 200.000 ha oder rund ein Viertel der landwirtschaftlich genutzten Fläche im Rahmen der Programme extensiv bewirtschaftet. Auf die gesamte LF des Landes bezogen wurden durchschnittlich 71,5 DM an Fördergeldern ausgegeben. Das entsprach rund 280 DM/ha EF. Umsetzungsschwerpunkt ist in beiden Regionen die Grünlandextensivierung. In den ertragreichen Regionen wurden gut 50 % der Mittel und in den Mittelgebirgslagen Thüringens 67,8 % der Mittel für die Grünlandextensivierung verwendet. Der Integrierte Acker- oder Dauerkulturanbau stand in beiden Regionen an zweiter Stelle der Finanzmittelaufwendungen. Im Vergleich zu vielen anderen Bundesländern wurden Naturschutz- und Landschaftspflegemaßnahmen mit 17,1 bzw. 11,7 % der Mittel überdurchschnittlich stark umgesetzt. Der ökologische Landbau spielt in den Agrarumweltprogrammen Thüringens eine untergeordnete Rolle.

Tabelle 6-17: Umsetzung und finanzielle Kosten der Agrarumweltprogramme in Thüringen im Jahr 1996

Wirtschaftsweisen	Thüringen R1			Thüringen R3		
	ha	**P.**	**DM**	**ha**	**P.**	**DM**
0. Verzicht, außer Qualitätsdüngung (nicht berücksichtigt)	*4*	*180*	*632*	*5*	*180*	*967*
2. Integrierter Ackerbau	889	260	231101	11526	260	2996739
3. Integrierter Garten- und Dauerkulturanbau	3213	615	1976229	1952	615	1200744
4. Organische Bewirtschaftung des Ackerlandes	1339	300	401799	1032	300	309504
5. Organische Bewirtschaftung des Grünlandes	129	350	45038	425	350	148736
6. Organischer Garten- und Dauerkulturanbau	11	1200	12792	12	1200	13884
7. Verzicht auf Herbizide im Ackerbau	253	150	37904	163	150	24473
15. Mindestens viergliedrige Fruchtfolge	475	495	235333	722	495	357232
16. Umwandlung von Ackerland in extensives Grünland	2025	620	1255525	6445	620	3996154
17. Haltung von Rinder- u. Schafbest. mit < 1,4 RGV / HFF	24343	265	6450895	98604	265	26130018
21. Späte Schnittnutzung auf Grünland	863	300	258750	12476	300	3742908
23. Pflege aufgegebener Flächen	374	405	181497	253	485	122710
24. 20-jährige Stillegung zur Biotopgestaltung	168	930	156631	36	820	29307
25. Mehrjährige Ackerrandstreifen	197	900	177210	134	900	120240
28. Einzelflächen unter Vertragsnaturschutz	8604	165	1419660	25813	165	4259145
30. Steuobstwiesenbewirtschaftung	570	540	307800	1141	540	616140
Summen:	**43453**		**13148162**	**160733**		**44067933**
Prozentuale Verwendung der Finanzmittel für die Maßnahmenbereiche:						
Ökologischer Landbau (4, 5 u. 6)		**3,5**			**1,1**	
Ackerlandextensivierung (2, 3, 7, 15 u. 16)		**28,4**			**19,5**	
Grünlandextensivierung (17 u. 21)		**51,0**			**67,8**	
Naturschutz/Landschaftspflege (23, 24, 25, 28 u. 30)		**17,1**			**11,7**	

Quelle: Eigene Berechnungen auf Grundlage von Bundesländerdaten für das Jahr 1996
R1 = Region mit überdurchschnittlicher Ertragsfähigkeit, R3 = Mittelgebirgs- und Hanglagen
ha = ha LF, die im Rahmen der VO (EWG) 2078/92 gefördert werden
P. = Prämie in DM/ha, gerundet
DM = Finanzmitteleinsatz je Wirtschaftsweise und Jahr in DM

7 Kosten-Wirksamkeits-Berechnungen und Bewertung der Programme

In diesem Abschnitt werden die Ergebnisse von Kapitel 5 und 6 für die Kosten-Wirksamkeits-Berechnungen in Form von Matrizen zusammengeführt. In Abschnitt 7.1 wird die Datengrundlage und die Vorgehensweise bei der Kosten-Wirksamkeits-Analyse erläutert. In Abschnitt 7.2 werden die berechneten Kosten-Wirksamkeits-Koeffizienten dargestellt und diskutiert. In Abschnitt 7.3 erfolgt die Auswahl der besten Programmalternative im Rahmen der Kosten-Wirksamkeits-Analyse (KWA) und unter Berücksichtigung von Nutzen-Kosten-Aspekten.

7.1 Datengrundlage, Aufbau der Kosten-Wirksamkeits-Matrizen und Ergebniskoeffizienten

Die Datengrundlage der Kosten-Wirksamkeits-Analyse besteht aus drei Elementen:

1. Informationen über die Teilnahme an Agrarumweltprogrammen auf regionaler Ebene.
2. Informationen über die Umweltwirkungen der umgesetzten Wirtschaftsweisen differenziert nach Regionen.
3. Informationen über eine aus Sicht der Umwelt sinnvolle Finanzmittelverteilung innerhalb der Programme.

Die Notwendigkeit der unter 1. und 2. erwähnten Daten für die Berechnung von Kosten-Wirksamkeits-Beziehungen ist offensichtlich. Darüber hinaus sind Informationen darüber erforderlich, bei welchen Förderungsstrategien sich die positiven Umweltwirkungen der umgesetzten Wirtschaftsweisen am besten ergänzen. Diese Frage wurde bereits in Abschnitt 5.5.2 erörtert und führte zu dem Ergebnis, daß in Abhängigkeit von der Region für die vier Maßnahmengruppen ökologischer Landbau, Ackerlandextensivierung, Grünlandextensivierung sowie Naturschutz- und Landschaftspflege ein bestimmter Anteil der Finanzmittel innerhalb eines Programms zur Verfügung gestellt werden sollte. Diese Anforderung wird in Form einer Nebenbedingung bei den folgenden Berechnungen berücksichtigt. In der Übersicht 7-1 werden die Komponenten der KWA und die Outputkoeffizienten dargestellt.

Übersicht 7-1: Komponenten der Kosten-Wirksamkeits-Analyse (KWA)

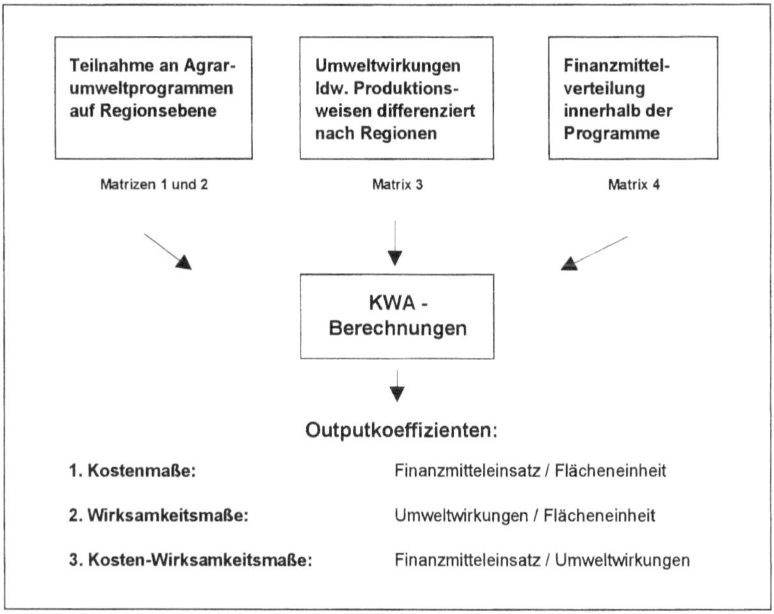

Quelle: Eigene Darstellung

Bei der Berechnung der Outputkoeffizienten sind zwei Vorgehensweisen möglich. Der Finanzmitteleinsatz und die Umweltwirkungen können absolut oder relativ betrachtet werden. Bei der Relativbetrachtung können die Werte auf die gesamte landwirtschaftliche Nutzfläche (LF) einer Region bezogen werden oder auf die Fläche, die im Rahmen der Programme gefördert und extensiv bewirtschaftet wird. Im weiteren Verlauf dieser Arbeit wird die geförderte Fläche als Extensivierungsfläche (EF) bezeichnet.

Aufgrund der unterschiedlichen Größe der Regionen, insbesondere der Bundesländer, ist ein Vergleich absoluter Werte wenig hilfreich. Voraussetzung für eine vergleichende Bewertung ist eine gemeinsame Bezugsgröße. Werden die Kosten der Programme auf die gesamte LF einer Region bezogen, erhält man ein Maß für die Kosten- oder Förderungsintensität auf der landwirtschaftlich relevanten Fläche in einer Region. Es wird die landwirtschaftlich genutzte Fläche herangezogen und nicht die gesamte Fläche (GF) einer Region, weil die Agrarumweltprogramme nur auf der LF umgesetzt werden können. Werden die Kosten nicht auf die gesamte LF einer Region bezogen, sondern auf die extensivierte Fläche (EF), erhält man ein Maß für die Kostenintensität auf der extensivierten Fläche unabhängig von der Größe des Bundeslandes.
Grundlage aller Berechnungen sind vier Datenmatrizen. Die erste Matrix enthält die Umsetzung der maximal 30 einzelnen Wirtschaftsweisen (m) in den 312 Modellkreisen (r) (vgl. Karte 6-1, S. 128) in Hektarangaben (x). Die zweite Matrix enthält die Prämien-

höhen in DM pro ha (y), die die Landwirte bei der Umsetzung der Wirtschaftsweisen erhalten. Die dritte Matrix beinhaltet die Umweltpunktwerte der Wirtschaftsweisen (z). Die vierte Matrix enthält die Nebenbedingung für den Finanzmitteleinsatz.

Datenmatrix 1: Umsetzung der Produktionsweisen in den Regionen

r \ m	1	2	...	30
1	x^1_1	x^1_2	...	x^1_{30}
2	x^2_1	x^2_2	...	x^2_{30}
.	.	.	...	.
.	.	.	...	.
.	.	.	...	.
312	x^{312}_1	x^{312}_2	...	x^{312}_{30}

Datenmatrix 2: Prämienhöhen der Produktionsweisen in den Regionen

r \ m	1	2	...	30
1	y^1_1	y^1_2	...	y^1_{30}
2	y^2_1	y^2_2	...	y^2_{30}
.	.	.	...	.
.	.	.	...	.
.	.	.	...	.
312	y^{312}_1	y^{312}_2	...	y^{312}_{30}

Datenmatrix 3: Umweltbewertung der Produktionsweisen in den Regionen

r \ m	1	2	...	30
1	z^1_1	z^1_2	...	z^1_{30}
2	z^2_1	z^2_2	...	z^2_{30}
.	.	.	...	.
.	.	.	...	.
.	.	.	...	.
312	z^{312}_1	z^{312}_2	...	z^{312}_{30}

Durch Multiplikation von Matrix 1 und 2 wird der Finanzmittelaufwand für einzelne Wirtschaftsweisen in den Regionen ermittelt. Summiert man die Zeilen über alle Wirtschaftsweisen auf, erhält man absolute Werte für die Kosten der umgesetzen Maßnahmen in einer Region. Werden die Werte auf die LF der Region beziehungsweise die EF bezogen, erhält man die zwei oben erwähnten relativen Maße für die Kosten- oder **Förderungsintensität** der regionalen Programme gemessen in

DM / ha LF

oder

DM / ha EF.

Bei der Berechnung der Maße für die Wirksamkeit der regionalen Programme ist die Nebenbedingung für eine sinnvolle Verteilung der Finanzmittel zu berücksichtigen. Grundlage hierfür ist das Expertenvotum mit Angaben über die anzustrebenden Finanzmittelanteile verschiedener Gruppen von Wirtschaftsweisen innerhalb der Programme. Die Datenmatrix 4 enthält die Vorgaben der Experten für diese Nebenbedingung.

Datenmatrix 4: Expertenvotum für die Finanzmittelverteilung innerhalb der Programme

	$F_Ö$	F_A	F_G	F_N
Regionen mit hohen Erträgen:	24	22	19	35
Regionen mit geringen Erträgen:	24	21	25	30
Mittelgebirgs- und Hanglagen:	20	15	26	39

F_i = In der Delphi-Befragung ermittelte maximale Finanzmittelanteile einer Gruppe von Maßnahmen an den gesamten finanziellen Aufwendungen in einer Region (Mittelwerte, in v. H.)

$_i$ = Ö, A, G, N (Ö=Ökologischer Landbau, A=Ackerlandextensivierung, G=Grünlandextensivierung, N=Naturschutz- und Landschaftspflegemaßnahmen)

Unter Berücksichtigung dieser Werte für die Nebenbedingung werden als Maß für die Wirksamkeit der Programme die anrechenbaren Umweltpunkte folgendermaßen ermittelt:

$$P_r = \begin{cases} \sum_{m=1}^{30} X_r * Z_r \quad \text{für} \quad F_{ir}^{real} \leq F_{ir} \\ \sum_{m=1}^{30} X_r * Z_r * F_{ir} / F_{ir}^{real} \quad \text{sonst} \end{cases} \qquad r = 1, \ldots 312$$

mit

F_{ir}^{real} = Realisierter Finanzmittelanteil einer Gruppe von Wirtschaftsweisen an den gesamten finanziellen Aufwendungen in einem Modellkreis

F_{ir} = Maximaler (in der Delphi-Befragung ermittelter) prozentualer Finanzmittelanteil einer Gruppe von Wirtschaftsweisen an den gesamten finanziellen Aufwendungen in einem Landkreis

P_r = Summe der anrechenbaren Umweltpunkte in einem Modellkreis

Relative Maße, die die Vergleichbarkeit der Werte zwischen den Modellkreisen und Programmen herstellen, erhält man auch hier, wie bei der Betrachtung der Kosten, wenn die Umweltpunkte auf eine Flächeneinheit bezogen werden. Auch hier ist es sinnvoll, die landwirtschaftlich genutzte Fläche und die Extensivierungsfläche heranzuziehen und nicht die Gesamtfläche eines Kreises, weil die betrachteten Programme agrarumweltpolitische Maßnahmen sind, die auf landwirtschaftlichen Flächen umgesetzt werden. Die Maße für die erzielten Umwelteffekte werden gemessen in:

Umweltpunkte / ha LF

oder

Umweltpunkte / ha EF

Im Anschluß an diesen Schritt können als Maße für die Kosten-Wirksamkeit der Programme, wie in Abschnitt 2.5 erläutert wurde, Quotienten aus Wirksamkeit und Kosten der Programme gebildet werden. Dabei kann die beste Kosten-Wirksamkeit eines Programms definiert werden als Minimum des Verhältnisses von Kosten zu Wirksamkeit oder als Maximum des Verhältnisses von Wirksamkeit zu Kosten:

$$\min V_i = K_i / W_i \quad \text{oder} \quad \max V_i = W_i / K_i$$

mit:

V_i = Kosten-Wirksamkeit des Programms i

W_i = Wirksamkeit des Programms i

K_i = Kosten des Programms i

Die Einheit der beiden Kosten-Wirksamkeitsmaße sind

Umweltpunkte / DM

oder

DM / Umweltpunkt.

Im weiteren Verlauf der Arbeit wird meist die zweite Möglichkeit gewählt, um dem Tatbestand knapper Finanzmittel stärker zu betonen.

7.2 Ergebnisse der Kosten-Wirksamkeits-Berechnungen

Die Ergebnisse der Kosten-Wirksamkeits-Berechnungen können auf unterschiedlich aggregiertem regionalen Niveau dargestellt werden. In Kapitel 5 wurden alle Modellkreise der Bundesländer drei verschiedenen Typen von Regionen zugeordnet. Dabei zeigte sich, daß in einigen Bundesländern relativ einheitliche Standortverhältnisse herrschen und alle Kreise einer Region, z.B. Mittelgebirgs- und Hanglagen, zugeordnet werden können. In anderen Bundesländern verteilen sich die Kreise auf zwei oder drei verschiedene Regionen mit einem unterschiedlichen Anteil an der LF. Durch die Zusammenfassung aller Modellkreise mit derselben Regionszugehörigkeit kann die Anzahl der betrachteten regionalen Einheiten von 312 Modellkreise auf 31 Regionen unterschiedlicher Standortqualität (differenziert nach 16 Bundesländern) reduziert werden.

Für die Ergebnisdarstellung werden einige Regionen weiter auf Bundesländerebene zusammengefaßt. Da Region 3 in Niedersachsen und die Regionen 2 in Baden-Württemberg und Bayern nur ca. 1 % der LF dieser Länder repräsentieren, werden in diesen Länder im Folgenden nur zwei anstatt drei Regionen differenziert. Damit reduziert sich die Ergebnismatrix von 31 auf 28 Regionen. Weiter hinten werden die Berechnungsergebnisse auf Bundesländerebene zusammengefaßt, um die Länderprogramme als Ganze miteinander vergleichen zu können.

7.2.1 Kosten der Agrarumweltprogramme in den Regionen

In den Jahren von 1993 bis 1997 wurden in Deutschland insgesamt 3,081 Mrd. DM für die Umsetzung von Agrarumweltprogrammen gemäß VO (EWG) 2078/92 eingesetzt (OSTERBURG et al. 1997, S. 7). Der Kofinanzierungsanteil der EU betrug in diesem Zeitraum 1,709 Mrd. DM, also gut 55 % (KOM 1998b, Anhang 22a). Die Umsetzung der Programme nahm in Deutschland von Jahr zu Jahr zu und erreichte 1996 bundesweit 804 Mio. DM und 1997 883 Mio. DM. Die Mittel des Bundes für Agrarumweltprogramme im Rahmen der Gemeinschaftsaufgabe zur Verbesserung der Agrarstruktur und des Küstenschutzes betrugen 1996 insgesamt 70 Mio. DM (AGRARBERICHT 1997, S. 151). Der Anteil der Mittel für Agrarumweltprogramme an den gesamten Mitteln des EAGFL, Abteilung Garantie, betrug 1996 3,56 % und stieg 1997 leicht auf 3,74 % oder 2,944 Mrd. DM[5] an (KOM 1998b, Anhang 22c). Regional differenzierte Daten über die Umsetzung der Agrarumweltprogramme in Deutschland waren dieser Arbeit nur für das Jahr 1996 zugänglich.

Im folgenden werden die Kosten der Agrarumweltprogramme in den einzelnen Regionen dargestellt. Die Tabelle 7-1 zeigt die Kosten der Programme gemessen in DM/ha LF und EF, die absoluten Kosten und den Anteil der extensivierten Fläche (EF) an der gesamten LF einer Region. Finanzmittel für Wirtschaftsweisen, die der Maßnahmengruppe 0 „missing value" (das betrifft die Länder Bayern, Sachsen und Thüringen) zugeordnet wurden, werden nicht berücksichtigt.

---

5 Umrechnungskurs: 1 ECU = 1,94820 DM (Haushaltskurs der EU 1997)

Tabelle 7-1: Kosten der Agrarumweltprogramme in 28 Regionen Deutschlands im Jahr 1996

Region	Kosten	Umsetzung	Kostenintensität	
	Mio. DM	EF in v.H. d. LF	DM/ha LF	DM/ha EF
HH 1	2,72	26,9	184,5	685,5
BW 1	32,73	106,1	137,9	129,9
BW 3	146,64	88,9	118,3	133,1
TH 3	44,07	35,1	96,2	274,2
SN 2	20,08	84,2	90,2	107,2
SN 3	18,57	80,6	85,6	106,2
SN 1	38,67	84,0	82,6	98,3
BY 3	245,99	98,3	76,1	77,4
BY 1	11,62	100,4	71,7	71,4
SL 3	4,88	28,2	66,5	235,5
HE 3	21,58	17,4	51,6	297,0
HE 1	16,06	14,7	44,8	304,5
ST 2	14,41	14,3	43,8	306,7
BB 2	58,19	14,1	43,5	308,6
TH 1	13,15	12,7	38,4	302,6
HB 1	0,34	10,9	35,8	329,1
RP 3	15,33	10,9	35,5	325,7
RP 1	8,55	6,1	29,6	484,1
ST 1	23,37	8,3	28,2	339,7
MV 2	27,62	5,5	20,6	376,8
NW 3	3,12	6,5	18,6	285,4
NW 1	6,57	3,2	8,9	280,0
SH 1	4,06	2,0	8,1	399,1
BE 2	0,02	4,1	7,6	184,6
NW 2	4,97	2,5	7,6	303,9
NI 1	6,26	2,5	6,7	273,2
NI 2	10,96	2,4	6,1	259,5
SH 2	3,14	1,2	5,7	467,3

Quelle: Eigene Berechnungen auf Grundlage von Bundesländerdaten zur Umsetzung der VO (EWG) 2078/92 im Jahr 1996.

Die staatlichen Ausgaben im Rahmen der Agrarumweltprogramme reichen von weniger als 6 DM/ha LF in den ertragsschwachen Landkeisen Schleswig-Holsteins bis über 180 DM/ha LF in Hamburg. Mehr als 90 DM/ha LF werden in Baden-Württemberg und den Regionen Thüringen 3 sowie Sachsen 2 aufgewendet. Weniger als 10 DM/ha LF werden in beiden Regionen Schleswig-Holsteins und Niedersachsens sowie in Berlin und den Regionen 1 und 2 von Nordrhein-Westfalen aufgewendet. Damit ist der Umfang der Programme oder die Förderungsintensität bezogen auf die landwirtschaftlich genutzte

Fläche in den Regionen Deutschlands sehr heterogen. Insgesamt zeigt sich in der Karte 7-1 das bereits aus verschiedenen Veröffentlichungen bekannte Nord-Süd- und Ost-West-Gefälle bei der Agrarumweltförderung in Deutschland (PLANKL 1998; OSTERBURG et al. 1997; AGRA-EUROPE 1998; NIENDIEKER 1998).

Bezieht man die Kosten auf die extensivierte Fläche (EF) erreichen Länder mit einem hohen Anteil der EF an der LF vergleichsweise niedrige Werte. In Teilen Baden-Württembergs und Bayerns beträgt der Anteil der EF an der LF über 100 %, weil verschiedene Maßnahmen auf einem Hektar Land kumuliert werden können. Umsetzungsraten von mehr als 80 % EF an der LF erreichen nur die Länder Bayern und Sachsen mit ihrer fast flächendeckenden Umsetzung der Grundförderung, sowie Baden-Württemberg mit einer Quasi-Grundförderung über verschiedene Ackerbau- und Grünlandextensivierungsmaßnahmen mit hoher Akzeptanz (vgl. Tabelle 6-9). Die Kombination verschiedener Extensivierungsmaßnahmen auf einer Fläche erreicht in Bayern und Baden-Württemberg einen Umfang von jeweils ca. 0,4 Mio. ha und in Sachsen eine Größenordnung von ca. 0,2 Mio. ha.

Karte 7-1: Darstellung der Kostenintensität in den Modellkreisen gemessen in DM pro ha LF

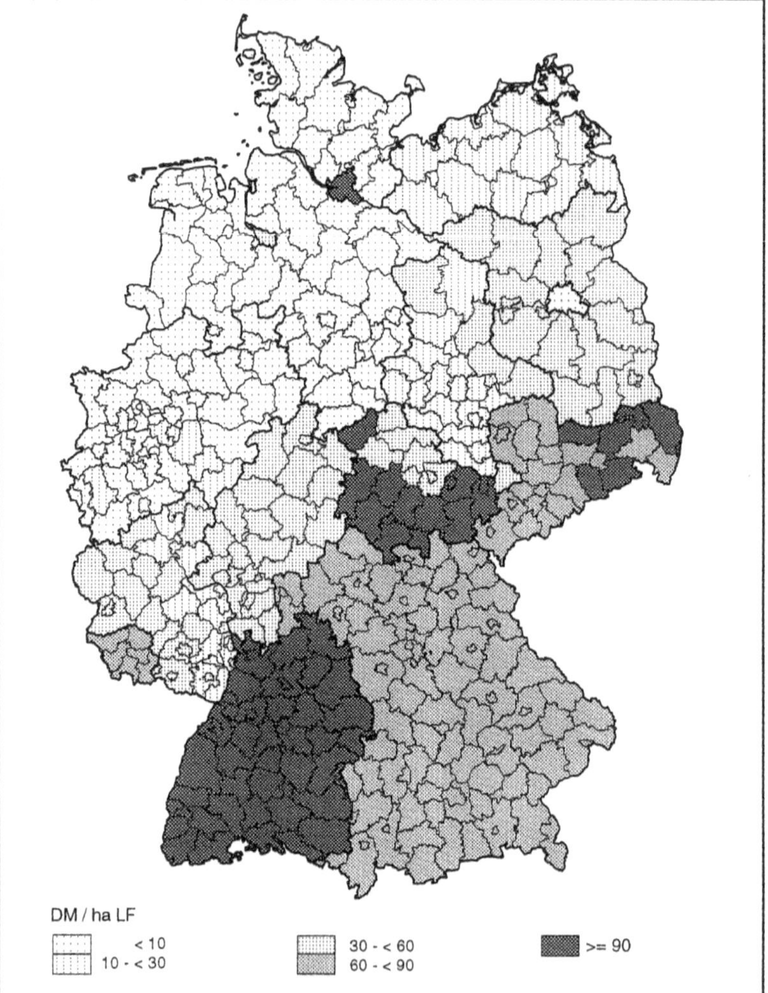

Quelle: Eigene Berechnungen auf Grundlage von Bundesländerdaten zur Teilnahme an Maßnahmen gemäß VO (EWG) 2078/92 für das Jahr 1996.

7.2.2 Wirksamkeit der Agrarumweltprogramme in den Regionen

Die Ergebnisse der Expertenbefragung haben gezeigt, daß mit einer Umsetzung extensiver landwirtschaftlicher Wirtschaftsweisen Beiträge zur Entlastung und Verbesserung der abiotischen, biotischen und ästhetischen Schutzgüter der Umwelt erreicht werden können. Aus naturwissenschaftlicher Sicht sollten deshalb alle Schutzziele bei einer Umweltbewertung der Programme berücksichtigt werden, auch wenn es aus ökonomischer Sicht Gründe für eine alleinige Betrachtung der biotischen Leistungen gibt (MARGGRAF u. WILHELM 1997). In Abschnitt 5.6 wurde gezeigt, daß die Gleichgewichtung der Schutzziele eine sinnvolle Arbeitsypothese für die Wirksamkeits-Berechnungen darstellt. Welchen Einfluß die alleinige Berücksichtigung biotischer Ziele auf die Berechnungsergebnisse hat, wird in Abschnitt 8.1. diskutiert.

Im folgenden Arbeitsschritt wird gezeigt, wie sich die Nebenbedingung einer ausgewogenen Mittelverteilung auf die Ermittlung der Umwelteffekte auswirkt. In der Tabelle 7-2 werden deshalb alle Programme nach Maßnahmengruppen aufgeschlüsselt. Diese sind mit einem **nein** gekennzeichnet, wenn der realisierte Finanzmittelanteil nicht die von den Experten vorgegebene Höhe erreicht, also keine Kappung der Umweltpunkte stattfindet (vgl. Formel in Abschnitt 7.1). Verbraucht eine Maßnahmengruppe mehr Finanzmittel als es im Sinne des Referenzsytems erlaubt ist, erfolgt eine Verringerung der theoretisch erzielten Umweltpunkte. Das Ausmaß der Kürzung entspricht der finanziellen Übersteuerung der Maßnahmengruppe. Wir erinnern uns, daß dieser Korrekturmechanismus damit begründet wurde, daß die Finanzmittel knapp sind und eine innerhalb der vorgegebenen Grenzen stattfindende Förderung aller Maßnahmengruppen die Umweltwirkungen der Programme am besten zum Tragen bringt. Eine Übersteuerung einzelner Gruppen führt hingegen zu Effizienzverlusten, weil das Umweltverbesserungs- und Entlastungspotential nicht voll ausgeschöpft wird.

In der rechten Spalte von Tabelle 7-2 wird als Maß für eine sinnvolle Verteilung der Finanzmittel innerhalb eines Agrarumweltprogramms die Wirkungsrate des Programms berechnet. Sie gibt an, wie hoch der Anteil der anrechenbaren Umweltpunkte an den ohne Berücksichtigung einer Kürzung erzielten Umweltpunkten ist.

Tabelle 7-2: Ermittlung der anrechenbaren Umweltpunkte in den Regionen unter Berücksichtigung der Übersteuerung einzelner Maßnahmengruppen

Region	Maßnahmengruppe				anrechenbare	Wirkungs-
	Öko. L.	Ackerl.ex.	Grünl.ex.	Naturs.	Umweltpunkte	rate *
NW 1	0,72	nein	0,77	nein	**53054**	**87%**
RP 1	nein	0,36	nein	nein	**20894**	**77%**
HH 1	nein	0,58	nein	0,72	**6993**	**76%**
NW 2	nein	nein	nein	0,57	**36300**	**75%**
TH 1	nein	0,77	0,37	nein	**62999**	**66%**
SH 2	nein	nein	nein	0,40	**10663**	**65%**
BB 2	nein	0,63	0,51	nein	**280030**	**64%**
BW 3	nein	0,23	nein	nein	**1183674**	**64%**
RP 3	nein	0,45	0,56	nein	**58703**	**64%**
SH 1	nein	nein	0,56	0,58	**13199**	**60%**
TH 3	nein	0,77	0,38	nein	**210033**	**57%**
MV 2	nein	0,87	nein	0,45	**131051**	**57%**
NI 1	0,85	nein	0,32	nein	**27183**	**56%**
BW 1	nein	0,28	nein	nein	**198603**	**55%**
NI 2	nein	nein	0,35	nein	**52342**	**54%**
HB 1	nein	nein	0,47	0,59	**1256**	**52%**
NW 3	nein	nein	0,37	nein	**13307**	**52%**
SN 2	nein	0,27	nein	nein	**94185**	**47%**
SN 3	nein	0,25	0,66	nein	**92086**	**45%**
SL 3	nein	nein	0,34	nein	**22176**	**45%**
HE 1	nein	nein	0,26	nein	**46815**	**44%**
BE 2	0,53	0,39	nein	nein	**101**	**44%**
HE 3	nein	nein	0,32	nein	**67918**	**41%**
SN 1	nein	0,26	nein	nein	**151267**	**40%**
ST 2	nein	nein	0,30	nein	**41206**	**39%**
ST 1	nein	nein	0,26	nein	**52575**	**39%**
BY 3	nein	0,26	0,77	nein	**1063677**	**37%**
BY 1	nein	0,29	nein	nein	**51318**	**34%**

Quelle: Eigene Berechnungen

nein: keine Übersteuerung der Maßnahmengruppe, alle Punkte berücksichtigt
*: Anteil der berücksichtigten Punkte in v. H.

Die Tabelle 7-2 zeigt, in welchem Ausmaß die Regionen von der Nebenbedingung betroffen sind. Weniger als ein Drittel der Punktzahlen können bei den Extensivierungsmaßnahmen im Ackerbau der Länder Bayern (BY 1 u. 2), Sachsen (SN 1, 2 u. 3) und Baden-Württemberg (BW 1 u. 2) sowie den Grünlandmaßnahmen in Niedersachsen (NI 1 u. 2), Hessen (HE 1 u. 3) und Sachsen-Anhalt (ST 1 u. 2) berücksichtigt werden. Es sind also im Wesentlichen die Grundförderungsmaßnahmen und die leicht zu realisierenden Ackerbau- und Grünlandextensivierungsmaßnahmen betroffen, die kaum betriebliche Anpassungen erfordern (vgl. Kapitel 6). Ein hoher Finanzmittelanteil korrespondiert bei diesen Maßnahmen darüber hinaus mit einem hohen Anteil der EF an der LF. Es ist deshalb damit zu rechnen, daß die tatsächlich erzielten Umwelteffekte bei diesen Maßnahmen eher geringer ausfallen als von den Experten bei der Bewertung der Wirtschaftsweisen erwartet wurde. Insofern greift die eingeführte Nebenbedingung an begründeten Stellen.

In 17 der 28 untersuchten Regionen erfolgt eine Kappung der Punktzahlen bei Grünlandextensivierungsmaßnahmen. In 15 Fällen sind Ackerbaumaßnahmen und in nur 6 bzw. 3 Fällen Naturschutzmaßnahmen oder der ökologische Landbau betroffen. Dies bedeutet, daß in den meisten Regionen die Finanzmittelanteile für den ökologischen Landbau und für Naturschutzmaßnahmen nicht die geforderte Höhe erreichen und in der Mehrheit der Regionen zuviel Mittel für Acker- und Grünlandextensivierungsmaßnahmen verwendet werden.

Eine vergleichsweise ausgewogene Förderung aller Maßnahmengruppen findet in den Ländern Nordrhein-Westfalen (NW 1 u. 2), Rheinland-Pfalz (RP 1) und Hamburg (HH 1) statt. In diesen Ländern liegt der Anteil der berücksichtigten Umweltpunkte über 75 %. Der Anteil der berücksichtigten Umweltpunkte an den geförderten Punkten kann als Wirkungsgrad der Finanzmittelverwendung interpretiert werden. Dieser ist in Teilen Hessens und Sachsens sowie in den Ländern Sachsen-Anhalt und Bayern, wo weniger als 40 % der Umweltpunkte berücksichtigt werden können, am niedrigsten. Die Kosten, die bei der Übersteuerung einzelner Maßnahmengruppen aufgewendet wurden, werden bei der weiteren Analyse der Programme berücksichtigt.

Um ein Maß für die erreichten Umwelteffekte in einer Region zu bekommen, müssen die erzielten Umweltpunkte auf die Fläche bezogen werden. Hierfür werden die gesamte landwirtschaftlich genutzte Fläche (LF) und die Extensivierungsfläche (EF) herangezogen. In der Tabelle 7-3 sind Regionen hoher Förderungsintensität, also mit hohen Kosten pro ha LF, dunkel gekennzeichnet. Diese Kennzeichnung wird beim Ranking der Werte in den Spalten zwei und drei beibehalten und soll mögliche Zusammenhänge zwischen Förderungsintensität und erzielten Umwelteffekten verdeutlichen.

Tabelle 7-3: Kosten und Umwelteffekte der regionalen Agrarumweltprogramme bezogen auf die gesamte LF und die extensivierte Fläche (EF) im Jahr 1996

Kostenintensität		Umwelteffekte			
DM/ha LF		Punkte/100 ha LF		Punkte/100 ha EF	
HH 1	184,5	BW 3	95,5	NW 1	226,1
BW 1	137,9	BW 1	83,6	NW 2	221,9
BW 3	118,3	HH 1	47,5	MV 2	178,8
TH 3	96,2	TH 3	45,9	HH 1	176,4
SN 2	90,2	SN 3	42,5	SH 2	158,5
SN 3	85,6	SN 2	42,3	BB 2	148,5
SN 1	82,6	BY 3	32,9	TH 1	145,0
BY 3	76,1	SN 1	32,3	TH 3	130,7
BY 1	71,7	BY 1	31,7	SH 1	129,6
SL 3	66,5	SL 3	30,2	RP 3	124,8
HE 3	51,6	BB 2	20,9	NI 2	124,0
HE 1	44,8	TH 1	18,4	HB 1	122,6
ST 2	43,8	HE 3	16,2	NW 3	121,6
BB 2	43,5	RP 3	13,6	NI 1	118,6
TH 1	38,4	HB 1	13,3	RP 1	118,2
HB 1	35,8	HE 1	13,1	BE 1	108,4
RP 3	35,5	ST 2	12,5	BW 3	107,4
RP 1	29,6	MV 2	9,8	SL 3	107,1
ST 1	28,2	NW 3	7,9	HE 3	93,5
MV 2	20,6	RP 1	7,2	HE 1	88,7
NW 3	18,6	NW 1	7,2	ST 2	87,7
NW 1	8,9	ST 1	6,3	BW 1	78,8
SH 1	8,1	NW 2	5,5	ST 1	76,4
BE 2	7,6	BE 1	4,5	SN 3	52,7
NW 2	7,6	NI 2	2,9	SN 2	50,3
NI 1	6,7	NI 1	2,9	SN 1	38,4
NI 2	6,1	SH 1	2,6	BY 3	33,5
SH 2	5,7	SH 2	1,9	BY 1	31,6

Quelle: Eigene Berechnungen

Legende: dunkel = hohe Kosten pro ha LF; schraffiert = mittlere Kosten pro ha LF; weiß = geringe Kosten pro ha LF

Die Werte in der zweiten Spalte zeigen, daß in Baden-Württemberg mit einigem Abstand die meisten Umweltpunkte pro ha LF erzielt werden. Dieser hohe Wert wird mit einem ebenfalls hohen Finanzmitteleinsatz pro ha LF erreicht. Baden-Württemberg fällt im Ranking gegenüber den andern Länderregionen jedoch stark ab, wenn die Umwelteffekte auf der extensivierten Fläche betrachtet werden. Eine hohe Beteiligung der Landwirte führt hier zu „Verdünnungseffekten" hinsichtlich der erzielten Umweltwirkungen auf der extensivierten Fläche. Dies gilt in einem noch stärkeren Maße für die Länder Sachsen und Bayern, die bei der Betrachtung der Umwelteffekte auf der EF die schlechtesten Werte erzielen. In beiden Ländern ist die Förderung des Integrierten Ackerbaus, mit dem vergleichsweise wenig Umwelteffekte pro ha erzielt werden können, Hauptbestandteil der Agrarumweltprogramme (vgl. Abschnitt 6.3).

Während bei den meisten Regionen ein positiver Zusammenhang zwischen den Kosten pro ha LF und den erzielten Umwelteffekten auf der LF beobachtet werden kann, ist der Zusammenhang von Kosten und Umwelteffekten auf der extensivierten Fläche meist negativ. Der positive Zusammenhang zwischen erster und zweiter Spalte bedeutet, daß Regionen mit hoher Kostenintensität pro ha LF tendenziell mehr Umweltleistungen der Landwirtschaft „gekauft" bzw. realisiert haben als Länder mit geringer Kostenintensität. Mit einem sehr hohen Finanzmitteleinsatz kann eine einseitige Verteilung der Mittel und die Umsetzung weniger umweltentlastender Wirtschaftsweisen überkompensiert werden. Vom finanziellen Umfang her sehr kleine Programme wie z.B. das von Schleswig-Holstein und Niedersachsen können den Berechnungen zufolge nur geringe Umwelteffekte auf der Gesamtfläche erzielen. Um hier mehr zu erreichen, müßten die Umwelteffekte auf der geförderten Fläche (also die Qualität der Programme) oder der Finanzmitteleinsatz um ein Vielfaches erhöht werden. Die höchsten Umwelteffekte auf der geförderten Fläche werden mit einigem Abstand in den Regionen 1 und 2 von Nordrhein-Westfalen erzielt. Diese Werte werden erreicht, weil die Agrarumweltprogramme in diesen Regionen eine vergleichsweise ausgewogene Förderung aller Maßnahmengruppen und die Umsetzung von Wirtschaftsweisen mit vergleichsweise hohen Umweltpunktwerten realisieren. Ein Blick in die Tabelle 6-6 zeigt, daß in diesen Regionen Nordrhein-Westfalens vor allem der ökologische Landbau, die Grünlandextensivierung und Einzelflächen mit Vertragsnaturschutzauflagen umgesetzt werden. In den Mittelgebirgs- und Hanglagen Nordrhein-Westfalens (NW 3) dominiert hingegen die Extensivierung von Grünlandflächen, ohne daß in einem nennenswerten Umfang andere Wirtschaftsweisen umgesetzt werden, was die Summe der erzielten Umwelteffekte erhöht hätte.

In den beiden folgenden Karten 7-2 und 7-3 werden die erzielten Umwelteffekte im Rahmen der Programme bezogen auf die gesamte landwirtschaftlich genutzte Fläche und bezogen auf die extensivierte Fläche grafisch dargestellt.

Karte 7-2: Umwelteffekte gemessen in Punkten pro 100 ha LF in den Modellkreisen

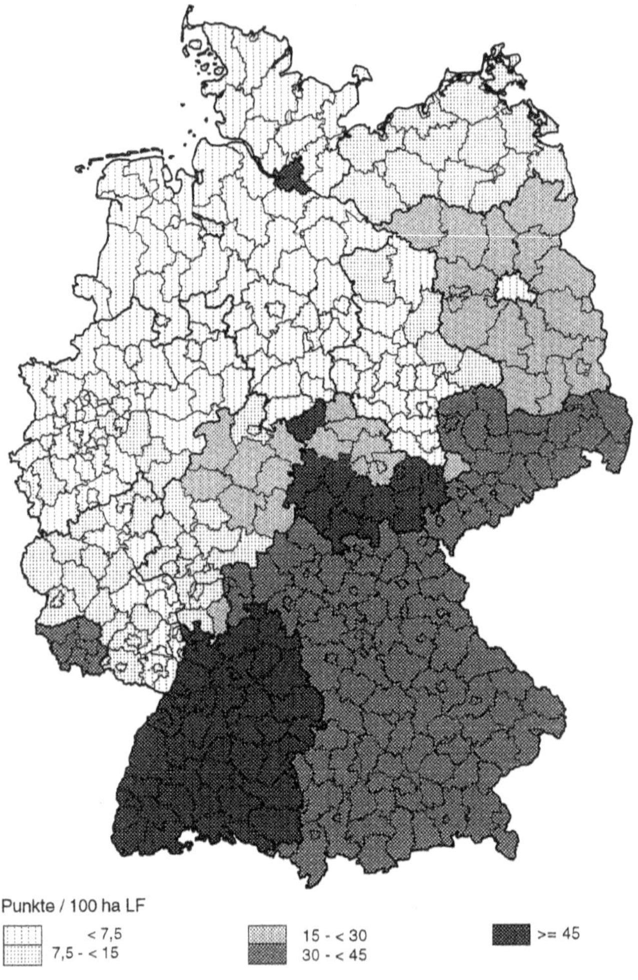

Quelle: Eigene Berechnungen auf Grundlage von Bundesländerdaten zur Teilnahme an Maßnahmen gemäß VO (EWG) 2078/92 für das Jahr 1996.

Karte 7-3: Umwelteffekte gemessen in Punkten pro 100 ha EF in den Modellkreisen

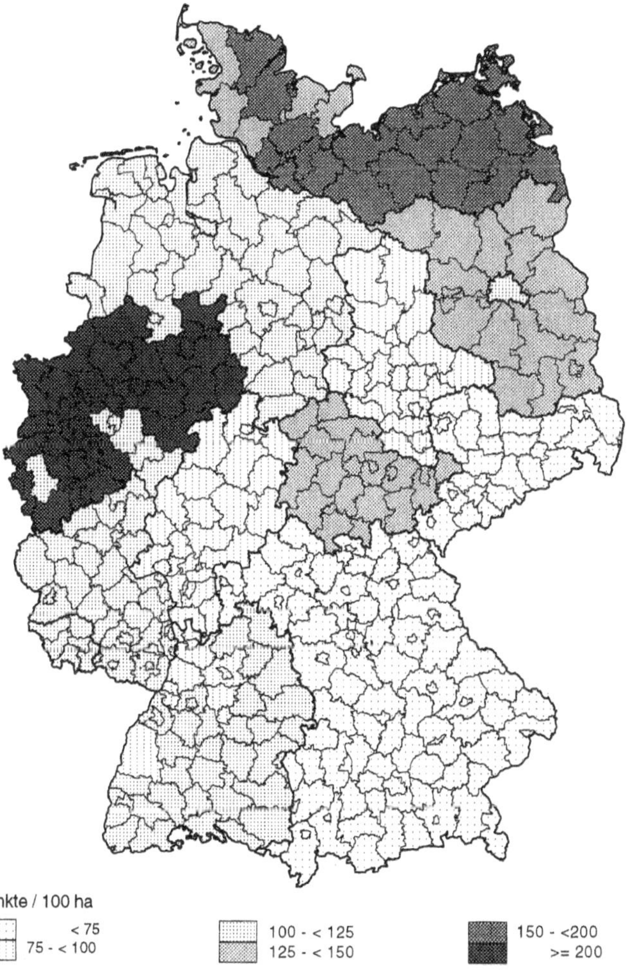

Quelle: Eigene Berechnungen auf Grundlage von Bundesländerdaten zur Teilnahme an Maßnahmen gemäß VO (EWG) 2078/92 für das Jahr 1996.

7.2.3 Kosten-Wirksamkeit der Agrarumweltprogramme in den Regionen

Die Kosten-Wirksamkeit sagt aus, wieviel DM in einer Region für die Realisierung eines Umweltpunktes aufgewendet werden müssen. Für die Berechnung der Werte in Tabelle 7-4 wurden die Ergebnisse aus Tabelle 7-3 (Kostenintensität und Umwelteffekte auf der LF) miteinander in Beziehung gesetzt. Auf diese Weise erhält man einen Koeffizienten für die Kosten-Wirksamkeit der Programme gemessen in DM pro Umweltpunkt.

Mit den geringsten Kosten ist die Erzielung eines Umweltpunktes in Region 1 von Nordrhein-Westfalen und Region 3 von Baden-Württemberg mit 124 DM verbunden. Weniger als 200 DM pro Umweltpunkt werden in insgesamt 5 Länderregionen für die Bereitstellung eines Umweltpunktes ausgegeben. Im Bereich von 200 bis 250 DM pro Punkt liegen insgesamt 12 Regionen. In jeweils vier Länderregionen werden 250 bis 300 bzw. 300 bis 350 DM pro Umweltpunkt aufgewendet. Die schlechtesten Werte für die Kosten-Wirksamkeit werden in Hamburg mit 389 DM pro Punkt, in Rheinland-Pfalz 1 mit 409 DM und in Sachsen-Anhalt 1 mit 445 DM pro Umweltpunkt erzielt.

Tabelle 7-4: Kosten-Wirksamkeits-Koeffizienten der regionalen Agrarumweltprogramme gemessen in DM/Umweltpunkt

Region	Kosten-Wirksamkeit DM/Punkt
NW 1	124
BW 3	124
NW 2	137
BW 1	165
BE 2	170
SN 3	202
BB 2	208
TH 1	209
NI 2	209
TH 3	210
MV 2	211
SN 2	213
SL 3	220
BY 1	226
NI 1	230
BY 3	231
NW 3	235
SN 1	256
RP 3	261
HB 1	268
SH 2	295
SH 1	308
HE 3	318
HE 1	343
ST 2	350
HH 1	389
RP 1	409
ST 1	445

Farbliche Markierung aus Tabelle 7-3

Programme mit:

- hoher Kostenintensität (DM/ha LF)
- mittlerer Kostenintensität (DM/ha LF)
- geringer Kostenintensität (DM/ha LF)

Quelle: Eigene Berechnungen

Der Mittelwert aller Kosten-Wirksamkeits-Koeffizienten beträgt 248 DM/Umwelt-punkt und die Standardabweichung 81 DM pro Punkt. Auffällig ist, daß die Unter-schiede in der Kosten-Wirksamkeit zwischen einzelnen Regionen eines Bundeslandes oft größer sind als die Unterschiede zwischen Regionen von verschiedenen Bundesländern. So ist beispielsweise die Kosten-Wirksamkeit in Region 3 von Nordrhein-Westfalen wesentlich schlechter als den beiden anderen Regionen dieses Bundeslandes. Sehr große Differenzen in den Kosten-Wirksamkeiten sind ebenfalls innerhalb der Regionen Sachsens, Niedersachsens und von Rheinland-Pfalz festzustellen. So läßt sich die Hypothese aufstellen, daß in Regionen mit überdurchschnittlichen Erträgen (Region vom Typ 1) der Ankauf von Umweltleistungen aufgrund höherer landwirtschaftlicher Nutzungskosten teurer sei. In 7 von 10 Bundesländern mit verschiedenen Regionen ist die Kosten-Wirksamkeit tatsächlich in den Regionen 2 oder 3 mit niedrigerem Ertragspotential besser als in den Regionen mit überdurchschnittlichen Erträgen. In drei Bundesländern (NW 3, TH 3 u. BY 3) erreicht die Kosten-Wirksamkeit in Region 1 die besseren Werte. Die Berechnung des Korrelationskoeffizienten KENDALL's τ_{-b} zwischen Bodenklimazahl und Kostenwirksamkeit in den Regionen weist auf eine schwach positive Korrelation in Höhe von 0,23 hin, dessen Wert aber nur schwach abgesichert ist (p=0,08). Damit kann die Hypothese mit den vorliegenden Daten nicht ausreichend bestätigt werden. Die geringe Korrelation beider Werte hängt vermutlich mit dem geringen Anteil an Fördermaßnahmen zusammen, bei denen die Prämienhöhen von der Bodenqualität der Standortes abhängig gemacht werden. Könnten die Prämien mit der Bodenqualität steigen, wäre ein stärkerer Zusammenhang zu erwarten.

Unabhängig hiervon kann aus der Tatsache, daß die Kosten-Wirksamkeits-Unterschiede innerhalb einzelner Länder größer sind als zwischen den Regionen verschiedener Länder, geschlossen werden, daß gerade in den Agrarumweltprogrammen, in denen die Regionen 2 oder 3 bei der Kosten-Wirksamkeit schlechter sind als die Region 1, erhebliches Verbesserungspotential bei der Ausgestaltung der Programme, z.B. bei der Auswahl der geförderten Wirtschaftsweisen, den Prämienhöhen und der Finanzmittelverteilung bestehen muß. Dies bedeutet, daß die Aufteilung der Finanzmittel auf die dringendsten Verwendungen in den meisten Programmen noch erheblich verbessert werden kann (vgl. Tabelle 7-2).

Zwischen Kostenintensität (DM/ha LF) und Kosten-Wirksamkeit (DM/Punkte) der Programme besteht kein Zusammenhang, wie die unsystematische Verteilung der Farbschattierungen in der Tabelle 7-4 und die statistischen Werte zeigen (Korrelationskoeffizient: -0,06; p=0,65). Ein hoher absoluter Finanzmittelaufwand hat also bei den gegebenen Agrarumweltprogrammen keine Auswirkungen auf die Kosten-Wirksamkeit.

In der folgenden Karte 7-4 wird die Kosten-Wirksamkeit der Programme gemessen in DM/Umweltpunkt in den Modellkreisen grafisch dargestellt. Die höchsten Werte werden in großen Teilen von Nordrhein-Westfalen und in ganz Baden-Württemberg erreicht.

Karte 7-4: Kosten-Wirksamkeit der Agrarumweltprogramme gemessen in DM pro Umweltpunkt

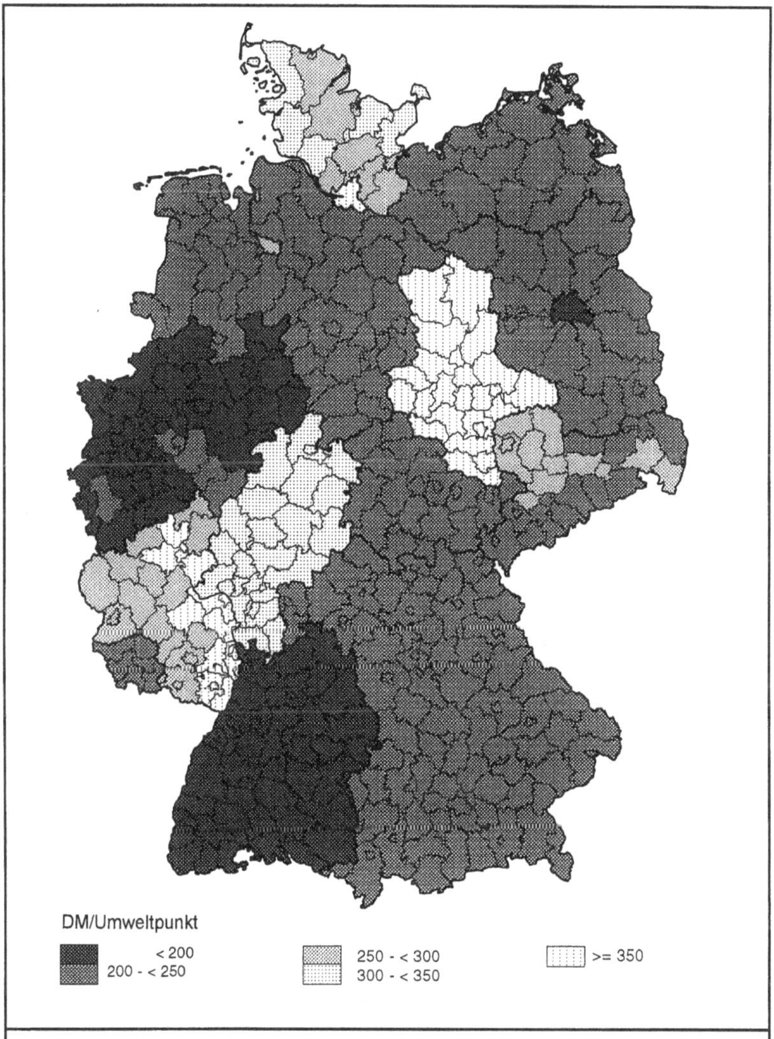

Quelle: Eigene Berechnungen auf Grundlage von Bundesländerdaten zur Teilnahme an Maßnahmen gemäß VO (EWG) 2078/92 für das Jahr 1996.

7.2.4 Kosten der Umweltwirkungen in Abhängigkeit von der Wirtschaftsweise

Die Verordnung (EWG) 2078/92 sieht vor, daß sich die Prämien im Rahmen der Agrarumweltprogramme an den Deckungsbeitragsdifferenzen zwischen praxisüblicher Wirtschaftsweise und extensiver Wirtschaftsweise orientieren. Vom Übergang auf eine extensivere Wirtschaftsweise werden positive Auswirkungen auf die Umwelt erwartet. Da bei der Festlegung der Prämien die Umweltwirkungen der Wirtschaftsweisen meist keine Rolle spielen und keine systematische Beziehung zwischen Deckungsbeitragsdifferenz und Umweltwirkung zu erwarten ist, dürften die Kosten-Wirksamkeits-Koeffizienten der geförderten Wirtschaftsweisen sehr unterschiedlich ausfallen. In diesem Abschnitt soll deshalb untersucht werden, wie stark das Verhältnis von Prämienhöhe und zu erwartender Umweltwirkung bei den Wirtschaftsweisen schwankt und welche ein besonders günstiges Kosten-Wirksamkeits-Verhältnis aufweisen.

Tabelle 7-5: Regional differenzierte Kosten-Wirksamkeits-Koeffizienten verschiedener Wirtschaftsweisen

Wirtschaftsweise	Kosten-Wirksamkeit					
	Region 1			Regionen 2 u. 3		
	Prämie	Punkte	DM/P.	Prämie	Punkte	DM/P.
Verzicht auf Herbizide im Ackerbau	174	2,16	**81**	172	2,25	**76**
Mulchsaatverfahren	85	0,94	**90**	85	1,12	**76**
Pflege aufgegebener Flächen	313	2,45	**128**	300	2,91	**103**
Haltung von Rinder- u. Schafbest. mit < 1,4 RGV/HFF	262	1,90	**138**	247	2,24	**110**
Organische Bewirtschaftung des Grünlandes	302	2,18	**139**	296	2,11	**140**
Einzelflächen unter Vertragsnaturschutz	454	3,25	**140**	415	3,30	**126**
Organische Bewirtschaftung des Ackerlandes	356	2,50	**142**	333	2,51	**133**
Integrierter Ackerbau	125	0,81	**154**	125	0,83	**152**
Umwandlung von Ackerland in extensives Grünland	604	3,29	**183**	619	3,35	**185**
Steuobstwiesenbewirtschaftung	660	3,41	**193**	683	3,54	**193**
20-jährige Stillegung zur Biotopgestaltung	942	3,57	**264**	780	3,00	**260**
Mehrjährige Ackerrandstreifen	889	2,78	**319**	889	2,92	**304**
Integrierter Garten- und Dauerkulturanbau	588	1,19	**495**	627	1,02	**612**
Organischer Garten- und Dauerkulturanbau	1233	2,16	**571**	1200	2,13	**563**

Quelle: Eigene Berechnungen

Die Tabelle 7-5 enthält Wirtschaftsweisen, die im Rahmen der Agrarumweltprogramme in mehreren Ländern umgesetzt werden. Zur Berechnung der Kosten-Wirksamkeits-Koeffizienten wurden die durchschnittlichen Prämienzahlungen (DM/ha) in den Ländern durch die im Rahmen der Delphi-Befragung ermittelten Umweltpunktwerte der Wirtschaftsweisen geteilt. Um mögliche Unterschiede zwischen begünstigten und weniger begünstigten Standorten abbilden zu können, wurden die Berechnungen getrennt für die ertragsstarke Region 1 und die weniger begünstigten Regionen 2 und 3 durchgeführt.

Es zeigt sich, daß die Wirtschaftsweisen in der Region 1 meist etwas höhere Kosten-Wirksamkeits-Koeffizienten aufweisen, d.h. die Umwelteffekte hier i.d.R. teurer erkauft werden müssen. Ursache hierfür sind die höheren Durchschnittsprämien in dieser Region und/oder die geringeren Umwelteffekte. Am ausgeprägtesten ist der Prämienunterschied zwischen guten und schlechten Regionen bei der 20-jährigen Stillegung, weil die Länder die Prämien bei dieser Maßnahme an die Bodenpunktzahl geknüpft haben. Da die Experten den Umweltnutzen dieser Maßnahme in ertragsstarken Regionen höher bewerten, relativiert sich der Unterschied bei den Kosten-Wirksamkeits-Koeffizienten aber auf wenige DM pro ha (264 u. 260 DM/ha). Mit rund 260 DM pro Umweltpunkt ist die Kosten-Wirksamkeit der eingesetzten Mittel bei einer 20-jährigen Stillegung vergleichsweise ungünstig. Die höchsten Beträge für die Erzielung eines Umweltpunktes müssen bei Wirtschaftsweisen im Dauerkultur- und Gartenbau aufgewendet werden (495-612 DM/ha). Ein besonders günstiges Verhältnis weist der Verzicht auf Herbizide im Ackerbau auf, der bei niedrigen Prämienzahlungen pro ha einen relativ hohen Umweltpunktwert erreicht (81 bzw. 76 DM/ha).

Festzuhalten ist, daß die Kosten-Wirksamkeit einer Maßnahme sich nicht zwangsläufig mit der Schärfe der Auflagen verbessert. Eine mit hohen DB-Einbußen verbundene Extensivierungsmaßnahme führt nicht zwangsläufig zu hohen Umweltentlastungseffekten oder umgekehrt. Das Kosten-Wirksamkeits-Verhältnis einer Maßnahme sollte deshalb nicht als alleiniges Beurteilungskriterium herangezogen werden. Dies gilt auch deshalb, weil es ökologische Effekte geben kann, die aus naturwissenschaftlicher Sicht an einem bestimmten Ort (z.B. im Grenzbereich an ein Biotop) oder bezogen auf eine besonders verbreitete Nutzungsart in einer Region (z.B. flächendeckender Dauerkulturanbau, fehlende Strukturelemente in der Landschaft) erbracht werden müssen, auch wenn hiermit vergleichsweise hohe Prämienzahlungen verbunden sind. An diesen Beispielen wird deutlich, daß ökologische Leistungen der Landwirtschaft keine homogenen Güter sind.

7.3 Auswahl der besten Politikalternative unter den Agrarumweltprogrammen der Bundesländer

Agrarumweltprogramme sind politische Instrumente, deren Anwendung und Dosierung rational begründet sein muß. In Kapitel 2 wurde gezeigt, daß es für eine ökonomisch rationale Urteilsbildung erforderlich ist, Informationen über die Kosten und Nutzen der in Frage kommenden Instrumente und Politikalternativen zu besitzen. Voraussetzung für die Auswahl der besten Politikalternative im Rahmen einer Kosten-Wirksamkeits-Analyse sind Annahmen über das Mindestmaß der zu erzielenden Wirkung und/oder den maximalen Kosten für noch vertretbare Politikalternativen. Die Auswahl der besten Politikalternative unter diesen Annahmen erfolgt in Abschnitt 7.3.1. In Abschnitt 7.3.2 werden die gesellschaftliche Zahlungsbereitschaft und die volkswirtschaftlichen Kosten der Programme in die Betrachtungen einbezogen und unter 7.3.3 ein Steuerzahlernutzwert für die Beurteilung der Agrarumweltprogramme entwickelt.

7.3.1 Auswahl der besten Programmalternative im Rahmen der Kosten-Wirksamkeits-Analyse

In Abschnitt 2.5 wurde auf das Auswahlproblem im Rahmen einer Kosten-Wirksamkeits-Analyse hingewiesen. Dort wurde gezeigt, daß die Anwendung einer Kosten-Wirksamkeits-Relation als alleiniges Entscheidungskriterium nicht ausreicht, die beste Programmalternative auszuwählen, da es in diesem Fall zu einer Vernachlässigung der absoluten Werte (von Kosten und Wirksamkeit) kommt. Ein Agrarumweltprogramm mit einer besonders niedrigen Kosten-Wirksamkeits-Relation von beispielsweise 100 DM pro erreichtem Umweltpunkt könnte auf einer beliebig kleinen Fläche (des Landes) umgesetzt werden und kaum oder gar keine Verbesserung der Schutzgüter der Umwelt bezogen auf das gesamte Land bewirken. Andererseits ist der Fall denkbar, daß eine günstige Kosten-Wirksamkeits-Relation eines Agrarumweltprogramms mit unvertretbar hohen absoluten Kosten verbunden ist.

Wie kann nun entschieden werden, was unter maximal zulässigen Kosten und minimal erforderlicher Umweltwirkung zu verstehen ist? In der Literatur zur Kosten-Wirksamkeits-Analyse wird darauf verwiesen, daß in den meisten Fällen, wo es um die Bewertung eines öffentlichen Projekts geht, eine Budgetbeschränkung gegeben ist. Diese Budgetbeschränkung wird i.d.R. nicht hinterfragt (WEISSKIRCHEN 1994). Die Budgetbeschränkung soll auch in diesem Abschnitt als gegeben hingenommen werden. Als Maße für die maximal zulässigen Kosten und die minimal erforderlichen Umweltwirkungen werden die Mittelwerte der umgesetzten Programme herangezogen. Die Verwendung der Mittelwerte bedeutet, daß ein vorteilhaftes Agrarumweltprogramm hinsichtlich des Finanzmitteleinsatzes (gemessen in DM/ha EF oder DM/ha LF) und der potentiellen Umweltwirkungen (gemessen in Umweltpunkte/100 ha EF bzw. LF) und damit auch in der Kosten-Wirksamkeit bessere Werte als der Durchschnitt erzielen muß. Sind beide Kriterien erfüllt, werden die Finanzmittel ausgabeneffizienter auf dringende Verwendungen aufgeteilt als bei den übrigen Programmen, und das Programm gelangt in den relevanten Entscheidungsraum der Kosten-Wirksamkeits-Analyse. Dieser Entscheidungsraum ist in den folgenden Abbildung 7-1 bis Abbildung 7-4 der links oben liegende Quadrant der Koordinatensysteme. Die so identifizierten Programme erfüllen das Effizienzkriterium der Kosten-Wirksamkeits-Analyse dieser Arbeit, wonach ein gegebenes Budget im Rahmen der Agrarumweltprogramme optimal auf dringende Verwendungen aufzuteilen sei (vgl. Kap. 2.4), besser als alle übrigen Agrarumweltprogramme.

Wir erinnern uns, daß es in Abhängigkeit vom Flächenbezug verschiedene Möglichkeiten gibt, auf die Kosten und Wirksamkeit eines Programms bezogen werden können. Aus diesem Grund wird bei den folgenden Berechnungen schrittweise vorgegangen. Zunächst werden die Programmalternativen mit der höchsten Wirksamkeit auf der extensivierten Fläche (EF) und unterdurchschnittlichen Kosten pro ha EF bestimmt. Dazu sind in der folgenden Abbildung 7.1 auf der Abzisse die Kosten und auf der Ordinate die Wirksamkeit der Programme bezogen auf die EF abgetragen. Die Werte der Länderprogramme sind durch einen Punkt in der Abbildung markiert. Der einfache Mittelwert der maximalen Kosten (DM/ha) als Ausschlußkriterium für die relevanten Alternativen beträgt 293 DM pro ha EF. Die Mindestumweltwirkung, die auf der extensivierten Fläche erzielt werden muß, beträgt rd. 120 Umweltpunkte pro 100 ha EF. Unter Verwendung dieser Auswahlkriterien liegen die Programme der Länder Niedersachsen, Thüringen und Nordrhein-Westfalen im relevanten Entscheidungsbereich des Koordinatensystems. Diese Programme sind die effizientesten Alternativen, wenn allein die extensivierte Fläche betrachtet wird. Unter diesen drei Programmen kann die Alternative mit der höchsten Wirksamkeit, also das Agrarumweltprogramm von **Nordrhein-Westfalen,** als die vorteilhafteste Politikalternative bestimmt werden. Die Vorzüge des nordrhein-westfälischen Programms sind in der vergleichsweise ausgewogenen Umsetzung von Grünlandextensivierungsmaßnahmen, dem Ökologischen Landbau und speziellen Vertragsnaturschutzmaßnahmen sowie den moderaten Prämienhöhen zu sehen. Die Länderprogramme von Baden-Württemberg, Berlin, Saarland und insbesondere Bayern und Sachsen genügen der Kostenrestriktion, erreichen aber nicht das gewünschte minimale Niveau an Umweltwirkungen auf der extensivierten Fläche. Ohne Berücksichtigung von W_{min} erzielen die Programme von Baden-Württemberg und Nordrhein-Westfalen die besten Kosten-Wirksamkeits-Relationen, sie liegen fast auf dem gleichen Fahrstrahl.

Abbildung 7-1: Kosten und Wirksamkeit der Länderprogramme bezogen auf die extensivierte Fläche

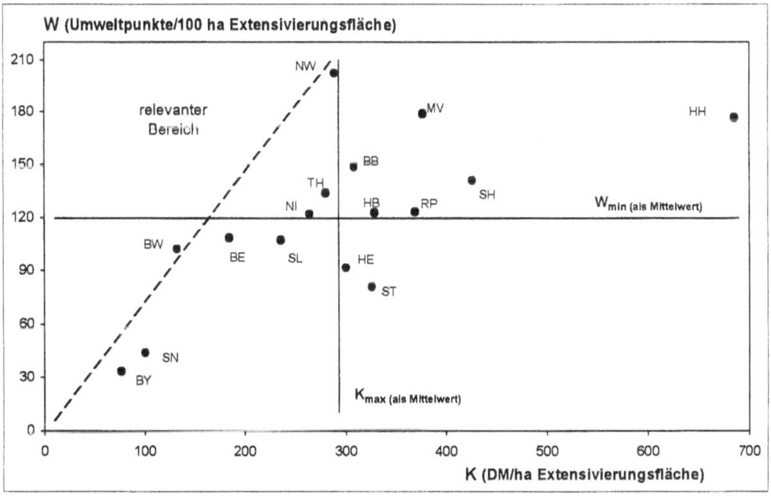

Quelle: Eigene Berechnungen

Im Folgenden werden die Kostenintensität der Programme auf der gesamten landwirtschaftlich genutzten Fläche (DM/ha LF) der Länder und die Umweltwirkungen der Programme bezogen auf die LF betrachtet. Bei dieser Betrachtungsebene darf eine effiziente Programmalternative die mittlere Förderungsintensität von 53 DM/ha landwirtschaftlich genutzter Fläche des Landes nicht überschreiten, und die mittleren Umwelteffekte müssen die Höhe von 23 Umweltpunkten pro 100 Hektar LF übertreffen. Die folgende Abbildung 7-2 zeigt, daß unter diesen Bedingungen **kein Agrarumweltprogramm** im Lösungsraum liegt. Die vorher als vorteilhaft eingestuften Programme von Niedersachsen, Thüringen und Nordrhein-Westfalen erreichen aufgrund ihrer geringen Umsetzung nicht die erforderliche Mindestwirksamkeit auf der landwirtschaftlich genutzten Fläche. Alle Programme, die die Mindestwirksamkeit erreichen oder übertreffen, sind mit zu hohen Kosten pro ha LF verbunden.

Abbildung 7-2: Kosten und Wirksamkeit der Länderprogramme bezogen auf die gesamte landwirtschaftlich genutzte Fläche

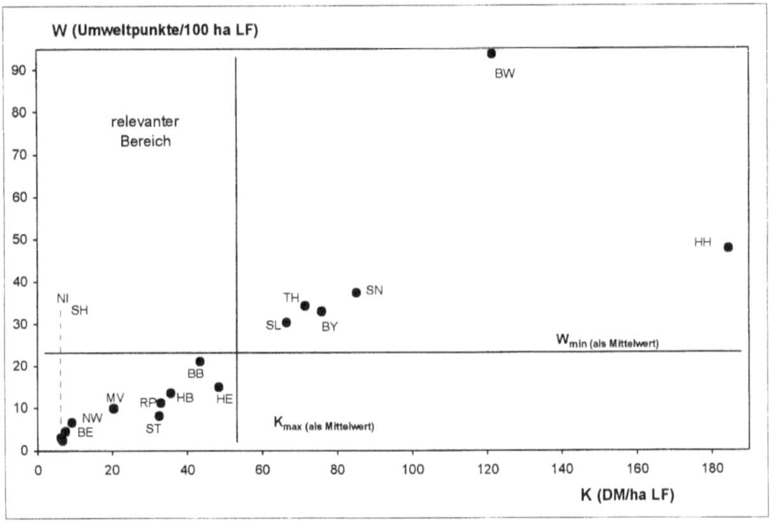

Quelle: Eigene Berechnungen

Würde nur die Kostenrestriktion betrachtet, wäre das Programm von Brandenburg mit der höchsten Wirksamkeit die vorteilhafteste Alternative. Würde als Entscheidungskriterium nur die mindestens zu erreichende Umweltwirkung herangezogen, wäre das saarländische Agrarumweltprogramm mit den geringsten Kosten unter den verbliebenen Alternativen vorteilhaft. Die sehr hohen Mittelaufwendungen pro ha LF in Hamburg sind zum Teil auf die vergleichsweise einseitige Förderung des Integrierten Dauerkulturanbaus zurückzuführen.

Im folgenden Schritt soll die Ausgabeneffizienz der Programme näher betrachtet werden. Die Finanzmittel sind dann effektiv eingesetzt, wenn für die Realisierung eines Umweltpunktes möglichst wenig Geld zur Verfügung gestellt werden muß. Auf der Abzisse wird in den folgenden Abbildungen deshalb die Ausgabeneffizenz der Programme (gemessen in DM/Umweltpunkt) abgetragen und auf der Ordinate die Wirksamkeit der Programme (gemessen in Umweltpunkte/100 ha EF bzw. LF).

Abbildung 7-3: Ausgabeneffizienz und Wirksamkeit der Länderprogramme bezogen auf die extensivierte Fläche

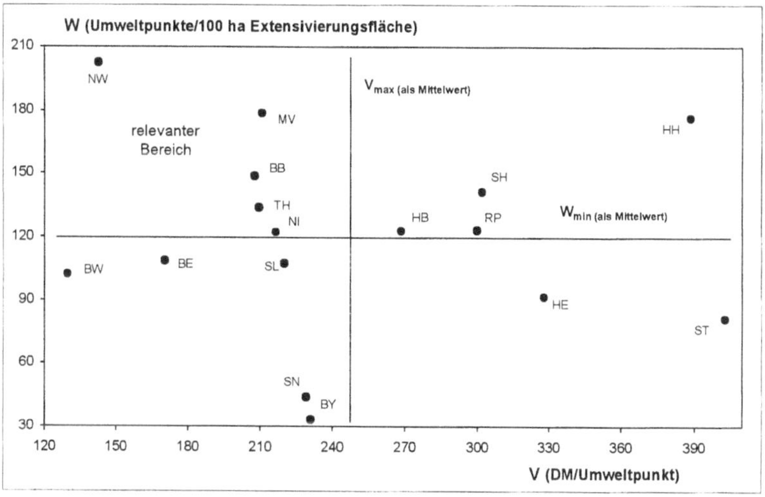

Quelle: Eigene Berechnungen

Die Abbildung 7-3 zeigt, daß bei Annahme von V_{max} und W_{min} fünf Programme im relevanten Entscheidungsraum liegen. Auch hier kann das Agrarumweltprogramm von **Nordrhein-Westfalen** als die effizienteste Politikalternative bestimmt werden, da es mit sehr geringen Kosten pro Umweltpunkt den höchsten Zielerreichungsgrad bei den Umwelteffekten auf der extensivierten Fläche realisiert. Baden-Württemberg und Berlin, zwei Länder mit ebenfalls günstigen Kosten-Wirksamkeits-Verhältnissen für die verwendeten Finanzmittel, erzielen nur einen unterdurchschnittlichen Wert bei den erzielten Umwelteffekten. Die Agrarumweltprogramme in Hessen und Sachsen-Anhalt sind, sowohl was die Kosten-Wirksamkeit der eingesetzten Finanzmittel als auch die erzielten Umwelteffekte betrifft, weit unterdurchschnittlich und damit die ineffizientesten Programme. Ursache hierfür ist in beiden Ländern die starke Konzentration der Fördermittel auf die Grünlandextensivierung mit weniger als 1,4 Großvieheinheiten von teilweise über 80 % der regional verwendeten Finanzmittel. Maßnahmen zur umweltfreundlicheren Gestaltung des Ackerbaus werden in beiden Ländern kaum umgesetzt. In Sachsen-Anhalt tragen darüber hinaus die im Vergleich zu den anderen Ländern überdurchschnittlich hohen Prämienzahlungen pro Hektar zu dieser schlechten Bewertung bei (vgl. Kap. 4.3). Bevor einige Schlußfolgerungen aus diesen unterschiedlichen Betrachtungsebenen gezogen werden, sollen in der folgenden Abbildung 7-4 die Umweltwirkungen der Programme auf die gesamte landwirtschaftlich genutzte Fläche der Länder bezogen und in Relation zu den aufgewendeten Finanzmitteln pro Umweltpunkt betrachtet werden.

Abbildung 7-4: Ausgabeneffizienz und Wirksamkeit der Länderprogramme bezogen auf die gesamte landwirtschaftlich genutzte Fläche

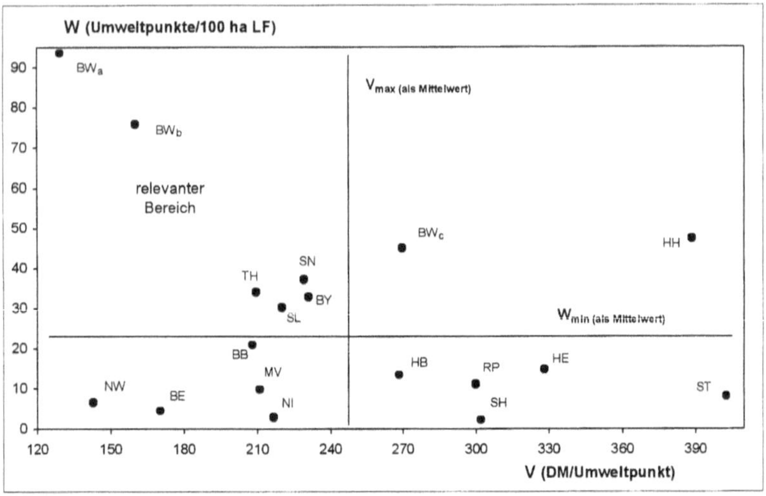

Quelle: Eigene Berechnungen

Das Programm des Landes **Baden-Württemberg** ist hier die mit Abstand vorteilhafteste Politikgestaltung. Es erzielt bei einer günstigen Kosten-Wirksamkeits-Relation der verwendeten Mittel die meisten Umwelteffekte auf der landwirtschaftlich genutzten Fläche des Landes. Selbst wenn in BW die rd. 122.000 ha der Maßnahme „Reduzierter Mineraldüngereinsatz auf Grünland", eine Extensivierungsmaßnahme mit sehr geringen Bewirtschaftungsauflagen, die in andern Ländern nicht gefördert wird, nur mit den Kosten und nicht mit der Wirksamkeit in die Berechnungen einbezogen wird, bleibt das Programm von Baden-Württemberg (BW_b) die vorteilhafteste Politikalternative. Erst wenn zusätzlich die Grünlandextensivierung mit weniger als 1,4 GVE pro ha HFF (ca. 189.000 ha) aus der Wirksamkeitsbetrachtung ausgeklammert wird, verschlechtert sich die relative Stellung des baden-württembergischen Programms (BW_c) deutlich. Die durchschnittlichen Kosten pro Umweltpunkt steigen über den Mittelwert. Gemessen an den erzielten Umweltpunkten steht das Programm aber nach Hamburg noch an zweiter Stelle. Da in fast allen anderen Bundesländern die Grünlandextensivierung mit 1,4 GVE ebenfalls in erheblichem Umfang gefördert wird, würde dieser Ausschluß zu einer einseitigen Benachteiligung von BW führen und ist deshalb unzulässig.

Insgesamt ist zu beobachten, daß in Abbildung 7-4 die vom Finanzmittelvolumen her großen Länderprogramme von Baden-Württemberg, Bayern und Sachsen und die Programme aus Thüringen und dem Saarland, mit ebenfalls überdurchschnittlichen Finanzmittelaufwendungen pro ha LF (vgl. Abbildung 7-2), im relevanten Bereich des Entscheidungsraums liegen. Hieran wird deutlich, daß Programme mit einem vergleichsweise günstigen Kosten-Wirksamkeits-Verhältnis und überdurchschnittlichen Finanzmittelaufwendungen die meisten Umweltpunkte auf der landwirtschaftlich genutzten Fläche des Landes erzielen.

Als Ergebnis von Abschnitt 7.3.1 bleibt festzuhalten, daß das Agrarumweltprogramm von **Nordrhein-Westfalen** die ausgabeneffizienteste Alternative ist, wenn die Kosten und die Wirksamkeit der Programme auf die extensivierte Fläche (EF) bezogen werden (Abbildung 7-1). Dies gilt auch, wenn man die Ausgabeneffizienz (V) in Relation zu den erzielten Umweltpunkten betrachtet (Abbildung 7-3). Die Umweltwirkungen dieses Programms sind auf der geförderten Fläche vergleichsweise gut, aber insgesamt nehmen zu wenige Landwirte an dem Programm teil, als daß auf der gesamten landwirtschaftlich genutzten Fläche nennenswerte Umwelteffekte erzielt werden können, wie die Abbildung 7-2 und Abbildung 7-4 zeigen.

Legt man als Bezugsgröße die landwirtschaftlich genutzte Fläche (LF) der Länder zugrunde und bezieht die Umweltwirkungen und die Kosten hierauf, stellt kein Programm eine ausgabeneffiziente Lösung dar (Abbildung 7-2). Die bei der vorherigen Betrachtung vorteilhaft eingestuften Programme erreichen auf der LF aufgrund ihres geringen Umfangs nicht die erforderliche Mindestwirksamkeit. Alle anderen Programme, die die Mindestwirksamkeit erreichen oder weit übertreffen, sind mit überdurchschnittlichen Kosten pro ha LF verbunden.

Betrachtet man die Kosten-Wirksamkeit des Mitteleinsatzes und die auf der LF erzielten Umweltpunkte der Programme (Abbildung 7-4), stellt das Agrarumweltprogramm von **Baden-Württemberg** die beste Alternative dar. Trotz der vergleichsweise niedrigen Wirksamkeit auf der extensivierten Fläche, schneidet das Programm aufgrund der großen Beteiligung der Landwirte bezogen auf die gesamte landwirtschaftlich genutzte Fläche sehr gut ab.

Die Tatsache, daß in Abhängigkeit von den Bezugsgrößen die Rangfolge der Programme wechselt, läßt darauf schließen, daß auch bei den vorteilhaftesten Alternativen noch ein erhebliches Potential für Effizienzverbesserungen, beispielsweise durch eine ausgewogene Förderung der Maßnahmengruppen, besteht. Die Auswahl des aus volkswirtschaftlicher Sicht effizientesten Programms unter den beiden Programmen die sich bei der bisherigen Diskussion als die Besten herausgestellt haben, ist im Rahmen der Kosten-Wirksamkeits-Analyse nicht möglich. Dazu sind Informationen über das von der Gesellschaft gewünschte Ausmaß der Programmwirkungen bzw. deren monetären Nutzen erforderlich. Aus diesem Grunde werden im folgenden Abschnitt die Agrarumweltprogramme von Nordrhein-Westfalen und Baden-Württemberg, die die höchste Ausgabeneffizienz haben, auf ihre Nettowohlfahrtswirkungen hin untersucht.

7.3.2 Auswahl der besten Programmalternative unter Berücksichtigung von Nutzen-Kosten-Aspekten

Im vorangegangenen Abschnitt wurde die Auswahl der besten Programmalternativen im Rahmen der Kosten-Wirksamkeits-Analyse u.a. durch die Orientierung am Gruppenmittel gelöst. In Abhängigkeit von der betrachteten Flächeneinheit, der extensivierten oder der gesamten landwirtschaftlich genutzten Fläche, konnten entweder das Agrarumweltprogramm von **Nordrhein-Westfalen** oder das von **Baden-Württemberg** als die ausgabeneffizientesten Politikalternativen bestimmt werden. Da im Rahmen der Kosten-Wirksamkeits-Analyse nicht entschieden werden kann, welches Progamm für die Gesellschaft die vorteilhaftere Politikalternative ist, werden im Folgenden volkswirtschaftliche Nutzen-Kosten-Aspekte in die Bewertung der Programme einbezogen.

Über die Kosten-Wirksamkeits-Analyse hinaus sind Informationen über die ökonomisch sinnvolle absolute Höhe des Finanzmitteleinsatzes im Rahmen der Programme erforderlich. Nur mit dieser Information kann entschieden werden, ob das relativ kleine nordrhein-westfälische Programm oder das vom Volumen her um ein Vielfaches größere Programm aus Baden-Württemberg die volkswirtschaftlich effizientere Politikalternative darstellt. Es genügt diese beiden Programme hinsichtlich ihres Nutzen-Kosten-Verhältnisses zu untersuchen, weil diese unter den gegebenen Programmen am besten dazu geeignet sind, die gesellschaftliche Nachfrage nach Umweltgütern zu befriedigen. Alle übrigen Programme sind im Sinne des Referenzsystems nicht ausgabeneffizient.

Die Budgetbeschränkungen für die Agrarumweltprogramme sind in jedem Bundesland mit anderen Prioritäten gesetzt worden und unterschiedlich hoch, sie reichen von weniger als 10 DM pro ha LF in vier Bundesländern bis über 180 DM pro ha LF in Hamburg. Diese staatliche Bereitstellung von Finanzmitteln für Agrarumweltprogramme, deren primäres Ziel eine Verbesserung der Umwelt und die Erhaltung einer intakten Kulturlandschaft ist, kann als staatliche Nachfrage nach Umweltleistungen der Landwirtschaft interpretiert werden. Eine optimale Güterversorung mit ökologischen Leistungen der Landwirtschaft ist dann gegeben, wenn der ökologische Grenznutzen der Bereitstellung einer zusätzlichen Einheit „Umweltleistung" von der Gesellschaft genau so hoch bewertet wird, wie die dadurch verursachten Kosten (vgl. Abschnitt 2.3). Anders ausgedrückt entsprechen im Idealfall die volkswirtschaftlichen Kosten für die Bereitstellung ökologischer Güter der gesellschaftlichen Zahlungsbereitschaft (für diese Güter). Wie in Kapitel 2 erläutert wurde, ist die Ermittlung der gesellschaftlichen Zahlungsbereitschaft für alle Umweltwirkungen der Agrarumweltprogramme mit grundsätzlichen Problemen verbunden, weshalb unter den gegebenen Programmen die vorteilhaftesten mit Hilfe der Kosten-Wirksamkeits-Analyse bestimmt werden mußten. Der Grund dafür, daß nun auf die Zahlungsbereitschaftsanalyse zurückgegriffen wird, besteht darin, daß die Ergebnisse der Kosten-Wirksamkeits-Analyse keinen Aufschluß über das Agrarumweltprogramm mit dem höchsten Nettowohlfahrtsgewinn geben. Ohne Informationen über das Niveau der monetären Nutzen der Programme läßt sich ein ökonomisch sinnvoller Finanzmitteleinsatz nicht bestimmen.

Seit Anfang der 90iger Jahre wurde vor allem die Kontingente Bewertung (Contingent Valuation) in den Wirtschaftswissenschaften zur Ermittlung der Zahlungsbereitschaft für öffentliche Güter angewendet und weiterentwickelt. Trotz vielfältiger Kritik an dieser Methode und grundsätzlicher Bedenken, z.B. gegen die monetäre Bewertung einiger Güter, wie die Vermeidung von Gesundheitsrisiken oder des nicht reversiblen Artenrückgangs (DOROW 1991; HENRICHSMEYER et al. 1994), kann die Ermittlung der gesellschaftlichen Zahlungsbereitschaft für Umweltgüter nach HAMPICKE (1996) sowie MARGGRAF und STREB (1997) wichtige Informationen für die Dosierung umweltökonomischer Instrumente liefern. Im Fall einer Bewertung von Agrarumweltprogrammen müßten die Nutzen aller Umweltwirkungen monetarisiert werden. Ein weiterer denkbarer Weg, Informationen über die optimale Ausgabenhöhe für agrarumweltpolitische Maßnahmen zu erhalten, wäre eine Befragung der Steuerzahler darüber, wieviel öffentliche Mittel sie für Agrarumweltprogramme im Vergleich zu anderen öffentlichen Ausgaben bereitstellen würden. Im Rahmen dieser Arbeit soll keine neue Erhebung durchgeführt werden, die folgenden Überlegungen stützen sich auf die Ergebnisse der bisher vorliegenden Arbeiten.

Im Folgenden werden die Werte bereits durchgeführter Zahlungsbereitschaftsanalysen für öffentliche Güter und Leistungen, die auch im Rahmen von Agrarumweltprogrammen bereitgestellt werden, dargestellt. Zu diesem Zweck werden die Ergebnisse vorliegender Zahlungsbereitschaftsanalysen für die Bereiche „Erhalt der bäuerlichen Kulturlandschaft“, „regionale Landschaftspflege“ sowie „Natur- und Artenschutz allgemein“ betrachtet. Die in diesen Studien ermittelten Werte dienen lediglich als Anhaltspunkte für die gesellschaftliche Zahlungsbereitschaft für Agrarumweltprogramme, weil die Ziele, Wirkungen und bereitgestellten Güter der Agrarumweltprogramme nicht vollständig mit den untersuchten Inhalten aller zitierten Studien übereinstimmen. Die Studien liefern Erkenntnisse über das Niveau des gesellschaftlichen Nutzens wichtiger Ziele der Agrarumweltprogramme, wie die Erhaltung einer bäuerlich geprägten Kulturlandschaft, die Bereitstellung von Landschaftspflegeleistungen und den Schutz biotischer Ressourcen.

Tabelle 7-6: Zahlungsbereitschaft für bäuerliche Kulturlandschaft, regionale Landschaftspflege und Naturschutz

HOLM-MÜLLER et al. (1991)	Verhinderung des Artensterbens in Deutschland	16 DM pro Haushalt und Monat
HAMPICKE et al. (1991)	Verhinderung des Artensterbens in Deutschland	20 DM pro Haushalt und Monat
DRAKE (1992)	Erhalt der bäuerlichen Kulturlandschaft in Schweden	540 SKR pro Person und Jahr
PRUCKNER (1994)	Erhalt der bäuerlichen Kulturlandschaft in Österreich	9 ÖS pro Urlauber und Tag, hochgerechnet 700 Mio. ÖS pro Jahr
CORELL (1994)	Landschaftspflege im Lahn-Dill-Bergland	17 DM pro Haushalt und Monat
ZIMMER (1994)	Zustimmung für Landschaftspflegegebühr durch Gemeinde	14 DM pro Haushalt und Monat
JUNG (1996)	Verbesserte Umweltqualität im Agrarbereich	100 - 110 DM für sauberes Trinkwasser, 97 -102 DM für Artenschutz und 52 - 78 DM für die Erhaltung des Landschaftsbildes pro Haushalt und Jahr
HACKL (1997)	Nutzen des geplanten Nationalparks „Kalkalpen"	54 - 63 ÖS pro Besucher und Tag
ROMMEL (1998)	Erhalt des Biosphärenreservates Schorfheide-Chorin	50 DM pro Bewohner und Jahr; bei Besuchern 3 DM pro Besuch
ENNEKING (1998)	Erhalt des Naturschutzgebietes „Steinhuder Meer"	3 DM pro Besucher und Tag

Quelle: HAMPICKE (1996, S. 120) und eigene Ergänzungen

Die Tabelle 7-6 zeigt, daß für die gesellschaftliche Zahlungsbereitschaft für die Verhinderung des Artensterbens in Deutschland Werte von 16 und 20 DM pro Haushalt und Monat ermittelt wurden. Für die Bereitstellung von regionalen Landschaftspflegeleistungen waren die befragten Naturnutzer bereit, 14 bzw. 17 DM pro Haushalt und Monat aufzubringen. Der Wert für die Erhaltung einer bäuerlichen Kulturlandschaft wurde bisher nur in Schweden und Österreich ermittelt. In Schweden waren die Befragten bereit, umgerechnet deutlich mehr als 100 DM pro Person und Jahr zu zahlen, während Urlauber in Österreich ca. 1,30 DM pro Person und Urlaubstag zahlen würden. In der Arbeit von JUNG (1996) wurde nach der regionalen Zahlungsbereitschaft für eine umweltgerechtere Landwirtschaft gefragt. In Abhängigkeit vom Finanzierungsinstrument und der regionalen Betroffenheit der befragten Gruppen schwankt die Zahlungsbereitschaft deutlich. Sie beträgt für sauberes Trinkwasser gut 100 DM, für die Verhinderung des von der Landwirtschaft verursachten Artensterbens knapp 100 DM und für die Erhaltung eines ästhetischen Landschaftsbildes mehr als 50 DM pro Haushalt und Jahr. Die Befragungen von HACKL, ROMMEL und ENNEKING befassen sich mit ganz bestimmten Regionen, in denen die Natur besonders geschützt wird. In allen Befragungsregionen wird aber auf einem Teil der Fläche eine meist extensive Landwirtschaft betrieben. Auch diese Arbeiten ermitteln signifikante regionale Zahlungsbereitschaften.

Da Agrarumweltprogramme nicht die einzigen Instrumente zur Erhaltung einer bäuerlichen Kulturlandschaft oder zur staatlichen Umsetzung von Naturschutzzielen sind, müssen von den ermittelten Zahlungsbereitschaften Abschläge vorgenommen werden. Um diese Abschläge nicht zu gering anzusätzen, wird von einer gesellschaftlichen Zahlungsbereitschaft für Agrarumweltprogramme von ca. 120 DM pro Haushalt und Jahr ausgegangen.

Auf den Zusammenhang zwischen Zahlungsbereitschaft und Budgetmittel soll an dieser Stelle kurz hingewiesen werden: Wie bereits in Abschnitt 2.3 dargelegt wurde, bestehen die Budgetausgaben im Rahmen der Agrarumweltprogramme nur zu einem geringen Teil aus volkswirtschaftlichen Kosten, so daß mit den staatlichen Finanzmittelaufwendungen die volkswirtschaftlichen Kosten der Programme weit überschätzt würden. Die monetären Beträge im Rahmen von Zahlungsbereitschaftsanalysen stehen hingegen vollständig zur Kompensation volkswirtschaftlicher Kosten einer Politikmaßnahme zur Verfügung. Erst wenn die volkswirtschaftlichen Kosten einer Maßnahme die Zahlungsbereitschaft übersteigen, sollte eine staatliche Maßnahme nicht mehr durchgeführt werden. Dies bedeutet, daß die Finanzmittelaufwendungen für Agrarumweltprogramme vom Betrag her deutlich höher ausfallen dürften als die ermittelte Zahlungsbereitschaft für Agrarumweltprogramme, bevor das volkswirtschaftliche Kosten-Nutzen-Verhältnis negativ würde.

Würde jeder Haushalt in Deutschland 10 DM pro Monat bzw. 120 DM im Jahr, d.h. weniger als die geäußerte Zahlungsbereitschaft für die Verhinderung des Artensterbens oder für Landschaftspflegemaßnahmen, für agrarumweltpolitische Maßnahmen zahlen, stünden bei gut 37 Mio. Haushalten jährlich 4.473 Mio. DM zur Verfügung. Diese Mittel stünden bereit, um die **volkswirtschaftlichen Kosten** von Agrarumweltprogrammen zu kompensieren.

In der folgenden Tabelle 7-7 ist die Anzahl der privaten Haushalte in den Bundesländern und der Finanzmitteleinsatz für Agrarumweltprogramme im Jahr 1996 dargestellt.

Tabelle 7-7: Anzahl der privaten Haushalte, Finanzmittel für Agrarumweltprogramme und kalkulatorische Belastung der Haushalte in den Bundesländern im Jahr 1996

Land	private HH	DM insges.	DM/HH
NW	8105000	14663123	1.81
BY	5404000	257602523	47.67
BW	4718000	179372451	38.02
NI	3493000	17218878	4.93
HE	2744000	37640956	13.72
SN	2049000	77317147	37.73
BE	1831000	17164	0.01
RP	1779000	23879291	13.42
SH	1284000	7207294	5.61
ST	1187000	37783411	31.83
BB	1082000	58192241	53.78
TH	1079000	57216095	53.03
HH	909000	2716959	2.99
MV	765000	27621814	36.11
SL	511000	4877500	9.55
HB	341000	337142	0.99
insges.	37281000	803663990	21.56

Quelle: Statistisches Jahrbuch 1997, S. 65
Länderdaten zur Umsetzung der VO 2078/92

Die Aufwendungen für Agrarumweltprogramme reichen von gut einem Pfennig pro Haushalt in Berlin bis knapp 54 DM pro Haushalt in Brandenburg. Berlin nimmt aufgrund des extremen Verhältnisses zwischen der Anzahl der Haushalte und der landwirtschaftlich genutzten Fläche eine Sonderstellung ein. Auffällig ist außerdem, daß in den Flächenstaaten Nordrhein-Westfalen, Niedersachsen und Schleswig-Holstein kaum mehr Mittel für Agrarumweltprogramme pro Haushalt aufgewendet werden als in den beiden Stadtstaaten Bremen und Hamburg. Beim Vergleich zwischen Hamburg und Nordrhein-Westfalen werden im flächenreichen Staat Nordrhein-Westfalen sogar weniger Mittel aufgebracht. Die grafische Darstellung in Abbildung 7-5 verdeutlicht, daß insgesamt neun Länder weniger als 15 DM pro Haushalt und Jahr für Agrarumweltprogramme ausgeben und sieben Länder mehr als 30 DM pro Haushalt und Jahr. Verglichen mit der gesellschaftlichen Zahlungsbereitschaft bedeutet dies, daß in Nordrhein-Westfalen, Niedersachsen und Schleswig-Holstein selbst eine Verzehnfachung der Budgets für Agrarumweltprogramme die gesellschaftliche Zahlungsbereitschaft noch nicht ausschöpfen würde. Bei den vergleichsweise hohen Ausgaben in Bayern und Thüringen dürften die Mittel immerhin noch verdoppelt werden, um in die Nähe der gesellschaftlichen Zahlungsbereitschaft zu kommen.

Abbildung 7-5: Ausgaben für Agrarumweltprogramme pro Haushalt in den Bundesländern im Jahr 1996

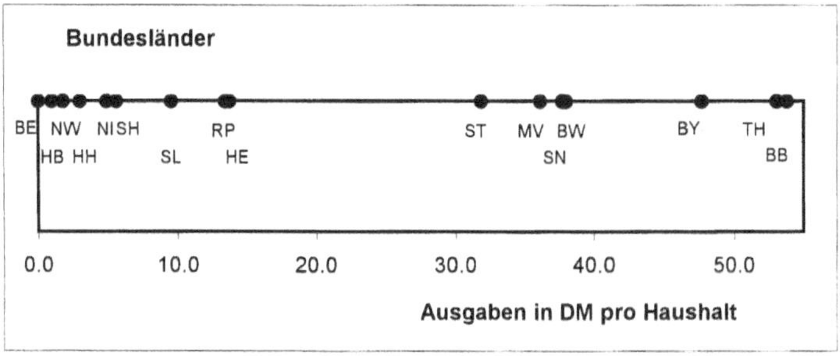

Quelle: Statistisches Jahrbuch 1997; eigene Berechnungen

Im vorangegangenen Abschnitt wurden die Programme der Länder Nordrhein-Westfalen und Baden-Württemberg als die vergleichsweise besten Alternativen identifiziert. Beide Programme wurden vor dem Hintergrund des ökologischen Referenzsystems als die besten unter den gegebenen Politikalternativen bestimmt und beide Programme stellen unter Nutzen-Kosten-Aspekten eine Effizienzverbesserung gegenüber einer Agrarpolitik ohne Agrarumweltprogramme dar. In Kapitel 2 wurde gezeigt, daß die volkswirtschaftlichen Kosten der Programme aus der steuerbedingten Mehrbelastung bestehen. Der monetäre Nutzen der Programme entspricht der regionalen gesellschaftlichen Zahlungsbereitschaft für die mit Hilfe der Programme umgesetzten Ziele. Diese beträgt ca. 120 DM pro Haushalt und Jahr. Im folgenden Arbeitsschritt soll mit Hilfe dieser Informationen ermittelt werden, von welchem Agrarumweltprogramm, dem in Nordrhein-Westfalen oder dem in Baden-Württemberg, ein höherer Nettonutzenzuwachs für die Gesellschaft realisiert wird.

Für die Berechnung des Nettonutzenzuwachses müssen die volkswirtschaftlichen Kosten und Nutzen der Agrarumweltprogramme in beiden Ländern miteinander verglichen werden. Wie in Kapitel 2 dargelegt wurde, bestehen die volkswirtschaftlichen Kosten aus der steuerlichen Zusatzlast, die direkt abhängig von den Budgetausgaben für die Programme ist. Schätzungen der Zusatzlast haben ergeben, daß die Effizienzverluste einer durchschnittlichen Steuer-DM zwischen 7 und 28 % liegen, mit 15 % als wahrscheinlichem mittleren Wert (MUSGRAVE et al. 1993, S. 113). Bei den folgenden Berechnungen werden die volkswirtschaftlichen Kosten der Agrarumweltprogramme deshalb mit 15 % ihrer finanziellen Kosten veranschlagt.

Die volkswirtschaftlichen Nutzen der Programme werden durch die Zahlungsbereitschaft der Konsumenten für die im Rahmen der Programme bereitgestellten Umweltgüter bestimmt. Es ist davon auszugehen, daß die Programme mit der höchsten Ausgabeneffizienz diese Nachfrage nach Umweltgütern am besten befriedigen können. Es darf aber nicht die Zahlungsbereitschaft aller Konsumenten zur Berechnung der volkswirtschaftlichen Nutzen herangezogen werden, sondern nur von diejenigen der Konsumenten oder

Haushalten, die von der Umsetzung der Programmziele eine Nutzensteigerung erfahren. D.h. maßgeblich für die Bestimmung des monetären Nutzens der Programme ist die regionale Zahlungsbereitschaft.

Im Folgenden wird davon ausgegangen, daß die Zahl der Nutzer in allen Bundesländern proportional zur Einwohnerzahl ist. Geht man ferner davon aus, daß die Zahl der Nutzer proportional zur extensivierten Fläche ansteigt, kann durch das Verhältnis von EF/LF multipliziert mit der Zahl der Einwohner und der monetären Zahlungsbereitschaft, die regionale (hier länderspezifische) Zahlungsbereitschaft berechnet werden. Mit anderen Worten, es werden umso mehr Haushalte bezüglich ihrer Nachfrage nach „besonders umweltschonender Landwirtschaft" und „schöner Kulturlandschaft" als befriedigt angesehen, je flächendeckender in einem Land die Agrarumweltprogramme angewendet werden.

Tabelle 7-8: Nettonutzenzuwachs für die Gesellschaft durch die Umsetzung der Agrarumweltprogramme in Nordrhein-Westfalen und Baden-Württemberg

Einfluß-größen (pro Jahr)	**Nordrhein-Westfalen**	**Baden-Württemberg**
Budgetausgaben in Mio. DM	14,70	179,40
Steuerliche Zusatzlast in %	15,00	15,00
Volkswirtschaftliche Kosten Mio. DM	**2,21**	**26,91**
Zahlungsbereitschaft pro Haushalt in DM	**120,00**	**60.58**
Anzahl an Haushalten in TSD	8105	4718
Programmumsetzung in % der LF	3,20	80,00
Volkswirtschaftliche Nutzen in Mio. DM	**31,12**	**228.65**
Nettonutzen in Mio. DM	**28,92**	**201.74**
Zahlungsbereitschaft pro Haushalt in DM	**8,50**	**7,13**
Nettonutzen in Mio. DM	**0,00**	**0,00**

Quelle: Länderdaten zur Programmumsetzung, Statistisches Jahrbuch, die in Tabelle 7-6 zitierten Zahlungsbereitschaftsanalysen, eigene Berechnungen

In Tabelle 7-8 sind in der ersten Zeile die Budgetmittel für die Agrarumweltprogramme im Jahr 1996 dargestellt. In Nordrhein-Westfalen wurden 14,7 Mio. DM und in Baden-

Württemberg 179,4 Mio. DM ausgegeben. Ein realistischer Wert für die steuerliche Zusatzlast ist 15 Prozent der aufgewendeten Steuermittel. Dies bedeutet, daß die volkswirtschaftlichen Kosten der Programme in Nordrhein-Westfalen mit ca. 2,21 Mio. DM und in Baden-Württemberg ca. 26,91 Mio. DM zu veranschlagen sind.

Die gesellschaftliche Zahlungbereitschaft für die mit den Programmen verfolgten Ziele beträgt in Anlehnung an die oben zitierten Zahlungsbereitschaftsanalysen 120 DM pro Haushalt und Jahr. Dieser Wert wird in Nordrhein-Westfalen voll angesetzt und in Baden-Württemberg auf 60,58 DM reduziert, weil dort als Maß für die Umweltwirkungen des Programms nur ein Wert von 102 Umweltpunkten pro ha EF ermittelt wurde (Nordrhein-Westfalen 202 Umweltpunkte pro ha EF). In Nordrhein-Westfalen wird bei nahezu gleicher Ausgabeneffizienz ein qualitativ höherwertiges Umweltgut pro Flächeneinheit bereitgestellt (vgl. Abbildung 7-1).

Die Zahlungsbereitschaft wird im folgenden Arbeitsschritt mit der Anzahl der Haushalte und der prozentualen Umsetzung der Programme in der Fläche multipliziert. In Nordrhein-Westfalen werden 3,2 % der landwirtschaftlich genutzten Fläche im Rahmen der Agrarumweltprogramme gefördert und in Baden-Württemberg ca. 80 %, wenn man die Kombination verschiedener Maßnahmen auf derselben Fläche berücksichtigt (vgl. Tabelle 6-9). Durch die Multiplikation von Zahlungsbereitschaft, Anzahl der Haushalte und prozentuale Umsetzung der Programme erhält man die monetären Werte für die volkswirtschaftlichen Nutzen der Programme.

In Nordrhein-Westfalen errechnet sich ein Wert von 31,12 Mio. DM und in Baden-Württemberg ein Wert von 228,65 Mio. DM. Der Nettonutzen der Agrarumweltförderung in beiden Ländern ergibt sich aus der Differenz von volkswirtschaftlichen Kosten und Nutzen. Er beträgt in Nordrhein-Westfalen gut 28 Mio. DM und in Baden-Württemberg rund 201 Mio. DM. Damit ist offensichtlich, daß das weit umfangreichere Programm von Baden-Württemberg das aus volkswirtschaftlicher Sicht effizientere ist, weil es zu einer besseren Versorgung der Konsumenten mit den öffentlichen Gütern „umweltschonende Landwirtschaft" und „intakte Kulturlandschaft" beiträgt.

Die minimal erforderliche Zahlungsbereitschaft, damit eine Programmumsetzung aus volkswirtschaftlicher Sicht noch sinnvoll ist (Nutzen und Kosten sind gleich groß), beträgt in Nordrhein-Westfalen 8,50 DM pro Haushalt und Jahr und in Baden-Württemberg 7,13 DM pro Haushalt und Jahr. Die gesellschaftliche Zahlungsbereitschaft dürfte also noch erheblich sinken, bevor die Agrarumweltprogramme aus volkswirtschaftlicher Sicht einzustellen wären.

7.3.3 Entwicklung eines Steuerzahlernutzwertes zur Beurteilung der Programme

Für die Beurteilung der Programme soll im letzten Abschnitt von Kapitel 7 der Blickwinkel noch einmal verändert und ein Politik- oder Nutzwert für die Programme konstruiert werden, weil mit den Programmen eine nicht unerhebliche Umverteilung von Finanzmitteln in der Gesellschaft verbunden ist.

Mit einer Politik- oder Nutzwertfunktion können die bisher getrennt betrachteten Kosten- und Wirkungsgrößen der Programme in einer Zielgröße zusammengefaßt werden. Mit der politischen Entscheidung einer Förderung bestimmter Maßnahmen und der Verwendung von Budgetmitteln in bestimmter Höhe bekundet der politische Entscheider, daß die auf diesem Wege erreichten Programmziele für ihn den höchsten Politikwert haben. Dieser Politikwert kann formal mit Hilfe einer politischen Präferenzfunktion abgebildet werden. Mit Hilfe einer politischen Präferenzfunktion wird versucht, die Werturteile, die einer politischen Entscheidung zu Grunde liegen, über eine empirische Analyse offen zu legen (vgl. HENRICHSMEYER u. WITZKE 1994, S. 75 ff.; HORBACH 1992; SWINNEN u. VAN DER ZEE 1992).[6]

Uns interessiert nicht, welche Wertvorstellungen der politische Entscheider hat, vielmehr sollen die Programme aus Sicht des Steuerzahlers beurteilt werden. Auch wenn die Mittel für die Programme aus volkswirtschaftlicher Sicht sinnvoll eingesetzt werden, ist mit den Programmen eine erhebliche Umverteilung von Steuergeldern verbunden. Wie lassen sich also die Präferenzen der Steuerzahler darstellen und in die Überlegungen einbeziehen? Aus Sicht des Steuerzahlers läßt sich die Qualität oder der Nutzwert eines Agrarumweltprogramms durch den Umfang der **erzielten Umwelteffekte** und eine **sparsame Verwendung von Finanzmitteln** definieren. In unserem Anwendungsfall stellen die erzielten Umweltpunkte pro ha landwirtschaftlich genutzter Fläche ein Maß für die Umweltwirkungen der Programme dar. Eine sparsame Mittelverwendung ist gegeben, wenn pro eingesetzter DM viele Umweltpunkte erzielt werden:

$$\mathbf{U = U\,(u_A;\ u_B)}$$

mit:

U = Nutzwert eines Programms

u_A = Umweltwirkung des Programms (Punkte/LF)

u_B = Kosten-Wirksamkeit des Programms (Punkte/DM)

---

6 Die hier angedeutete Problematik der wissenschaftlichen Politikanalyse mit Hilfe von politischen Präferenzfunktionen ist ein Forschungsgebiet der neuen politischen Ökonomie. Die Möglichkeit, die Agrarumweltprogramme an anderer Stelle vertieft aus dieser Sicht zu bearbeiten, soll hiermit angeregt werden.

Aus der Betrachtung der erzielten Umweltpunkte pro ha LF geht nicht hervor, ob diese Wirkung durch eine hohe Umweltwirkung auf der extensivierten Fläche erreicht wurde oder über einen hohen Anteil der EF an der LF. Diese Differenzierung läßt sich aber leicht durchführen:

$$\mathbf{u_A = u_1 \times u_2}$$

mit:

u_1 = Umwelteffekte auf der EF [Punkte/EF]
u_2 = Verhältnis der Flächenanteile [EF/LF]

so daß gilt:

$$\mathbf{U = U\,(u_1\,[Punkte/EF] \times u_2\,[EF/LF]\,;\; u_B\,[Punkte/DM])}$$

In Anlehnung an die Vorgehensweise bei der Bildung politischer Präferenzfunktionen wird auch in dieser Arbeit eine Cobb-Douglas Funktion, die homogen vom Grade 1 ist, zur Aggregation der Teilnutzwerte verwendet (HENRICHSMEYER u. WITZKE 1994, S. 78). Die Präferenzparameter werden willkürlich festgelegt und so variiert, daß sie unterschiedliche Zielgewichtungen widerspiegeln.

$$\mathbf{U = u_1^x \times u_2^y \times u_B^z}$$

mit den Präferenzparametern:

$$\mathbf{x + y + z = 1}$$

Die Argumente der Funktion können folgendermaßen interpretiert werden:

u_1 stellt als Maß für die Umweltwirkungen der Programme auf der extensivierten Fläche eine Präferenz für die Verwirklichung möglichst vieler Umweltziele auf der geförderten Fläche dar. Dieser Flächenanteil kann gemessen an der Landesfläche sehr gering sein, ohne daß dadurch der Nutzwert sinkt. U_1 kann deshalb auch als eine Präferenz für Segregation bzw. als das Bestreben, möglichst viele positive Umweltwirkungen auf einem kleinen Teil der Landesfläche zu erreichen, interpretiert werden.

Ein hoher Anteil der extensivierten Fläche an der gesamten LF (u_2) kann als Einkommensübertragungspräferenz interpretiert werden, weil das Niveau der Umweltwirkungen bei u_2 keine Rolle spielt und mit einem hohen Anteil der EF an der LF viele Landwirten in den Genuß von Prämienzahlungen kommen.

u_3, die durchschnittliche Kosten-Wirksamkeit der eingesetzten Mittel, ist ein Maß für den effektiven Mitteleinsatz.

Der Nutzwert der Programme für die Steuerzahler kann deshalb so formuliert werden:

U = U (Präferenz für Umweltwirkungen auf der extensivierten Fläche; Einkommensübertragungspräferenz; Präferenz für effektiven Mitteleinsatz)

In den folgenden Abbildungen werden die Argumente dieser Funktion unterschiedlich gewichtet und mit den Daten über die Umsetzung, die Wirksamkeit und die Kosten der Programme gefüllt.

Abbildung 7-6 zeigt, daß bei einer hohen Gewichtung des Ziels (u_1), d.h. möglichst viele Umwelteffekte auf der Extensivierungsfläche, also auf einem kleinen Flächenanteil, zu erreichen, mit dem angenommenen Faktor 0,8 oder 80 %, die Programme der Länder **Nordrhein-Westfalen** und **Hamburg** den höchsten Nutzwert erreichen. In beiden Ländern wird dies mit sehr geringen Finanzmittelaufwendungen pro Haushalt ermöglicht. Die Programme von Bayern und Sachsen bilden hier die Gegenpole. Mit diesen Agrarumweltprogrammen wird bei einem vergleichsweise hohen Mitteleinsatz ein geringer Nutzwert erreicht, wenn das Hauptinteresse der Bewertung auf die Umwelteffekte, die auf der extensivierten Fläche erzielt werden, gelegt wird.

Abbildung 7-6: Ausgaben pro Haushalt und Nutzwert der Programme bei hoher Gewichtung der Umweltwirkungen auf der EF

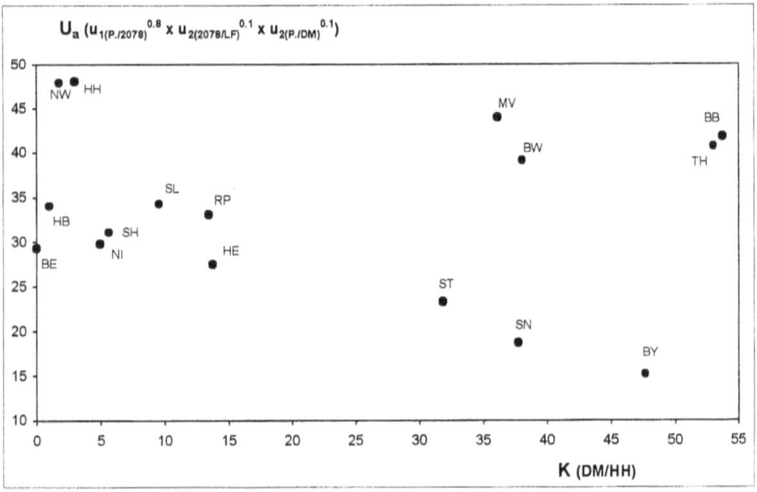

Quelle: Eigene Berechnungen

In der folgenden Abbildung 7-7 werden die Berechnungsergebisse dargestellt, wenn der Bewertungsmaßstab für die Programme schwerpunktmäßig auf die möglichst flächendeckende Umsetzung der Programme gelegt wird, bzw. die Steuerzahler eine möglichst hohe Einkommenswirkung der Programme bei den Landwirten begrüßen würden. Die erzielten Umweltwirkungen sowie die Effektivität des Finanzmitteleinsatzes gehen hier nur mit jeweils 0,1 oder 10 % in die Nutzwertfunktion der Steuerzahler ein. Hier zeigt sich, daß die Agrarumweltprogramme der Länder **Baden-Württemberg**, **Bayern** und **Sachsen** die höchsten Nutzwerte erzielen. Dies ist nicht überraschend, weil dies die Länder mit ausgeprägten Grundförderungsmaßnahmen sind, die überdurchschnittliche Teilnahmeraten bei den Landwirten aufweisen. Die Einkommensübertragungswirkungen dieser Programme dürften die der anderen Länder weit übertreffen. Allein hieraus kann aber nicht abgeleitet werden, daß im Rahmen dieser Programme zuviel Mittel ausgegeben werden. Ob dem Steuerzahler eine hohe Einkommenswirkung der Programme allerdings lieber ist als die Realisierung von Umweltwirkungen, kann bezweifelt werden. Bei der Betonung der gezielten Umweltwirkungen der Programme in Abbildung 7-6 erreichen Bayern und Sachsen nur niedrige Werte. In diesen Länderprogrammen sollten deshalb die vorhandenen Finanzmittel effektiver für das Ziel „Umweltwirkungen" eingesetzt werden, bevor eine weitere Aufstockung der Mittel erfolgt.

Abbildung 7-7: Ausgaben pro Haushalt und Nutzwert der Programme bei hoher Gewichtung der Einkommensübertragungswirkungen

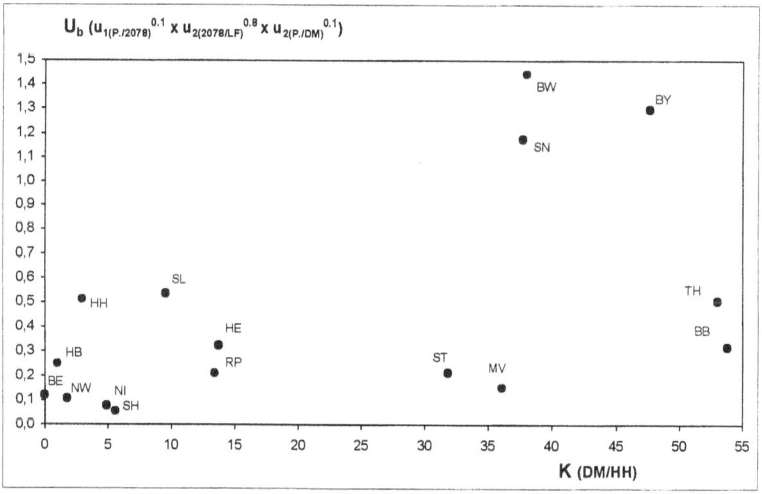

Quelle: Eigene Berechnungen

Im letzten Analyseschritt für die Berechnung eines Steurzahlernutzwertes wird einem möglichst effektiven Mitteleinsatz, d.h. einem geringen Finanzmitteleinsatz pro erzieltem Umweltpunkt, das höchste Gewicht beigemessen (80 %). Die erzielten Umweltpunkte auf der EF und der Anteil der EF an der LF werden jeweils mit 0,1 oder 10 % gewichtet. Die Abbildung 7-8 zeigt, daß hierbei die Länderprogramme von Baden-Württemberg und Nordrhein-Westfalen die höchsten Nutzwerte erzielen. Dies deckt sich mit den Ergebnissen aus Abschnitt 7.2.3, da diese Programme bei der Berechnung der Kosten-

Wirksamkeits-Koeffizienten die besten Werte erreicht haben. Der Abstand zwischen den Programmen kann mit den beiden anderen Präferenzparametern erklärt werden: Hinsichtlich der erzielten Umwelteffekte auf der extensivierten Fläche schneidet Nordrhein-Westfalen deutlich besser ab als Baden-Württemberg, wie unter 7.2.2 und 7.3.1 gezeigt wurde. Dieser Bewertungsnachteil wird durch die breite Umsetzung des Agrarumweltprogramms in Baden-Württemberg jedoch überkompensiert, die mit ca. 80 % der LF 25 mal so hoch ist wie in Nordrhein-Westfalen mit ca. 3,2 %.

Abbildung 7-8: Ausgaben pro Haushalt und Nutzwert der Programme bei hoher Gewichtung des effektiven Mitteleinsatzes

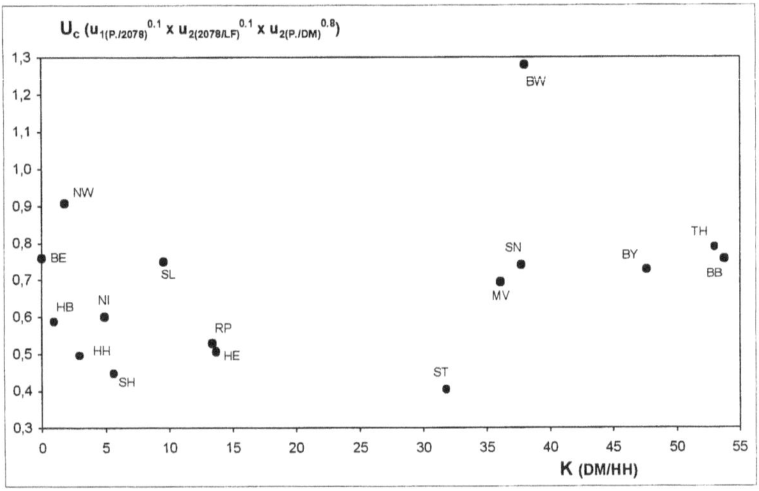

Quelle: Eigene Berechnungen

Welche Schlußfolgerungen können aus diesen Ausführungen gezogen werden? Unabhängig von der absoluten Höhe der erzielten Umwelteffekte sollten die Finanzmittel im Rahmen der Programme aus Steuerzahlersicht effektiv eingesetzt werden. D.h., daß die erzielten Umwelteffekte pro eingesetzter DM vergleichsweise hoch bewertet werden müssen. Eine solche Betrachtung wird mit der Präferenzfunktion U_c in Abbildung 7-8 vorgenommen. Dort wird die Kosten-Wirksamkeit der eingesetzten Mittel mit dem Faktor 0,8 gewichtet. Solange die durchschnittliche Kosten-Wirksamkeit der eingesetzten Mittel gute Werte erzielt, spricht nichts dagegen, daß sich die Ausgaben für Agrarumweltprogramme an der Höhe der gesellschaftlichen Zahlungsbereitschaft orientieren. Den höchsten Nutzwert erreicht in Abbildung 7-8 das Agrarumweltprogramm von Baden-Württemberg. Auf dem zweiten Rang folgt das Programm aus Nordrhein-Westfalen, welches allerdings absolut und pro Haushalt betrachtet einen geringeren Finanzmittelaufwand für die Zielerreichung benötigt. Da die gesellschaftliche Zahlungsbreitschaft in Nordrhein-Westfalen aber nicht annähernd ausgeschöpft ist, wäre das Programm von Baden-Württemberg, mit dem höheren Nutzwert, zu bevorzugen.

8 Diskussion und Ausblick

In diesem Kapitel soll unter 8.1 untersucht werden, ob die Ermittlung der vorteilhaftesten Programmalternative zu einem anderen Ergebnis führt, wenn am ökologischen Referenzsystem Modifikationen vorgenommen werden. Dazu wird der biotische Ressourcenschutz in den Mittelpunkt der Betrachtungen gestellt. Unter 8.2 werden Kritikpunkte an den derzeitigen Agrarumweltprogrammen diskutiert, die bisher nicht angesprochen wurden. Daraus soll weiterer Spielraum für Effizienzverbesserungen im Rahmen der Agrarumweltpolitik abgeleitet werden: Da diese Kritikpunkte den Weg zu einer ergebnisorientierten Honorierung ökologischer Leistungen der Landwirtschaft aufzeigen, wird unter 8.3 ein Umsetzungsvorschlag für ein solches Konzept entwickelt.

8.1 Ergebnisse unter Betonung biotischer Schutzziele

Ein biotischer Ressourcenschutz durch die Landwirtschaft ist meist nicht mit einer Übereinstimmung von landwirtschaftlichen und ökologischen Interessen verbunden, wie dies z.B. bei der Einsparung ertragsteigernder Produktionsmittel der Fall sein kann. Biotischer Ressourcenschutz verlangt aus ökologischer Sicht meist Aktivitäten, die dem Gewinnmaximierungsstreben der Landwirte entgegenstehen, weil sie ganz oder teilweise auf die Produktion von Nahrungsmitteln oder Vorleistungsgütern auf den dafür bereitgestellten Flächen verzichten müssen. In vielen Fällen sind die Anforderungen an die Extensivierung der Produktion so hoch, daß kaum noch eine ernsthafte landwirtschaftliche Mindestproduktivität erwartet werden kann (HAMPICKE 1988).

Dazu soll die untenstehende Abbildung 8-1 betrachtet werden, die den Intensitätsgrad der landwirtschaftlichen Produktion (*I*) in Beziehung zur landwirtschaftlich genutzten Fläche (*LF*) setzt (vgl. HAMPICKE 1988, S. 25). Die Kurve I^a stellt die aktuelle Verteilung der Intensität der Landnutzung bei staatlich gestützten Agrarpreisen dar, die Kurve I^i die Verteilung, die sich einstellt, wenn die Landwirte ihre Produktionsintensität senken oder flächendeckend integriert wirtschaften würden. Wenn der Extensivierungsspielraum zwischen beiden Kurven durch den Übergang vom Status quo landwirtschaftlicher Praxis auf eine flächendeckende integrierte Wirtschaftsweise genutzt wird, halten sich die damit verbundenen Einkommenseinbußen in engen Grenzen (vgl. Kap. 3). I^k symbolisiert den für den biotischen Ressourcenschutz kritischen Intensitätsgrad. Wird auf einer landwirtschaftlich genutzten Fläche I^k überschritten, dann führt dies dort (früher oder später) zu einer Reduzierung der Arten- und Biotopvielfalt. Bleibt es also bei der Intensitätskurve I^i, dann bleibt die Artenvielfalt nur auf der Fläche $\overline{F} - F^i$ erhalten.

Abbildung 8-1: Verteilung der Flächennutzungsintensität (schematisch)

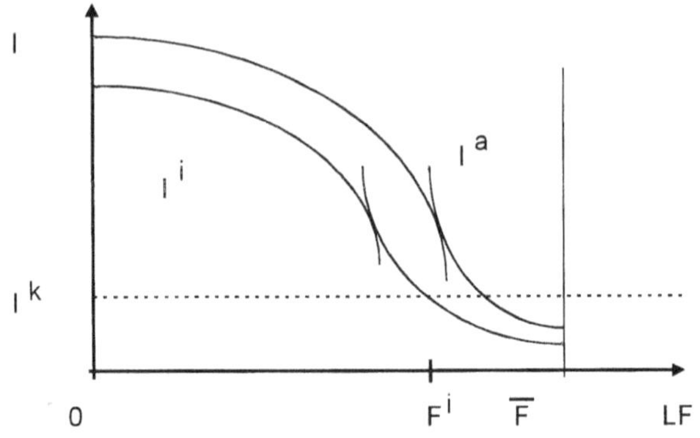

Quelle: Eigene Darstellung

Auch wenn die Größe dieser Fläche ausreichen würde, um Artenschutz zu gewährleisten, kann man nicht davon ausgehen, daß sie dem Flächenanspruch des Naturschutzes in qualitativer Hinsicht genügt. D.h. die räumliche Verteilung und naturschutzgerechte Bewirtschaftung oder Pflege der Flächen muß sichergestellt werden. Genau hier müssen staatliche Agrarumweltprogramme ansetzen.

Im Rahmen der Kosten-Wirksamkeits-Analyse wurden die Umweltwirkungen der Programme am Erreichen abiotischer, biotischer und ästhetischer Schutzziele der Umwelt gemessen. Bei der Bewertung der Länderprogramme wurden alle Schutzziele gleich stark gewichtet. Anhand der folgenden Tabelle 8-1 soll aufgezeigt werden, wie sich die alleinige Berücksichtigung der biotischen Schutzziele auf die das Ranking der Programme auswirkt.

In der linken Spalte von Tabelle 8-1 sind die Länderprogramme nach der Summe der insgesamt realisierten Umweltpunkte auf der landwirtschaftlich genutzten Fläche sortiert. Die mittlere Spalte stellt die Summe der allein für den biotischen Ressourcenschutz erzielten Umweltpunkte dar.

Tabelle 8-1: Umweltwirkungen der Agrarumweltprogramme auf Bundesländerebene unter Berücksichtigung aller Schutzziele und bei ausschließlicher Betrachtung der biotischen Umwelteffeke

Umwelteffekte				Wirkungs-relation *	
alle Umweltpunkte pro 100 ha LF		alle biotischen Umweltpunkte pro 100 ha LF			
BW	94	BW	39	BE	0,45
HH	47	HH	18	BW	0,41
SN	37	TH	13	SH	0,40
TH	34	SN	13	HB	0,40
BY	33	SL	12	TH	0,39
SL	30	BY	10	SL	0,39
BB	21	BB	8	HE	0,39
HE	15	HE	6	NW	0,39
HB	13	HB	5	HH	0,39
RP	11	RP	4	NI	0,38
MV	10	MV	4	MV	0,38
ST	8	ST	3	RP	0,38
NW	7	NW	3	ST	0,37
BE	4	BE	2	BB	0,37
NI	3	NI	1	SN	0,36
SH	2	SH	1	BY	0,29

Quelle: Eigene Berechnungen * (Spalte 2/Spalte 1)

Die Schraffur der Zeilen in der linken Tabellenspalte wandern bei der Neuordnung der Länder in beiden folgenden Spalten mit und sollen Veränderungen beim Ranking optisch unterstreichen. Beim Vergleich der linken mit der mittleren Spalte zeigt sich, daß die Rangplätze der Länderprogramme nur innerhalb enger Grenzen schwanken. Die am besten und am schlechtesten beurteilten Programme bleiben bei der Betrachtung der Umweltpunkte dieselben, unabhängig davon, ob alle oder nur die biotischen Umweltpunkte berücksichtigt werden. Das Programm von Baden-Württemberg erzielt in beiden Fällen mit Abstand die meisten Umwelteffekte auf der landwirtschaftlich genutzten Fläche.

Ein anderes Bild ergibt sich, wenn man die Wirkungsrelationen (rechte Spalte), d.h. die Anteile der biotischen Umweltpunkte an allen Punkten, in den Länderprogrammen betrachtet. Die Wirkungsrelation ist ein Maß für die Ausrichtung der Programme an den biotischen Schutzzielen des Referenzsystems. Bei den bisherigen Berechnungen der Programmwirksamkeiten flossen alle Schutzziele mit einen Gewicht von 33 % in die Ermittlung der Umweltpunkte ein. Bei der Hervorhebung der biotischen Schutzziele in Tabelle 8-1 wurden die beiden anderen gleich Null gesetzt. Eine Wirkungsrelation von über 0,33 bedeutet deshalb, daß in einem Programm vermehrt Maßnahmen umgesetzt werden, deren Umwelteffekte überdurchschnittlich positive Auswirkungen auf die biotischen Schutzgüter der Umwelt haben.

Bayern ist das einzige Bundesland, in dem die Wirkungsrelation unter 0,33 liegt. Dies bedeutet, daß in Bayern verstärkt Wirtschaftsweisen umgesetzt werden, deren Beitrag zum biotischen Ressourcenschutz im Vergleich zum abiotischen und ästhetischen unterdurchschnittlich ist. Der Förderungsschwerpunkt liegt in Bayern beim Integrierten Akkerbau, dessen Entlastungspotential nach Meinung der Experten im abiotischen Umweltbereich liegt. Den höchsten Anteil an biotischen Umweltpunkten innerhalb eines Programms kann Berlin erzielen. Ursache hierfür ist die Förderung des ökologischen Landbaus und des Verzichts auf Herbizide, denn beide Maßnahmen leisten einen relativ hohen Beitrag zum Schutz biotischer Ressourcen.

In der folgenden Abbildung 8-2 werden die Kosten-Wirksamkeits-Koeffizienten einer alle Schutzziele berücksichtigenden Bewertung der Länderprogramme im Vergleich zu einer Bewertung der biotischen Schutzbeiträge beachtet.

Abbildung 8-2: Relativer Vergleich der Ausgabeneffizienz der Bundesländerprogramme gemessen in DM/Umweltpunkt unter Berücksichtigung aller Schutzziele bzw. bei Betrachtung der biotischen Schutzziele

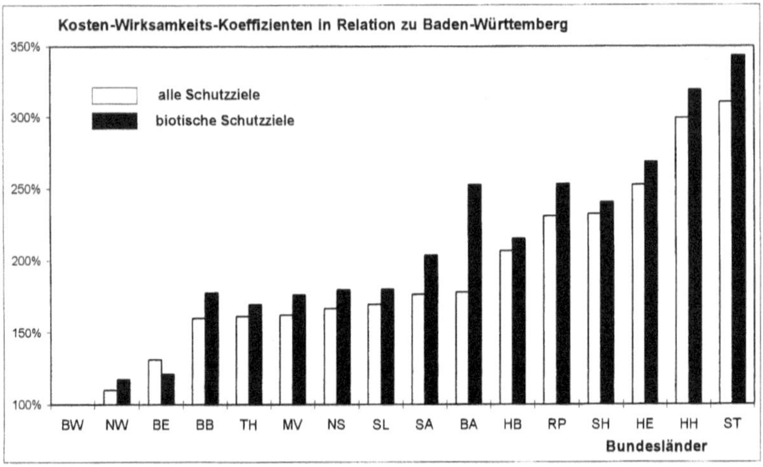

Quelle: Eigene Berechnungen

Die durchschnittliche Kosten-Wirksamkeit der eingesetzten Mittel ist jeweils in Baden-Württemberg mit 130 DM pro Umweltpunkt (alle) bzw. 315 DM pro Umweltpunkt (biotisch) am besten. Das absolute Niveau beider Werte unterscheidet sich deutlich und ist abhängig von den verwendeten Gewichtungsfaktoren für die Schutzziele (vgl. Kap. 5.6). Da nur die relativen Veränderungen interessieren, sind in Abbildung 8-2 die Kosten-Wirksamkeits-

Koeffizienten der Bundesländer im Verhältnis zu den baden-württembergischen Werten dargestellt.

Die Bewertung der biotischen Zielbeiträge der Programme zeigt, daß bis auf das Agrarumweltprogramm in Berlin alle Länderprogramme ihre relative Stellung zu Baden-Württemberg noch verschlechtern. Ursache hierfür ist, daß Berlin über das einzige Programm mit einer höheren biotischen Wirkungsrelation als Baden-Württemberg verfügt. Insgesamt ändert sich das Ranking der Länder nach den Kosten-Wirksamkeits-Koeffizienten nur wenig. Lediglich die Länder Brandenburg und Bayern würden sich bei der Betrachtung biotischer Schutzziele um zwei Rangplätze und Rheinland-Pfalz um einen Rangplatz verschlechtern. Einen besseren Platz würden die Länder Thüringen, Bremen und Mecklenburg-Vorpommern erzielen. Schleswig-Holstein würde sich um zwei Rangplätze verbessern.

Festzuhalten bleibt, daß sich bei einer Bewertung des biotischen Schutzpotentials der geförderten Wirtschaftsweisen die Bewertungsrelationen der Programme nur in wenigen Fällen verändern. Die Auswahl der besten Programmalternative wird bestätigt.

8.2 Kritik am handlungs- und kostenorientierten Ansatz der Agrarumweltprogramme

Im Rahmen dieser Arbeit wurde herausgearbeitet, daß das Agrarumweltprogramm des Landes Baden-Württemberg das aus volkswirtschaftlicher und ökologischer Sicht beste unter den gegebenen Programmen ist. Dieses Programm wurde 1992 unter dem Namen Marktentlastungs- und Kulturlandschaftsausgleichsprogramm (MEKA) eingeführt und ist inzwischen von verschiedenen Stellen evaluiert worden (vgl. LINCHK et al. 1997, S. 255 ff.). Das MEKA verfolgt, wie alle Agrarumweltprogramme, die in der VO (EWG) 2078/92 vorgegebenen Ziele der Umweltverbesserung, Marktentlastung und Einkommenssicherung. Diese Ziele sollen erreicht werden, indem extensive und umweltschonende landwirtschaftliche Wirtschaftsweisen gefördert werden, die einen Beitrag zur Pflege und Erhaltung der Kulturlandschaft leisten.

Eine umfassende Evaluierung des MEKA-Programms wurde von ZEDDIES und DOLUSCHITZ (1996) vor allem aus betriebswirtschaftlicher Sicht vorgelegt. Die Autoren kommen zu einer grundsätzlich positiven Bewertung des Programms, weil es das Bewußtsein der Landwirte für die Erhaltung der Kulturlandschaft erhöht, zu einer vermehrten Anwendung umweltschonender Wirtschaftsweisen führt und der Förderungsansatz sowohl unter den Landwirten als auch in der Allgemeinheit eine hohe Akzeptanz genießt.

Kritik üben sie in folgender Weise: Am wenigsten sehen sie von den verfolgten Programmzielen das Ziel Entlastung landwirtschaftlicher Märkte realisiert, weil nur auf einem relativ kleinen Teil der Fläche tatsächlich geringere Erträge realisiert werden. Bei einigen Förderungsmaßnahmen decken sie darüber hinaus sehr hohe Einkommenswirkungen auf, die zu Mitnahmeeffekten führen. Weitere Schwächen des Programms sehen sie darin, daß Tatbestände gefördert werden, die weder gezielt zur Erhaltung der Kulturlandschaft noch gezielt zur Reduzierung von Umweltbeeinträchtigungen beitragen. ZEDDIES und DOLUSCHITZ nennen als Beispiel hierfür die Förderung eines Verzichts auf Wachstumsregulatoren auch in Regionen, in denen gewöhnlich solche Mittel gar nicht eingesetzt werden. Wenn ein Landwirt für die Beibehaltung bestimmter extensiver Wirtschaftsweisen eine finanzielle Förderung erhält, ohne sich betrieblich anpassen zu müssen, stellt sich kein unmittelbarer Entlastungseffekt für die Umwelt ein. Die OECD (1998, S. 55) erkennt diese Problematik ebenfalls, weist aber darauf hin, daß in diesen Fällen zumindest eine Intensivierung der Landbewirtschaftung verhindert wird, oder ein Brachfallen von Flächen in benachteiligten Regionen vermieden werden kann.

ZEDDIES u. DOLUSCHITZ zeigen außerdem, daß eine hohe Teilnahmebereitschaft tendenziell dann vorliegt, wenn die Betriebe über wenig ertragreiche Flächen verfügen, die bereits vorher extensiv genutzt wurden, oder wenn die einzelbetrieblichen Anpassungen an die Bewirtschaftungsauflagen nur niedrige oder gar keine Opportunitätskosten verursachen. Daß dies vermehrt auf Regionen mit ungünstigen natürlichen Bedingungen und geringer Bodennutzungsintensität zutrifft, kann bei fast allen in Deutschland umgesetzten Agrarumweltprogrammen beobachtet werden (OSTERBURG et al. 1997). In begünstigten Ertragsregionen sind die betrieblichen Anpassungskosten i.d.R. größer, und eine hohe Inanspruchnahme auf diesen Standorten könnte nur durch höhere Prämien erzielt werden (BAUDOUX et al. 1997). Dies könnte erreicht werden, wenn die Prämien an die Bodenqualität gekoppelt wären. Eine solche Differenzierung der Prämien findet im MEKA und in den übrigen Agrarumweltprogrammen, von wenigen Einzelmaßnahmen abgesehen, nicht statt (OSTERBURG et al. 1997). Folge hiervon ist, daß die Mitnahmeeffekte bei den Agrarumweltprogrammen erfahrungsgemäß mit der Teilnahmerate der Landwirte ansteigen (REITER 1994), und die Effektivität für die Umwelt bei hohen Teilnahmeraten abnimmt (LATACZ-LOHMANN 1993, HANF 1993). In landwirtschaftlich intensiv genutzten Regionen kann die fehlende Prämiendifferenzierung dazu führen, daß die Programme kaum greifen (GEIER et al. 1996). Gegen eine Differenzierung der Prämien zur Vermeidung dieses Problems kann allerdings das Argument angeführt werden, daß für die gleiche ökologische Leistung auch dieselbe Prämie gezahlt werden sollte.

BRONNER et al. (1997, S. 358) fordern in Bezug auf die Weiterentwicklung des MEKAs, den ausschließlich handlungsorientierten Ansatz der Förderung um eine positiv definierte Erfolgsorientiertheit zu ergänzen, damit das Interesse der Landwirte am konkreten Naturschutzerfolg erhöht wird.

Weitere Kritik am MEKA und den Agrarumweltprogrammen ist darin zu sehen, daß der Nutzen für die Umwelt durch die begrenzte Laufzeit der Programme erheblich beeinträchtigt werden kann. Auch die EU-Kommission hat die Mängel an den Agrarumweltprogrammen erkannt und empfiehlt dem Rat, im Rahmen der AGENDA 2000 den Akzent bei der Weiterentwicklung der Programme stärker auf die Bereitstellung von Umweltdienstleistungen zu legen (KOM 1997, S. 32).

Stärker auf die Bereitstellung von Umweltdienstleistungen ausgerichtet sind Programme zur Honorierung ökologischer Leistungen der Landwirtschaft. Sie stellen das agrarpolitische Gegenstück einer Sanktionierung negativer Umweltwirkungen der Landwirtschaft dar. Dabei werden im Idealfall die positiven externen Effekte spezieller landwirtschaftlicher Nutzungsformen und Betriebssysteme entsprechend ihrer regionalen Knappheit und gesellschaftlichen Bedeutung über finanzielle Anreize gesteuert (BAUER 1997). Konzepte, die diesem Anspruch eher genügen als die derzeitigen Agrarumweltprogramme in Deutschland sind das Ökopunkte-Programm Niederösterreich (Ökopunkte-NÖ) und das Ökopunkte-Modell von Knauer. Auf die Vorzüge und die Unterschiede dieser Konzepte im Vergleich zu den Agrarumweltprogrammen soll deshalb näher eingegangen werden.

HOFMANN et al. (1995) schlagen vor, die verschiedenen Möglichkeiten zur Vergütung von Umweltleistungen der Landwirtschaft anhand von drei Merkmalen zu unterscheiden. Dies sind 1. der Ansatzpunkt oder die Bezahlung der vorgeschlagenen Maßnahmen, 2. die ökonomische Bewertung der erbrachten Leistungen und 3. die Formulierung der verfolgten Ziele. Diese Differenzierung wird in der folgenden Abbildung 8-3 auf die Agrarumweltprogramme, das Ökopunkte-Modell von KNAUER (1992b und 1993) und das Ökopunkte-Programm der Agrarbezirksbehörde in Niederösterreich angewendet (vgl. dazu MAYERHOFER 1996a und 1996b).

Abbildung 8-3: Klassifizierung verschiedener Konzepte zur Honorierung von Umweltleistungen der Landwirtschaft

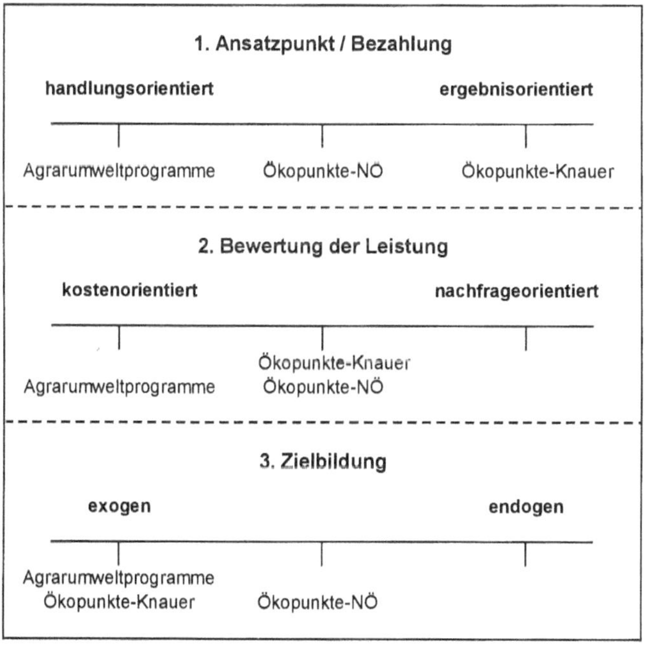

Quelle: Nach HOFMANN et al. 1995, S. 99

Bezüglich des Ansatzpunktes und der Bezahlung unterscheiden HOFMANN et al. (1995) **handlungsorientierte** und **ergebnisorientierte** Konzepte. Bei handlungsorientierten Konzepten werden festgelegte Maßnahmen gefördert, wie beispielsweise der Verzicht auf Düngung. Diese Vorgehensweise zeichnet sich durch eine relativ einfache Feststellung und Kontrolle der erbrachten Leistungen aus. In den derzeitigen Agrarumweltprogrammen werden ausschließlich festgelegte Maßnahmen gefördert. Der große Nachteil eines handlungsorientierten Konzeptes besteht darin, daß die Landwirte nur die vorgegebenen Bewirtschaftungsauflagen einhalten, ohne auf die ökologischen Effekte ihres Handelns achten zu müssen. Eine handlungsorientierte Bezahlung bietet den Landwirten keinen Anreiz zur aktiven Mitgestaltung und Erreichung der verfolgten Umweltziele.

Der Bewertungsrahmen des Ökopunkteprogramms NÖ unterscheidet Ackerland, Dauerkulturen und Grünland sowie die Bewertungsparameter Fruchtfolge, Bodenbedeckung, Schnitthäufigkeit, Düngungsintenstät, Düngerart, Schlaggröße, Grünlandalter, Pflanzenschutzmitteleinsatz und Landschaftselemente. Alle Flächen eines Betriebes werden anhand dieses Bewertungsrahmens eingestuft, die Punkte aufsummiert und so ein Ökopunktwert für jeden Betrieb ermittelt (MAYERHOFER 1996b). Das Ökopunkte-Programm von Niederösterreich ist bezüglich des Ansatzpunktes und der Bezahlung zwischen Handlungs- und Ergebnisorientierung anzuordnen, weil es sowohl Aktivitäten mit stärker handlungsorientiertem Charakter fördert (z.B. extensive Wirtschaftsweisen, weite Fruchtfolgen), als auch ergebnisorientiert ausgerichtet ist, weil für die teilnehmenden Betriebe der Anreiz besteht, die Ökopunktzahl von Jahr zu Jahr durch gezielte Extensivierungsschritte, wie z.B. die Anlage weiterer Hecken, zu erhöhen.

Besonders gefordert ist die aktive Mitarbeit der Landwirte im Hinblick auf die Erreichung der ökologischen Ziele bei dem Ökopunktemodell von KNAUER (1993). Hier ist die Höhe der Prämie direkt an die erbrachte Umweltleistung geknüpft. Dafür wurde von KNAUER ein nach Landschaftstypen und ökologischen Leistungen gegliederter Punktekatalog entwickelt. Die Bezahlung ist beispielsweise abhängig vom Vorhandensein und der Anzahl seltener Pflanzenarten auf einer Fläche. Die enge Verknüpfung von Leistung und Bezahlung läßt eine hohe ökologisch-ökonomische Effizienz des Programms erwarten, was darüber hinaus die Akzeptanz eines solchen Programms in der nicht-landwirtschaftlichen Bevölkerung erhöhen dürfte (HOFMANN et al. 1995, S. 97). Das Ökopunkte-Modell von KNAUER wurde bisher aber nicht praktisch umgesetzt. Die besondere Problematik eines ergebnisorientierten Ansatzes ist in der Definition, Messung und Kontrolle der erbrachten ökologischen Leistungen zu sehen. Auf diese Punkte wird deshalb in Abschnitt 8.3. vertieft eingegangen.

Eine ergebnisorientierte Honorierung führt nach Ansicht von SCHUMACHER (1995, S. 183) insbesondere im biotischen Ressourcenschutz zu einem ökonomisch effizienteren Fördermitteleinsatz, weil nach dem Zielerreichungsgrad vergütet wird. Der Rat von Sachverständigen für Umweltfragen ist ebenfalls dieser Meinung und gibt einer ergebnisorientierten Honorierung ökologischer Leistungen der Landwirtschaft den Vorzug gegenüber der Zahlung von Prämien für die bloße Einhaltung bestimmter Bewirtschaftungsauflagen (SRU 1994, S. 318).

Die Bewertung der erbrachten Leistung kann **kosten-** oder **nachfrageorientiert** erfolgen. Bei den Agrarumweltprogrammen wird kostenorientiert gefördert. Die Prämien richten sich nach dem durchschnittlichen entgangenen Deckungsbeitrag bei der Umsetzung der umweltschonenden Wirtschaftsweise. Je weniger die Prämienzahlungen regional, d.h. nach landwirtschaftlichen Gunst- und Ungunstlagen differenziert sind, um so stärker können die Einkommenseffekte der Landwirte bei dieser Art der Bezahlung überkompensiert werden, was zu einer vergleichsweise geringen ökologisch-ökonomischen Effizienz der Programme führen kann (HOFMANN et al. 1995, S. 98).

Die beiden Ökopunkte-Programme nehmen hinsichtlich der Bewertung der erbrachten Leistungen eine Mittelstellung zwischen Kosten- und Nachfrageorientierung ein. Im KNAUER'schen Modell ergeben sich die Preise für die ökologischen Leitungen aus dem Zusammenspiel der angebotenen Leistungen von Seiten der Landwirte und den bereitgestellten staatlichen Budgetmitteln. Beim Ökopunkte-Programm NÖ erfolgt die monetäre Bewertung der Leistung über die erzielten Ökopunkte. Dabei wird jeder Ökopunkt mit einem bestimmten Geldbetrag gleichgesetzt. Wie dieser Betrag festgelegt wird, ist allerdings wenig objektiv, weil die vorhandenen Budgetmittel einfach durch die Summe aller erzielten Ökopunkte dividiert werden. Beide Konzepte gehen davon aus, daß die Budgetmittel die gesellschaftliche Nachfrage nach ökologischen Leistungen und bäuerlicher Kulturlandschaft widerspiegeln, hinterfragen dies aber nicht. Eine Bewertung der ökologischen Leistungen anhand der gesellschaftlichen Nachfrage nach Umweltgütern wird von keinem Konzept vorausgesetzt.

In den Gutachten der wissenschaftlichen Beiräte (SRU 1996 und BMELF 1996) finden sich bezogen auf Agrarumweltprogramme als wichtiger Kritikpunkt ebenfalls die Frage nach der Bezahlung der ökologischen Leistungen der Landwirtschaft. Nach Meinung des Wissenschaftlichen Beirats beim Bundesministerium für Ernährung, Landwirtschaft und Forsten ist der wirtschaftliche Wert der entgangenen Nutzungsmöglichkeiten die relevante Orientierungsgröße (BMELF 1996, S. 11). Der Sachverständigenrat für Umweltfragen plädiert dagegen für eine Ausrichtung an dem volkswirtschaftlichen Wert der ökologischen Leistungen (SRU 1994, S. 318). Dieser Wert ist allerdings schwer zu ermitteln, weil die ökologischen Leistungen nicht auf realen Märkten gehandelt werden (können), und sie deshalb keinen Preis haben. Grundsätzlich bleibt die Frage, ob sich die Honorierung stärker am ökonomischen Kalkül der Landwirte, den gesellschaftlichen Präferenzen oder an ökologischen Erfordernissen orientieren soll, bestehen (ZIMMER 1991).

Hinsichtlich der Zielbildung können Programme mit **exogener Zielvorgabe** von solchen mit **endogener Zielentwicklung** unterschieden werden (HOFMANN et al. 1995, S. 98). Bei einer exogenen Zielvorgabe werden der angestrebte Umweltzustand oder die geforderten ökologischen Leistungen von der zuständigen Planungsbehörde festgelegt. Eine endogene Entwicklung der Ziele liegt vor, wenn die betroffenen Landwirte und Bevölkerungsgruppen am Entscheidungsprozeß beteiligt werden. Bei den Agrarumweltprogrammen und dem Ökopunkte-Modell von KNAUER werden alle Ziele exogen vorgegeben. Dies kann dazu führen, daß das Interesse und die Verantwortung für das Erreichen der Programmziele bei den Beteiligten relativ gering ist (HOFMANN et al. 1995, S. 50). Anderseits hält sich der Verwaltungsaufwand in Grenzen, weil die Anzahl der Honorierungstatbestände gering gehalten werden kann. Das Ökopunkte-Programm NÖ geht vom Prinzip der Selbstkontrolle und -verwaltung aus. Die Landwirte bieten die ökologischen Leistungen als örtliche Gruppe über Mittlerstellen der Gesellschaft an und werden von dieser dafür honoriert. An der Umsetzung des Programms sind verschiedene lokale Akteure beteiligt, so daß in Teilbereichen eine endogene Zielbildung erfolgen kann. Durch die Einbindung der lokalen Akteure wird das Interesse für die Gestaltung der Umwelt gefördert (HOFMANN et al. 1995, S. 50).

Defizite bei den derzeitig angewendeten Agrarumweltprogrammen bestehen sowohl im rein handlungsorientierten Ansatz der Programme, in der einseitigen Orientierung der Prämienhöhen am Kostenkalkül der Landwirte und in der exogenen Vorgabe der zu erreichenden Programmziele. In allen Bereichen könnten deshalb bei einer Umstrukturierung der Programme im Sinne eines Konzeptes zur Honorierung ökologischer Leistungen der Landwirtschaft weitere Effizienzverbesserungen realisiert werden.

In Abschnitt 8.3 wird diese Kritik aufgegriffen und eine Perspektive für die Weiterentwicklung der Agrarumweltprogramme aufgezeigt. Es wird ein Konzept zur Honorierung ökologischer Leistungen der Landwirtschaft entwickelt, das stärker als das Ökopunkte-Programm von Niederösterreich ergebnisorientiert ausgerichtet ist und die Umsetzungsprobleme des von Knauer vorgeschlagenen Modells überwinden soll.

8.3 Perspektiven für ein ergebnisorientiertes Konzept zur Honorierung ökologischer Leistungen der Landwirtschaft

Die Agrarumweltprogramme der EU sind den umweltpolitischen Anreizinstrumenten zuzuordnen. Bei ihrer Umsetzung wird teilweise das Gemeinlastprinzip zu Gunsten der Landwirtschaft angewendet, was mit verteilungspolitischen Gesichtspunkten begründet wird (AHRENS 1992). Da die Trennung ökologischer Leistungen von der Vermeidung negativer Umweltbelastungen der Landwirtschaft im Detail eine nur schwer zu lösende Aufgabe ist, bleibt die endgültige umweltpolitische Einordnung der Programme aber schwierig (BROMLEY 1997). Mit der EU-Verordnung 2078/92 werden den Landwirten für bestimmte Bereiche der Naturnutzung die Nutzungsrechte implizit zugeteilt. Werden mit den Instrumenten nur ökologische Leistungen der Landwirtschaft finanziell honoriert, die über die gesetzlich fixierten Betreiberpflichten im Rahmen der „guten fachlichen Praxis“ oder der „ordnungsgemäßen Landbewirtschaftung“ hinausgehen, handelt sich um die Bereitstellung öffentlicher Güter, die der Markt nicht sicherstellt. Auch der Rat von Sachverständigen für Umweltfragen (SRU 1996) sieht in den Grundsätzen ordnungsgemäßer Landwirtschaft einen Mindestmaßstab für eine umweltschonende Landbewirtschaftung, der Voraussetzung für darüber hinausgehende entgeltwürdige Leistungen der Landwirtschaft sein muß. Dies bedeutet freilich nicht, daß alle landwirtschaftlichen Leistungen, die über den gesetzlich fixierten Ordnungsrahmen hinausgehen, staatlicherseits honoriert werden müssen. Zum einen ist es denkbar, daß diese Leistungen gar nicht knapp sind, weil sie als Koppelprodukte der Produktion von Nahrungsmitteln und Rohstoffen erzeugt werden, wie u.a. SCHEELE u. ISERMEYER (1989) herausstellen. Zum anderen ist zu überprüfen, ob nicht andere (effizientere) Bereitstellungsmechanismen vorstellbar sind, wie bspw. die nicht öffentliche Bereitstellung von Naturschutz- und Landschaftspflegeleistungen durch private Vereinigungen, wie ZIMMER (1994) darlegt. Letztlich stellt sich (bis zur Klärung der Nutzungsrechte an der Natur) immer die Frage, ob ökologische Transferzahlungen einen Ausgleich für die im Grunde sozialpflichtige Einhaltung ökologischer Mindeststandards sind oder eine legitimierbare Entlohnung für die Bereitstellung ökologischer Leistungen darstellen (EGGERS u. HAGEDORN 1998, S. 482).

Bevor politische Anreizinstrumente massiv umgesetzt werden, müßten nach ökonomischem Verständnis die folgenden Bedingungen überprüft bzw. geschaffen werden:

1. Den Marktmechanismus im Agrarsektor überprüfen; Marktunvollkommenheiten abstellen
2. Durch Ordnungsrecht die einzelwirtschaftlichen Grenzkosten der landwirtschaftlichen Produktion mit den volkswirtschaftlichen GK in weitgehende Übereinstimmung bringen
3. Über die Zuteilung von Verfügungsrechten an der Naturnutzung Marktlösungen im Umweltbereich ermöglichen (wie z.B. Verhandlungslösungen im Grundwasserschutz)
4. Für noch nicht internalisierte (positive) externe Effekte der landwirtschaftlichen Produktion ein Konzept zur Honorierung ökologischer Leistungen der Landwirtschaft umsetzen

Mit der Agenda 2000 hat die Europäische Union eine Reform für die Weiterentwicklung der EU-Agrarpolitik eingeleitet. Preissenkungen in Verbindung mit höheren Direktzahlungen sollen die Wettbewerbsfähigkeit der europäischen Landwirtschaft erhöhen, den Weg für die Integration neuer Mitgliedstaaten ebnen und die Stellung der EU in der kommenden WTO-Runde stärken. Ein Teil der höheren Direktzahlungen wird den Mitgliedstaaten in Form eines Finanzrahmens bereitgestellt werden, über den sie auf Basis bestimmter Kriterien nach freiem Ermessen und entsprechend ihren eigenen Prioritäten verfügen können (KOM 1998a, S. 2). In diesem Zusammenhang wird u.a. die Bindung dieser Zahlungen an ökologische Mindeststandards im Sinne von Cross Compliance diskutiert (IVERSEN-BERICHT 1998, S. 11). Für Leistungen, die über das Mindestmaß an guter landwirtschaftlicher Praxis hinausgehen, soll die Gesellschaft den Landwirten nach Ansicht der EU-Kommission einen finanziellen Ausgleich zahlen (KOM 1999, S. 20).

Auch der wissenschaftliche Beirat beim Bundeslandwirtschaftsministerium spricht sich für Preissenkungen und die Abschaffung der staatlichen Marktinterventionen innerhalb von 10 Jahren sowie aller Preisausgleichszahlungen innerhalb eines Zeitraumes von 15 Jahren aus (WISSENSCHAFTLICHER BEIRAT 1998, S. 26). Ein zukünftiges Betätigungsfeld der Agrarpolitik sieht auch er in der stärkeren Berücksichtigung der gesellschaftlichen Anforderungen an eine umweltgerechte Landwirtschaft.

Diese Äußerungen machen deutlich, daß die Verwendung von Steuergeldern für Leistungen der Landwirtschaft, die über die Produktion von Nahrungsmitteln und Rohstoffen hinausgehen, auf ein aus gesellschaftlicher Sicht dauerhaft tragfähiges Fundament gestellt werden müssen. Deshalb soll im Folgenden ein Konzept zur Honorierung ökologischer Leistungen vorgestellt werden, das sich stärker an marktwirtschaftlichen Prinzipien orientiert als die gegenwärtigen Agrarumweltprogramme. Dieses Konzept wurde am Studienzentrum für Landwirtschaft und Umwelt in Göttingen von einer interdisziplinären Arbeitsgruppe entwickelt (vgl. GEROWITT et al. 1998). Zunächst werden die prinzipiellen Voraussetzungen einer ergebisorientierten Honorierung erläutert.

Prinzipielles Vorgehen

Eine ergebnisorientierte Honorierung ökologischer Leistungen der Landwirtschaft setzt voraus, daß diesen Leistungen ein Preis zugeordnet werden kann. Gelingt dies, eröffnet sich die Möglichkeit, die Bereitstellung dieser Güter dezentral nach marktwirtschaftlichen Prinzipien zu organisieren. Mit einer ergebnisorientierten Honorierung ökologischer Leistungen gegenüber den derzeitigen Agrarumweltprogrammen sollen der Nutzen für die Umwelt weiter erhöht, die starren Bewirtschaftungsauflagen für die Landwirte verringert und ihre Motivation zur aktiven Programmteilnahme gestärkt werden.

Während der handlungsorientierte Ansatz das Tun oder Unterlassen einer Handlung honoriert, wie z.B. keine Pflanzenschutzmittel einzusetzen oder Grünland zu einem festgelegten Termin zu schneiden, setzt der ergebnisorientierte Ansatz beim Ergebnis der Handlung an, welches z.B. ein bestimmter Kräuteranteil im Acker- oder Grünland sein kann.

Der erste Weg erfordert einen Katalog von Handlungsanweisungen, deren Umsetzung unabhänigig vom Ergebnis zur Entlohnung führt. Dieser Weg enthält viele Reglementierungen und blockiert möglicherweise effektivere Handlungslösungen, weil kein Anreiz für eigenverantwortliches Handeln besteht. Damit es mit der Honorierung ökologischer Leistungen möglich ist, diese Anreize zu schaffen, müssen die zu erbringenden Leistungen bestimmte Voraussetzungen erfüllen:

1. Die Leistung muß dem Einzelbetrieb oder lokalen Betriebsgruppen zuzurechnen sein.
2. Die Leistung muß freiwillig erbracht werden.
3. Das Ergebnis der Leistung muß erfaßbar sein.
4. Der Gesellschaft und dem Naturhaushalt darf kein vermeidbarer und grundsätzlicher Schaden entstehen, wenn Einzelne die Leistung nicht erbringen wollen (Freiwilligkeit).
5. Ordnungsgemäße Landwirtschaft und gute fachliche Praxis stellen die gesetzliche Basis für alle Aktivitäten dar. Die Ziele ökologischer Leistungen müssen so gesetzt werden, daß sie mit diesem gesetzlich vorgeschriebenen Maß nicht zu erreichen sind, sondern weitergehende Anpassungen voraussetzen.

Die unter 1.-5. aufgeführten Punkte können als Leitfaden dienen, um zu entscheiden, in welchen Bereichen ökologische Güter honoriert werden können. Dazu werden die Bereiche „Wasser", „Boden" „Floristische Biodiversität" und „Faunistische Biodiversität" unterschieden. Werden auf diese Bereiche die formulierten Bedingungen „Zurechenbarkeit", „Freiwilligkeit der Produktion" und „Erfaßbarkeit der Ergebnisse" projiziert, so wird deutlich, daß

- für Güter des Bereichs „Boden" zwar die Zurechenbarkeit zum Betrieb gegeben wäre, aber eine ergebnisorientierte Erfassung kaum zu realisieren ist. Auch der Freiwilligkeit der Produktion sind, insbesondere bei der Verhinderung von Bodenerosion, Grenzen gesetzt.
- Güter des Bereichs „Wasser" weder ergebnisorientiert erfaßt werden können noch die Freiwilligkeit der Produktion akzeptiert werden könnte. Zudem ist die betriebliche Zurechenbarkeit häufig nicht gegeben.
- Güter der „Faunistischen Biodiversität" zwar zurechenbar wären und freiwillig produziert werden könnten, aber mit vertretbarem Aufwand nicht ergebnisorientiert erfaßbar sind.
- Güter der „Floristischen Biodiversität" zurechenbar und ergebnisorientiert erfaßbar sind. Eine freiwillige Produktion erscheint für den Naturhaushalt akzeptabel.

Für die Bereiche „Wasser" und „Boden" gilt darüber hinaus, daß viele Qualitätsziele bereits durch den bestehenden ordnungspolitischen Rahmen abgedeckt sind.

Das hier dargestellte Konzept geht deshalb davon aus, die Vegetationsstrukturen von Acker- und Grünland sowie von Zwischenstrukturen, die sich auf der Betriebsfläche befinden, als „Ergebnis" für die Grundlage der Honorierung zu nutzen. Dieses „Ergebnis" kann von dem Landwirt festgehalten und dessen Bedeutung kann ihm vermittelt werden. Wichtig ist auch, daß er Kenntnisse aus seiner Tätigkeit als „Manager von (Kultur)-Pflanzenbeständen" einbringen kann; dieses Wissen kann auf andere Pflanzen übertragen werden. Darüber hinaus stellt eine diverse, in bestimmten Größenordnungen vorhandene Vegetationsstruktur eine Maßeinheit für andere ökologische Wirkungen dar.

Die Entscheidung darüber, welche ökologischen Güter in dem herausgearbeiteten Bereich „Floristische Biodiversität" knapp sind und daher produziert werden sollen, können einem auf regionaler Ebene arbeitenden Beirat übertragen werden, dessen Mitglieder die landwirtschaftlichen und Naturschutzinteressen sowie die Kommunalpolitik vertreten (eine Orientierung an den Strukturen von Landschaftspflegeverbänden wäre z.B. denkbar). Ein solcher partizipativer Ansatz würde dazu beitragen, bestehende Kommunikationsbarrieren zwischen Landwirten und Naturschützern zu durchbrechen. Auf diese Weise könnte ein Teil des Zielbildungsprozesses, ähnlich wie beim Ökopunkte-Programm Niederösterreich, endogen, d.h. unter Beteiligung aller Akteure, erfolgen.

Sind die aufgezählten Voraussetzungen (1.-5.) erfüllt, kann der Landwirt ein ökologisches Gut mit einer bestimmten Beschaffenheit erzeugen; dafür wird ihm ein bestimmter Preis gezahlt. Ob es sich für ihn lohnt, in die Produktion dieses Gutes einzusteigen, entscheiden seine Opportunitätskosten im Verhältnis zu diesem Preis. Voraussetzung für den Einstieg des Landwirts ist die grundsätzliche Verläßlichkeit der für das ökologische Gut gewährten Zahlungen.

Katalog ökologischer Güter

Zunächst ist es zweckmäßig, sich eine Übersicht über die Güterarten, die der Landwirt produzieren kann, zu verschaffen (Übersicht 8-1).

Übersicht 8-1: Ökologische Güterarten im Bereich „Floristische Biodiversität"

- Pflanzen bei Ackernutzung
- Pflanzen bei Grünlandnutzung
- Pflanzen in nicht produktiven Zwischenstrukturen

Quelle: GEROWITT et al. 1998

Jedes ökologische Gut wird durch zwei Komponenten definiert (vgl. Übersicht 8-2):

1. Durch den Anteil (Masse, Deckung, Fläche) von 'Wildpflanzen' (Unkräuter, Kräuter, Leguminosen, Sträucher) im Kulturpflanzenbestand und
2. durch die vorhandene Anzahl an Wildpflanzenarten.

Übersicht 8-2: Beispielhafter Katalog ökologischer Güter

Ökologisches Gut	**Qualitätsmerkmale**
Ackerbau	
● > 10 % Deckungsgrad Restverunkrautung in Getreide, Raps, Körnerleguminosen	Präsenz von > 5 Arten/Schlag
⊕	Präsenz von > 15 Arten/Schlag
⊕	Präsenz von > 25 Arten/Schlag
● > 5 % Deckungsgrad Restverunkrautung in Zuckerrüben, Kartoffeln, Mais	Präsenz von > 5 Arten/Schlag
⊕	Präsenz von > 15 Arten/Schlag
⊕	Präsenz von > 25 Arten/Schlag
Grünland	
● 1. Aufwuchs (Mai): > 20 % Ertragsanteil Kräuter + Leguminosen	> 8 dikotyle Arten/Schlag
⊕	> 15 dikotyle Arten/Schlag
⊕	> 20 dikotyle Arten/Schlag
● Folgeaufwüchse: > 30 % Ertragsanteil Kräuter + Leguminosen	> 8 Arten/Schlag
⊕	> 15 dikotyle Arten /Schlag
⊕	> 20 dikotyle Arten/Schlag
Zwischenstrukturen	
● m² dauerhaft begrünte Feldrainfläche	
⊕	> 30 Arten/100m²
● m² dauerhaft bepflanzte Heckenfläche	
⊕	> 20 Gehölzarten/100m²

● = Basisgut
⊕ = zusätzliches Qualitätsmerkmal

Quelle: GEROWITT et al. 1998

Im Hinblick auf die Qualität des ökologischen Gutes kann unterschieden werden zwischen Basis- und Qualitätsgut. Das Basisgut zeichnet sich im Wesentlichen durch einen gewissen Mindestanteil wildwachsender Pflanzen aus; werden gleichzeitig bestimmte Anzahlen an Arten je Flächeneinheit überschritten, ist das ökologische Gut als höherwertig einzustufen und wird entsprechend als Qualitätsgut bezeichnet. Die Produktion des Qualitätsgutes stellt für den Landwirt einen zusätzlichen Anreiz dar. Es besteht für ihn zwar keine Garantie, daß sich die Qualitätsziele einstellen, aber es besteht eben auch die Möglichkeit, durch geschicktes Management den Deckungsbeitrag zu erhöhen.

In Übersicht 8-2 sind Beispiele gegeben, wie konkrete Güter der Güterarten aus Übersicht 8-1 zu beschreiben sind. Die Ausgestaltung der Qualitätsmerkmale eröffnet die Chance der regionalen Differenzierung, indem die Qualitätsstandards (Artenzahlen, Pflanzenanteile) regionsspezifisch variiert werden. Das Kriterium der Artenzahl kann auch näher bestimmt werden, z.B. für seltene Pflanzenarten oder Pflanzengesellschaften. Bei der praktischen Umsetzung würde diese Ausgestaltung inhaltlich für eine Region ausgearbeitet und mit dem o.g. Beirat diskutiert.

Die Herstellung der ökologischen Güter ist auf unterschiedliche Weise, z.B. durch einen Verzicht auf chemische Unkrautbekämpfung, einer selektiven chemischen oder mechanischen Unkrautbekämpfung, einer erweiterten Fruchtfolge, einer reduzierten Stickstoffdüngung oder aus Kombinationen hieraus möglich. Auch die Anpflanzung und Einsaat von Hecken und Feldrainen ist denkbar. Wichtig ist, daß der Landwirt seine Aktivitäten selbständig plant und realisiert, nachdem er sich freiwillig entschieden hat, eine Leistung zu erbringen. Der Weg, dieses Ziel zu erreichen, kann von ihm frei gestaltet werden. Dies ist ein wesentlicher Unterschied zu den gegenwärtigen Agrarumweltprogrammen. Das Ergebnis der ökologischen Leistungen der Landwirtschaft, das ökologische Gut, ist eine höhere pflanzliche Diversität auf der Produktionsfläche.

Preise für ökologische Güter

Die Höhe der Nachfrage nach ökologischen Gütern entscheidet letztendlich über die erreichbare Versorgung mit diesen Gütern und über die Auswirkungen auf die Landwirtschaft. Wenn man die Landwirte als Unternehmer sieht, die (u.a.) die Wahl haben Agrarprodukte im „klassischen" Sinne oder ökologische Güter zu produzieren, dann ist es nur folgerichtig[7], wenn auch die Preise für die ökologischen Güter von den Präferenzen der Bevölkerung abhängig gemacht würden. Da aber ökologische Güter öffentliche Güter sind, kann die Nachfrage nicht auf einem Spontanmarkt realisiert werden, sondern muß weitgehend vom Staat ausgehen (HAMPICKE 1996, S. 124 f.). Die Höhe der vom Staat geäußerten Nachfrage muß sich aber an der gesellschaftlichen Zahlungsbereitschaft für ökologische Güter der Landwirtschaft orientieren (vgl. Abschnitt 7.3).

Die Preise für jedes einzelne ökologische Gut der Landwirtschaft können derzeit nicht aus der gesellschaftlichen Nachfrage abgeleitet werden, wohl aber die Höhe der von der

[7] Die Preise klassischer Agrargüter richten sich z.Z. aufgrund der Markt- und Preispolitik der EU nicht (ausschließlich) nach den Präferenzen der Bevölkerung.

Gesellschaft bereitgestellten Mittel, wie in Kapitel 7 dargestellt wurde. Für die Bestimmung der einzelnen Güterpreise ist es wenig zweckmäßig, einen monetären Wert unabhängig von den Kosten der Leistungserstellung zu bestimmen. Über die Orientierung an den Herstellungskosten hinaus muß allerdings ein Verfahren entwickelt werden, mit dem die festgelegten Budgetmittel mit dem Angebot an ökologischen Gütern in Übereinstimmung gebracht werden. Denn ob und in welcher Menge die Landwirte die gewünschten ökologischen Güter produzieren, wird sich anhand des Verhältnisses von Preis und Kosten entscheiden. Die Festsetzung eines Preises für das ökologische Gut muß also einerseits gewährleisten, daß es Produzenten geben wird, die zu diesem Preis produzieren werden, daß aber nicht alle Anbieter in die Produktion einsteigen. Passiert letzteres, muß bei festem Budget zwangsläufig der Preis sinken. Deshalb ist es sinnvoll, Einstiegspreise abzuleiten, die sich an den durchschnittlichen Herstellungskosten der ökologischen Güter in einer Region orientieren.
Um die Landwirte für die Programmteilnahme zu gewinnen, müssen sich die Einstiegspreise aus der Summe der durchschnittlichen zusätzlichen Faktorkosten zur Erstellung eines ökologischen Guts, dem durchschnittlichen entgangenen Deckungsbeitrag bei der Produktion des konventionellen Agrarproduktes und aus einem Markteinstiegsaufschlag zusammensetzen.

Integration des Konzepts in die Verwaltungspraxis

Bei der konkreten Umsetzung der staatlichen Nachfrage nach ökologischen Leistungen der Landwirtschaft könnte auf bestehende Verwaltungsstrukturen zurückgegriffen werden.

Gegenwärtig werden den Landwirten Prämien gezahlt, wenn sie bestimmte landwirtschaftliche Produkte, wie z. B. Getreide-, Öl- und Eiweißpflanzen, auf ihren Flächen anbauen. Damit jedem Landwirt die korrekte Prämiensumme ausgezahlt werden kann, wurde ein Verfahren zur Datenerfassung und -verwaltung aufgebaut. Kernstück dieses Verfahrens ist der Antrag auf Agrarförderung mit dem Gesamtflächen- und Nutzungsnachweis, den nahezu alle Landwirte jährlich neu stellen. Zur Abwicklung dieses Verfahrens wird das integrierte Verwaltungs- und Kontrollsystem (InVeKos) eingesetzt, dessen gesetzliche Verankerung mit der VO (EWG) Nr. 3887/92 EU-weit geregelt ist.

Das InVeKoS enthält folgende Komponenten:

1. Eine Datenbank aller am Antragsverfahren teilnehmenden Betriebe mit den zugehörigen landwirtschaftlichen Nutzflächen und prämienberechtigten Tieren.
2. Ein Identifikationssystem für die landwirtschaftlichen Nutzflächen, das in Deutschland auf der Ebene von Katasterparzellen angesiedelt ist. Es erlaubt die genaue Zuordnung der Flurnummer, der Flurstücksnummer, der Gesamtgröße und des Namens für jede Parzelle sowie die Art der landwirtschaftlichen Nutzung (Acker, Grünland).
3. Ein Kontrollsystem, das Vorgaben über die Prüfung der Anträge und die stichprobenartige „vor Ort Kontrolle" der Nutzflächen beinhaltet. Zur Kontrolle von Größe und Nutzungsart der Flächen ist u.a. die Satellitenüberwachung vorgesehen.

Die Durchführung dieses Antragsverfahrens regelt in allen Bundesländern die Agrarverwaltung. In Niedersachsen beispielsweise sind die Landwirtschaftskammern mit der Antragsannahme vom Landwirt und dessen Beratung beteiligt. Die Ämter für Agrarstruktur übernehmen die Datenverarbeitung sowie die „vor Ort Kontrolle" und Bewilligung der Anträge, und die Bezirksregierungen sind für Widerspruchsverfahren verantwortlich.

Diese Anträge könnten um die Komponente **„Angebot von ökologischen Gütern"** erweitert werden. In diesem Antragsteil würde der Landwirt diejenigen Flurstücke kennzeichnen, auf denen er ökologische Güter produzieren will. In einer Spalte des Antrages würde er angeben, welche Güter er auf der betreffenden Fläche anbietet. Aus dem beigefügten Katalog für ökologische Güter könnte er den für seine Region anvisierten Preis für das entsprechende Gut ablesen und eintragen. Die Preisübersicht enthält auch Angaben über den Zeitpunkt, an dem das ökologische Gut produziert sein muß, den der Landwirt ebenfalls in den Antrag übernimmt.

Wichtig ist, daß die Produktion des ökologischen Gutes erst im Folgejahr geschieht, denn Angebot und Nachfrage müssen aufeinander abgestimmt werden. Diese Abstimmung muß nach Abgabe des Antrages im Frühjahr und vor der Neubestellung der Flächen erfolgen, damit der Landwirt die Produktion ökologischer Güter bei der Aussaat berücksichtigen kann.

Im Fall der Überzeichnung bestimmter ökologischer Güter, d.h. wenn die von der Gesellschaft bereitgestellten Mittel nicht ausreichen, um alle Angebote zu befriedigen, muß dies den Landwirten in Form gesunkener Preise oder einer Angebotsablehnung vor der Bewilligung der Anträge mitgeteilt werden. Daraufhin kann jeder einzelne endgültig entscheiden, ob er das Gut produzieren oder von seinem Angebot zurückzutreten will. Dies teilt er der Agrarverwaltung mit.

Die Landwirte liefern im Frühsommer Produktbeschreibungen ihrer ökologischen Güter ab (z.B. Vegetationsaufnahmen nach vorgegebenem Muster), was gegenüber der derzeitigen Förderungspraxis eine Neuigkeit darstellt. Wurden Qualitätsgüter produziert, vermerkt der Landwirt dies ebenfalls. Diese Aufzeichnungen müssen hinsichtlich ihrer Plausibilität überprüft und „vor Ort" stichprobenartig kontrolliert werden. Insbesondere letzteres erfordert vegetationskundliche Kenntnisse. Werden keine Beanstandungen festgestellt, veranlaßt die Agrarverwaltung die Auszahlung der Mittel für die produzierten Güter. Will ein Landwirt die Güter nicht mehr produzieren, notiert er dies in einem der laufenden Anträge zur Agrarförderung, und die Zahlungen werden eingestellt.

Auch wenn einige Details, wie z.B. mögliche Produktionsrisiken und die Akzeptanz des Konzeptes bei den Landwirten noch näher erforscht werden sollten, so werden doch wichtige Ausgestaltungsprinzipien und erste Ansätze für die praktische Umsetzung eines ergebnisorientierten Konzeptes zur Honorierung ökologischer Leistungen der Landwirtschaft aufgezeigt. Der Fortschritt dieses Konzeptes gegenüber den Agrarumweltprogrammen ist vor allem in der größeren marktwirtschaftlichen Orientierung zu sehen.

9 Zusammenfassung

Ziel dieser Arbeit ist es, eine ökologische und ökonomische Bewertung der Agrarumweltprogramme in Deutschland unter Berücksichtigung der mit ihnen verbundenen volkswirtschaftlichen Nutzen und Kosten durchzuführen.

Im ersten Arbeitsschritt werden der Stellenwert, den die Agrarumweltprogramme im Rahmen der Agrarpolitik einnehmen, und die mit den Programmen verfolgten agrarpolitischen Ziele analysiert. Es wird gezeigt, daß die gegenwärtige Produktionsintensität in der Landwirtschaft aufgrund staatlich gestützter Agrarpreise und einer mangelnden Berücksichtigung externer Effekte der Landbewirtschaftung über dem gesellschaftlich gewünschten Niveau liegt. Mit agrarumweltpolitischen Anreizprogrammen verfolgt der Staat das Ziel, die Umweltwirkungen der Agrarproduktion zu verbessern und positive externe Effekte der Landbewirtschaftung zu entlohnen. Agrarumweltprogramme sollten aber nur dann staatlich gefördert werden, wenn die Gesellschaft den dadurch enstehenden ökologischen Nutzen höher bewertet als die damit verbundenen Kosten.

Welche volkswirtschaftlichen Nutzen und Kosten mit Agrarumweltprogrammen verbunden sind, wird deshalb in Kapitel 2 untersucht. Es wird gezeigt, daß die wesentlichen Nutzenkomponenten der Programme aus einer Verbesserung der Umweltqualität in der Kulturlandschaft resultieren, und die wesentlichen volkswirtschaftlichen Kosten in der Zusatzlast der für die Finanzierung der Programme notwendigen Steuern zu sehen sind.

Der monetäre Nutzen einer verbesserten Umweltqualität wird mit Hilfe von Zahlungsbereitschaftsanalysen ermittelt. Bei der Bewertung von Agrarumweltprogrammen stößt diese Methode jedoch auf Grenzen, weil die Umweltwirkungen der Programme sehr vielfältig sind und den Programmwirkungen komplexe naturwissenschaftliche Zusammenhänge zugrundeliegen. Bisher wurden deshalb nur Teilaspekte vergleichbarer Programme untersucht oder es wurde allgemein nach dem Wert einer verbesserten Umweltqualität in der Landwirtschaft gefragt. Mit den vorliegenden Erkenntnissen kann nicht geklärt werden, mit welchem Agrarumweltprogramm der höchste Umweltnutzen erzielt wird, oder wie ein solches Programm idealerweise ausgestaltet sein müßte. Eine Bewertung der aktuellen Agrarumweltprogramme setzt aber genau dies voraus. Da eine Zahlungsbereitschaftsanalyse für alle Agrarumweltprogramme nicht realisierbar ist, stellt sich die Frage, welche Bewertungsmethode angewendet werden kann.

Da nicht anzunehmen ist, daß alle im Rahmen dieser Arbeit zu bewertenden Agrarumweltprogramme in gleichem Maße zu einer Verbesserung der Umweltqualität führen, sondern, daß es geeignete und weniger geeignete Programme zur Zielerreichung „Umweltqualität" gibt, ist es sinnvoll, unter den gegebenen Programmen dasjenige mit dem höchsten Zielerreichungsgrad „Umweltqualität" zu bestimmen. Zu diesem Zweck ist eine Methode zur Bewertung der Agrarumweltprogramme erforderlich, die geringere Anforderungen an die Bewertung der Nutzen bzw. Wirkungen der Programme stellt als die Nutzen-Kosten-Analyse, die aber Aussagen über die relative Vorteilhaftigkeit der gegebenen Programmalternativen in Bezug auf die Erreichung des Ziels „Umweltqualität“ zuläßt.

Eine Methode, mit der die relative Vorteilhaftigkeit der Agrarumweltprogramme ermittelt werden kann, ist die Kosten-Wirksamkeits-Analyse. Die Anwendung dieser Methode auf die Agrarumweltprogramme bedeutet, daß zur Bewertung der Umweltwirkungen der Programme ein Indikator entwickelt werden muß. Die ermittelten Werte für die Umweltwirkungen der einzelnen Programme können dann in Relation zu den finanziellen Kosten der Programme gesetzt werden und auf diese Weise die ausgabeneffizienteste Alternative unter den gegebenen Programmen bestimmt werden. Das Effizienzkriterium, das der Analyse zugrunde liegt, besteht darin, ein gegebenes Finanzmittelbudget im Rahmen der Programme optimal auf dringende Verwendungen (verbesserte Umweltqualität) aufzuteilen.

Die Entwicklung eines Indikators zur Messung der mit den Programmen verbundenen Umweltwirkungen basiert auf den Kapiteln 3, 4 und 5 der Arbeit. Zunächst werden in Kapitel 3 die Umweltwirkungen von landwirtschaftlichen Wirtschaftsweisen, die im Rahmen der Programme gefördert werden, anhand eines Literaturstudiums dargestellt. Die Literaturanalyse zeigt, daß mit extensiven landwirtschaftlichen Wirtschaftsweisen eine Entlastung der Umweltmedien erreicht und die ökologische Vielfalt in der Agrarlandschaft erhöht werden kann. Schwierig gestaltet sich allerdings, die gewonnenen Daten über die abiotischen und biotischen Auswirkungen der Wirtschafts-weisen zu Indikatoren zu aggregieren, was für die Bewertung der Agrarumwelt-programme erforderlich wäre.

Auf die wissenschaftlichen Bemühungen zur systematischen Ableitung direkter und indirekter Umweltindikatoren wird in Kapitel 4 eingegangen. Die Ergebnisse dieser Bemühungen werden im Hinblick auf ihre Anwendbarkeit im Rahmen einer Wirkungsanalyse von Agrarumweltprogrammen überprüft. Dabei wird deutlich, daß die Bewertung der Programme Agrar-Umweltindikatoren erfordert, die standortspezifischen Gegebenheiten und speziellen Programmauflagen Rechnung tragen müssen. Allgemeine Indikatoren, die leichter verfügbar wären, geben nur einen geringen Aufschluß über den Erfolg bestimmter Maßnahmen. Deshalb bedarf es spezifischer Informationen, um Unzulänglichkeiten oder Erfolge der Agrar-Umweltmaßnahmen aufzuzeigen, wofür gegenwärtig noch kein praktikables Indikatorenkonzept entwickelt wurde. In Kapitel 5 wird deshalb ein ökologisches Referenzsystem erarbeitet, daß speziell auf die ökologische Wirkungsabschätzung von Agrarumweltprogrammen zugeschnitten ist.

Zur Generierung der erforderlichen Informationen für die Entwicklung dieses Referenzsystems wird eine Delphi-Studie durchgeführt. Die Delphi-Methode kann im weitesten Sinne als strukturierter Gruppenkommunikationsprozeß bezeichnet werden, in dessen Verlauf Sachverhalte, über die unsicheres und unvollständiges Wissen existiert, von Experten beurteilt werden. Diese Methode ist deshalb für die Bewertung komplexer ökologischer Zusammenhänge, wie es die Beurteilung der Umweltwirkungen von extensiven landwirtschaftlichen Wirtschaftsweisen und Agrarumweltprogrammen darstellt, geeignet. Es wird eine Befragung von Experten durchgeführt, die sich mit den Umweltwirkungen landwirtschaftlicher Wirtschaftsweisen wissenschaftlich intensiv befaßt haben. Die Ergebnisse der Befragung werden hinsichtlich der Übereinstimmung der Urteilermeinungen bei der Bewertung der Wirtschaftsweisen überprüft. Darüber hinaus werden den Experten Fragen zur aus ökologischer Sicht optimalen Verteilung von Finanzmitteln innerhalb von Agrarumweltprogrammen gestellt. Die Evaluation der Delphi-Studie kommt zu dem Ergebnis, daß die im Rahmen der Befragung ermittelten Expertenurteile als eine gute Approximation der potentiellen Umweltwirkungen landwirtschaftlicher Wirtschaftsweisen betrachtet werden können.

Anschließend werden die Expertenurteile zu Umweltpunktwerten zusammengefaßt, in denen die abiotischen, biotischen und ästhetischen Schutzwirkungen der bewerteten landwirtschaftlichen Wirtschaftsweisen gleichermaßen berücksichtigt werden. Mit einer Differenzierung der Punktwerte nach standorttypischen Merkmalen wird der regionale Bezug der Werte gesichert. Die Bewertung der Wirtschaftsweisen mit Punktwerten zeigt, daß nach Einschätzung der befragten Experten von allen bewerteten Wirtschaftsweisen positive Umweltwirkungen im Vergleich zur ordnungsgemäßen Landbewirtschaftung zu erwarten sind. Der Status quo landwirtschaftlicher Praxis wird in allen Bewertungsregionen als umweltbelastend eingestuft. Es können Wirtschaftsweisen identifiziert werden, die für den abiotischen Ressourcenschutz als besonders geeignet gelten, die aus Sicht des biotischen Ressourcenschutzes besonders wirkungsvoll sind oder die vor allem dem ästhetischen Ressourcenschutz dienen. Die ermittelten Umweltpunkte bilden die Grundlage für die Wirkungsanalyse der Agrarumweltprogramme in Kapitel 7.

In Kapitel 6 werden die finanziellen Kosten der Agrarumweltprogramme analysiert, d.h. länderübergreifend vergleichbar gemacht. Zwischen manchen Länderprogrammen unterscheiden sich die Bezeichnungen der geförderten Wirtschaftsweisen und die Bewirtschaftungsauflagen der geförderten Maßnahmen sehr, so daß eine genaue Analyse aller Förderungsmaßnahmen für eine vergleichende Betrachtung der Programme notwendig ist. In den deutschen Agrarumweltprogrammen werden über 340 verschiedene Maßnahmen gefördert. Diese werden den Wirtschaftsweisen, die im Rahmen der Delphi-Befragung bewertet wurden, zugeordnet. Damit wird die Vergleichbarkeit der unterschiedlich ausgestalteten Programme hergestellt. Die Analyse der finanziellen Kosten der Programme im Jahr 1996 zeigt, daß in den Bundesländern Niedersachsen, Schleswig-Holstein, Berlin und Nordrhein-Westfalen weniger als 10 DM pro Hektar landwirtschaftlich genutzter Fläche ausgegeben werden. Über 100 DM werden in Baden-Württemberg und Hamburg eingesetzt, und die übrigen Länder liegen zwischen 20 und gut 80 DM pro Hektar landwirtschaftlich genutzter Fläche. Aber nicht nur der Finanzmitteleinsatz unterscheidet sich zwischen den Ländern deutlich, sondern auch die Verteilung der Mittel auf verschiedene Wirtschaftsweisen.

In Kapitel 7 werden die Ergebnisse über die Umsetzung der Programme und des ökologischen Referenzsystems im Rahmen der Kosten-Wirksamkeits-Berechnungen zusammengeführt. Die Bewertung der Programme wird über die Kosten-Wirksamkeits-Analyse hinaus um volkswirtschaftliche Nutzen-Kosten-Betrachtungen erweitert.

Die Kosten-Wirksamkeits-Berechnungen machen deutlich, daß die Finanzmittelverteilungen innerhalb der Länderprogramme mehr oder weniger stark von den Vorgaben der Experten abweichen. Eine den Anforderungen der Experten vergleichsweise nahe kommende Fördermittelverteilung findet in den Ländern Nordrhein-Westfalen, Rheinland-Pfalz und Hamburg statt. Dem gegenüber werden in Teilregionen Hessens und Sachsens sowie in den Ländern Sachsen-Anhalt und Bayern wenige Wirtschaftsweisen verhältnismäßig stark gefördert, was aus ökologischer Sicht negativ zu beurteilen ist. Eine Übersteuerung einzelner Förderungsmaßnahmen führt zu sinkenden Umweltwirkungen der Programme. Im Anschluß an die Überprüfung der Finanzmittel-verteilung werden Kosten-Wirksamkeits-Koeffizienten berechnet.

Die berechneten Kosten-Wirksamkeits-Koeffizienten sagen aus, wieviel DM in einer Region im Rahmen der Programme für die Realisierung eines Umweltpunktes aufgewendet werden müssen. Mit den geringsten Kosten ist die Erzielung eines Umweltpunktes in Nordrhein-Westfalen und Baden-Württemberg mit ca. 124 DM verbunden. Die schlechtesten Werte für die Kosten-Wirksamkeit werden in Hamburg mit 389 DM pro Punkt sowie in Rheinland-Pfalz und Sachsen-Anhalt mit über 400 DM pro Umweltpunkt erzielt. In diesen Ländern wird die verbesserte Umweltqualität relativ teuer erkauft.

Die Verwendung der Kosten-Wirksamkeits-Koeffizienten als alleiniges Entscheidungskriterium für die Auswahl der ausgabeneffizientesten Programmalternative im Rahmen der Kosten-Wirksamkeits-Analyse reicht nicht aus, weil die Kosten-Wirksamkeits-Koeffizienten Verhältniszahlen sind, d.h. die absoluten Werte von Kosten und Wirkungen unberücksichtigt bleiben. Ein Agrarumweltprogramm mit einer besonders niedrigen Kosten-Wirksamkeits-Relation könnte auf einer beliebig kleinen Fläche (des Landes) umgesetzt werden und so kaum oder gar keine Entlastung für die Schutzgüter der Umwelt bewirken. Andererseits ist der Fall denkbar, daß eine günstige Kosten-Wirksamkeits-Relation eines Agrarumweltprogramms mit unvertretbar hohen absoluten Kosten verbunden ist. Zur Ermittlung der besten Programmalternativen müssen deshalb Annahmen über die mindestens zu erreichenden Umweltwirkungen und die maximal noch vertretbaren Kosten herangezogen werden. Da das Ziel der Programmbewertung in der Ermittlung der ausgabeneffizientesten Alternative unter den gegebenen Agrarumweltprogrammen besteht, werden diese Annahmen aus den Mittelwerten der umgesetzten Programme berechnet. Die Verwendung der Mittelwerte bedeutet, daß ein vorteilhaftes Agrarumweltprogramm hinsichtlich des Finanzmitteleinsatzes und der potentiellen Umweltwirkungen bessere Werte als der Durchschnitt erzielen muß, um als ausgabeneffizient zu gelten. Die so identifizierten Programme erfüllen das Effizienzkriterium der Kosten-Wirksamkeits-Analyse, wonach ein gegebenes Budget im Rahmen der Agrarumweltprogramme optimal auf dringende Verwendungen aufzuteilen sei, besser als alle anderen Programme.

Als abschließendes Ergebnis der Kosten-Wirksamkeits-Berechnungen wird festgehalten, daß das Agrarumweltprogramm von Nordrhein-Westfalen die ausgabeneffizienteste Alternative ist, wenn die Kosten und die Wirksamkeit der Programme auf die extensivierte Fläche bezogen werden. Betrachtet man die auf der gesamten landwirtschaftlich genutzten Fläche erzielten Umweltpunkte der Programme, stellt das Agrarumweltprogramm von Baden-Württemberg die ausgabeneffizienteste Alternative unter den gegebenen Programmen dar.

Wie bereits gesagt wurde, gibt die Kosten-Wirksamkeits-Analyse keinen Aufschluß darüber, welches Programm das aus volkswirtschaftlicher Sicht effizientere ist. Dazu sind über die Ermittlung der ausgabeneffizientesten Programme hinaus, Informationen über das von der Gesellschaft gewünschte Ausmaß der Programmwirkungen bzw. deren monetäre Nutzen erforderlich. Deshalb werden die Agrarumweltprogramme von Nordrhein-Westfalen und Baden-Württemberg in einem weiteren Arbeitsschritt hinsichtlich ihrer Nettowohlfahrtswirkungen untersucht. Es genügt, die ausgabeneffizientesten Programme hinsichtlich ihrer Nettowohlfahrtswirkungen zu untersuchen, weil man davon ausgehen kann, daß diese Programme am ehesten dazu geeignet sind, die Nachfrage nach Umweltgütern zu befriedigen. Alle anderen Programme sind suboptimale Politikalternativen.

Die Auswertung vorliegender Studien über die regionale Zahlungsbereitschaft für öffentliche Güter und Leistungen, die im Rahmen von Agrarumweltprogrammen bereitgestellt werden, kommt zu dem Ergebnis, daß der monetäre Nutzen der im Rahmen der Programme bereitgestellten „Umweltverbesserung" ca. 120 DM pro Haushalt und Jahr beträgt. Die volkswirtschaftlichen Nutzen der Programme sind in dieser Zahlungsbereitschaft der Konsumenten für die im Rahmen der Programme bereitgestellten Umweltgüter zu sehen. Zur Berechnung der volkswirtschaftlichen Nutzen darf aber nicht die Zahlungsbereitschaft aller Konsumenten herangezogen werden, sondern nur von diejenigen der Konsumenten oder Haushalten, die von der Umsetzung der Programmziele eine Nutzensteigerung erfahren. D.h. maßgeblich für die Bestimmung des monetären Nutzens der Programme ist die regionale Zahlungsbereitschaft. Wieviele Haushalte tatsächlich einen Nutzen aus der Programmumsetzung ziehen, ist von der Umsetzung der Programme in der Fläche abhängig.

Als Nettonutzen der Agrarumweltförderung in Nordrhein-Westfalen wird ein Wert von gut 28 Mio. DM berechnet. In Baden-Württemberg betragen die Nettowohlfahrtswirkungen infolge der Programmumsetzung rund 201 Mio. DM. Damit ist das Programm von Baden-Württemberg das volkswirtschaftlich effizientere Agrarumweltprogramm. Ursache hierfür ist die bessere Versorgung der Konsumenten mit den öffentlichen Gütern „umweltschonende Landwirtschaft" und „intakte Kulturlandschaft". Die minimal erforderliche Zahlungsbereitschaft, damit eine Programmumsetzung aus volkswirtschaftlicher Sicht noch sinnvoll ist (Nutzen und Kosten sind gleich groß), beträgt bei den gegebenen Programmen in Nordrhein-Westfalen 8,50 DM pro Haushalt und Jahr und in Baden-Württemberg 7,13 DM pro Haushalt und Jahr. D.h. selbst bei einer sehr niedrigen Zahlungsbereitschaft sollten Agrarumweltprogramme aus gesamtwirtschaftlicher Sicht aufrechterhalten werden.

In Kapitel 8 werden die Ergebnisse der Arbeit diskutiert und ein Ausblick gegeben. Zunächst wird gezeigt, daß auch unter einer Modifikation des ökologischen Referenzsystems im Hinblick auf eine stärkere Betonung der biotischen Schutzziele der Agrarumweltprogramme die Auswahl der effizientesten Alternativen nicht variiert. Ein wichtiger Punkt der Diskussion ist die Berücksichtigung von Kritikpunkten an den Programmen, die im Rahmen der Arbeit bis dahin noch nicht angesprochen wurden. So zeigt sich z.B., daß die Teilnahmebereitschaft an Agrarumweltprogrammen dann besonders groß ist, wenn die Einhaltung der vorgegebenen Bewirtschaftungsauflagen kaum einzelbetriebliche Anpassungen erfordert. Die Einkommenseffekte der Programme sind dann zwar besonders hoch, aber der Nutzen für die Umwelt nimmt ab. Eine weitere wesentliche Kritik an den Programmen besteht darin, daß der Nutzen für die Umwelt durch die begrenzte Laufzeit der Programme erheblich beeinträchtigt werden kann. Darüber hinaus werden in den derzeitigen Agrarumweltprogrammen ausschließlich festgelegte Maßnahmen gefördert. Dieser handlungsorientierte Ansatz bewirkt, daß die Landwirte nur die vorgegebenen Bewirtschaftungsauflagen einhalten, ohne auf die ökologischen Effekte ihres Handelns achten zu müssen. Eine handlungsorientierte Bezahlung bietet den Landwirten keinen Anreiz zur aktiven Mitgestaltung und Erreichung der verfolgten Umweltziele.

Als weiterer Kritikpunkt wird die ausschließlich kostenorientierte Förderung im Rahmen der Programme gesehen. D.h. die Prämien richten sich nach dem durchschnittlichen entgangenen Deckungsbeitrag bei der Umsetzung einer umweltschonenden Wirtschaftsweise und die Prämienhöhen werden meist nicht regional, d.h. nach landwirtschaftlichen Gunst- und Ungunstlagen differenziert, so daß die Einkommenseffekte der Landwirte bei dieser Art der Bezahlung häufig überkompensiert werden, was die ökologisch-ökonomische Effizienz der Programme senkt.

Die Betrachtung des Zielbildungsprozesses im Rahmen der Programme kommt zu folgendem Ergebnis: Bei einer exogenen Zielvorgabe werden der angestrebte Umweltzustand oder die geforderten ökologischen Leistungen von der zuständigen Planungsbehörde festgelegt. Eine endogene Entwicklung der Ziele liegt vor, wenn die betroffenen Landwirte und Bevölkerungsgruppen am Entscheidungsprozeß beteiligt werden. Bei den Agrarumweltprogrammen werden alle Ziele exogen vorgegeben. Dies kann dazu führen, daß das Interesse und die Verantwortung für das Erreichen der Programmziele bei den Beteiligten relativ gering ist, anderseits sich der Verwaltungsaufwand aber in Grenzen hält. Grundsätzlich wird aber die Einbindung aller beteiligten Akteure bei der Gestaltung und Umsetzung von Agrarumweltprogrammen als vorteilhaft angesehen.

Defizite bei den derzeitig angewendeten Agrarumweltprogrammen bestehen deshalb sowohl im rein handlungsorientierten Ansatz der Programme, als auch in der einseitigen Orientierung der Prämienhöhen am Kostenkalkül der Landwirte und in der exogenen Vorgabe der zu erreichenden Programmziele. Eine ergebnisorientierte Honorierung ökologischer Leistungen der Landwirtschaft würde demgegenüber zu einem ökonomisch effizienteren Fördermitteleinsatz führen, weil die Landwirte nach dem Zielerreichungsgrad der von ihnen durchgeführten Handlungen vergütet würden. Die Umstrukturierung der Programme im Sinne eines Konzeptes zur Honorierung ökologischer Leistungen der Landwirtschaft würde deshalb weitere Effizienzverbesserungen bewirken.

Aus diesem Grunde wird am Schluß der Arbeit ein ergebnisorientiertes Konzept zur Honorierung ökologischer Leistungen der Landwirtschaft vorgestellt und Umsetzungsmöglichkeiten hierfür aufgezeigt. Das Konzept setzt an der Messung der floristischen Biodiversität zur Überprüfung der erbrachten Umweltleistungen der Landwirte an und ermöglicht ein Wechselspiel von Angebot und Nachfrage nach diesen Leistungen. Es wird gezeigt, daß der Vorteil dieses Konzeptes gegenüber den aktuellen Agrarumweltprogrammen vor allem in der größeren marktwirtschaftlichen Orientierung des Ansatzes besteht.

10 Literatur

AGRA-EUROPE (1998): Agrarumweltpolitik - Deutsches Süd-Nord-Gefälle verfestigt sich. NN in Nr. 45/98, Europa-Nachrichten, S. 9-10.

AGRARBERICHT (versch. Jg.): Agrarbericht der Bundesregierung, Bonn.

AHLHEIM, M. u. ROSE, M. (1989): Messung individueller Wohlfahrt. Springer Verlag, Berlin u. a.

AHRENS, H. (1992): Gesellschaftspolitische Aspekte der Honorierung von Umweltleistungen der Landwirtschaft. In: Materialien des Bayerischen Staatsministeriums für Landesentwicklung und Umweltfragen: Umwelt & Entwicklung Nr. 84, S. 118-146.

ALFÖLDI, T.; SPIESS, E.; NIGGLI, U.; BESSON, J.-M. (1997): Energiebilanzen für verschiedene Kulturen bei biologischer und konventioneller Bewirtschaftung. Ökologie und Landbau, 25 Jg. (1997), H. 1.

AMBERGER, A. (1988): Pflanzenernährung: Ökologische und physiologische Grundlagen. UTB Taschenbuch 846. Verlag Eugen Ulmer, Stuttgart.

ARNOLD, V. (1975): Methoden der Entscheidungsfindung bei staatlichen Allokationsaktivitäten - ein kritischer Vergleich. In: Finanzarchiv, Bd. 33, S. 418-434.

BARDECKI, M.-J. (1984): Wetland Conservation Policies in Southern Ontario - A Delphi Approach. Geographical Monographs, no. 16, York University.

BAUDOUX, P.; KAZENWADEL, G. u. DOLUSCHITZ, R. (1997): Agrarumweltprogramme: Betriebliche Wirkungen und Einstellungen von Landwirten. Agrarwirtschaft 46, Heft 4/5, S. 184-197.

BAUER, S. (1997): Politik zur nachhaltigen Entwicklung ländlicher Räume. In: Agrarwirtschaft 46, Heft 7, S. 245-250.

BÄUMER, K. (1994): Möglichkeiten und Grenzen der Gestaltung von Bodennutzungssystemen im Hinblick auf die vermehrte Nutzung von Selbstregulationsmechanismen im Agrarökosystem. Berichte über Landwirtschaft, Sonderheft 209, 113-122.

BAYERISCHE LANDESANSTALT FÜR BODENKULTUR UND PFLANZENBAU (1997, Hrsg.): Nachhaltigkeit landwirtschaftlicher Anbauverfahren. Schriftenreihe der LBP Nr. 3/97, Freising-München.

BERGMANN, H.; LOWINSKI, H.; MARX, D.; MASUR, J. (1991): Probleme von Raumordnung, Umwelt und Wirtschaftsentwicklung in den neuen Bundesländern. Hrsg. v. ARL, Hannover.

BILLEN, N. (1996): Standortabhängigkeit durch Brachlegung (Flächenstillegung) von Äckern in Südwestdeutschland, Hohenheimer Bodenkundliche Hefte, Heft 37, Universität Hohenheim.

BILLEN, N. u. LEHMANN, A. (1992): Auswirkungen der Flächenstillegung auf Wasser- und Nährstoffhaushalt sowie Bodenstruktur repräsentativer Ackerstandorte Baden-Württembergs, Institut für Bodenkunde, Universität Hohenheim.

BLEYMÜLLER, J.; GEHLERT, G.; GÜLICHER, H. (1989): Statistik für Wirtschaftswissenschaftler. 6. Auflage. Verlag Franz Vahlen, München.

BMELF (1996): Zur Neuorientierung der Landnutzung in Deutschland. Angewandte Wissenschaft, Heft 453, Bonn.

BMFT (1993): Deutscher Delphi-Bericht zur Entwicklung von Wissenschaft und Technik. Im Auftrag des Bundesministeriums für Forschung und Technologie, Bonn.

BOKERMANN, R.; KERN, M. (1988): Einfluß einer begrenzten Stickstoffdüngung auf Flächenerträge und landwirtschaftliche Einkommen. Bayerisches Landwirtschaftliches Jahrbuch 65 (7), 777-787.

BORTZ, J.; LIENERT, G. A.; BOEHNKE, K. (1990): Verteilungsfreie Methoden in der Biostatistik. Springer Verlag Berlin Heidelberg New York.

BROMLEY, D. W. (1997): Environmental Benefits of Agriculture: Concepts. In: Environmental Benefits from Agriculture. The Helsinki Seminar. OECD (Hrsg.), Paris.

BRONNER, G.; OPPERMANN, R.; RÖSLER, S. (1997): Umweltleistungen als Grundlage der landwirtschaftlichen Förderung. In: Naturschutz und Landschaftsplanung, Heft 29 (12), S. 357-365.

BRUCKHAUS, A. u. Brücken, A.D. (1993): Beiträge von Heckenanlagen zur Nützlingsförderung im ökologischen und konventionellen Landbau, dargestellt am Beispiel der Laufkäfer. In Zerger, U. (Hrsg.) (1993): Forschung im ökologischen Landbau. SÖL Sonderausgabe Nr. 42.

BRUCKMEIER K. u. LANGKAU J. (1996): Eine grüne GAP? Ökologisierung der Europäischen Agrarpolitik. Institut für angewandte Umweltforschung, Köln.

BSTELF (1997): Agrarumweltpolitik - Fördermaßnahmen und Leistungen. Dokumentation. Herausgegeben vom Bayerischen Staatsministerium für Ernährung, Landwirtschaft und Forsten, München.

BURGMAIER, K.; GERNER-HAUG, I.; WIELAND, H.-P. (1997): Arbeits- und betriebswirtschaftliche Auswirkungen der Biotopvernetzung in einer Ackerlandschaft. Exemplarische Untersuchung in einem 135-ha-Betrieb im Kraichgau. Naturschutz und Landschaftsplanung, 29, (1997), H. 3.

CORELL, G. (1994): Der Wert der „bäuerlichen Kulturlandschaft" aus der Sicht der Bevölkerung. Ergebnisse einer Befragung. Frankfurt a. M. DLG-Verlag.

CORNELSEN, R.; IRMLER, U.; PAUSTIAN, D.; RIEGER, A.; WELSCH, H. (1993): Effizienz von Uferrandstreifen als Element des Biotopverbunds. Lauf- und Kurzflügelkäfer, Spinnen und Schwebfliegen in Schleswig-Holstein. Naturschutz und Landschaftsplanung, 25, (1993), H. 6.

CUHLS, K. (1998): Technikvorschau in Japan. Ein Rückblick auf 30 Jahre Delphi-Expertenbefragungen. Schriftenreihe des Fraunhofer-Institus für Systemtechnik und Innovationsforschung (ISI). Physica Verlag, Heidelberg.

DAHMEN, P. (1990): Auswirkungen der Extensivierung von Grünland auf Massenbildung, Futterqualität und Arteninventar. Dissertation, Rheinische Friedrich-Wilhelm-Universität, Bonn.

DE HAEN (1985): Interdependence of Price, Production Intensity and Environmental Damage from Agricultural Production. Die Zeitschrift für Umweltpolitik und Umweltrecht. 3/85, S. 199-219.

DEBLITZ, C.; BULLER, H.; RÖHM, O.; SCHRAMEK, J.; WILSON, G. (1998): Ausgestaltung und Inanspruchnahme der Agrarumweltprogramme in den EU-Mitgliedstaaten. Berichte über Landwirtschaft, Band 76 (1), S. 55-73. Landwirtschaftsverlag, Münster Hiltrup.

DEERBERG, K.-H. (1996): Modellversuch Rade - Integrierter Landbau 1991-95. Landwirtschaftskammer Schleswig-Holstein, Abteilung Betriebsführung und Beratung (Hrsg.); Betriebswirtschaftliche Mitteilungen Nr. 496/497.

DLG (1995): Anmerkungen zur Fortschreibung der europäischen Agrarpolitik. Ergebnisse einer Klausurtagung der Deutschen Landwirtschafts-Gesellschaft im Januar 1995 in Göttingen.

DOROW, F. (1991): Grundprogramm für ein statistisches Umweltberichtsystem. In: Egon Hölder et al.: Wege zu einer umweltökonomischen Gesamtrechnung. Wiesbaden.

DRAKE, L. (1992): The Non-Market Value of the Swedish Agricultural Landscape. European Review of Agricultural Economics, 19, S. 351-364.

EGGERS, J. u. HAGEDORN, K. (1998): Umwelteffekte und agrarumweltpolitische Ansätze der „Agenda 2000“. In: Agrarwirtschaft 47, Heft 12, S. 482-491.

El TITI, A. (1991): Farming System Research at Lautenbach, Germany. Recherche agronom. en Suisse 29 (4), 237-247.

ENNEKING, U. (1998): Ökonomische Verfahren im Naturschutz. Der Einsatz der Kontingenten Bewertung im Entscheidungsprozeß. Europäische Hochschulschriften Band 2400. Peter Lang Verlag, Frankfurt am Main, u.a.

EPPEL-HOTZ, A.; DEGENBECK, M.; KUHN, W.; JODL, S. (1996): "Ausweitung einer extensiven Landbewirtschaftung in Bayern" - Revitalisierung bestehender Streuobstbestände, Veitshöchheimer Berichte aus der Landespflege, Dokumentation Streuobst, Heft 25, ISSN 0944-8500.

FARACK, M. (1994): Wirkung von Intensitätsstufen im Getreidebau auf einem Vorgebirgsstandort Thüringens. VDLUFA-Schriftenreihe 38, 163-166.

FIP (1991): Integrierter Pflanzenbau - Inhalte und Ziele. Fördergemeinschaft Integrierter Pflanzenbau (Hrsg.), Bonn.

FISCHLER; F. (1997): Gemeinsame Agrarpolitik 2000: Ein neues Konzept für die Zukunft der europäischen Landwirtschaft. Agrarwirtschaft 46, Heft 8/9, S. 282.

FRIEDRICHS, J. (1990): Methoden empirischer Sozialforschung. 14. Auflage, WV-Studium Band 28, Braunschweig.

FUCHS, C. u. SCHANZENBÄCHER, B. (1992): Produktion, Ökologie und Wirtschaftlichkeit ausgewählter Körnerfrüchte. Agrarwirtschaft 41, Heft 6, S. 152 - 162.

GEIER, U.; URFEI, G.; WEIS, J. (1996): Stand der Umsetzung einer umweltfreundlichen Bodennutzung in der Landwirtschaft. Schriftenreihe des Instituts für Organischen Landbau Bonn. Verlag Dr. Köster Berlin.

GEROWITT, B. (1995): F+E-Vorhaben. Ökologische Konsequenzen von Extensivierungsmaßnahmen im Ackerbau. Kurzfassung. Endbericht der Projektphase 1990-1994. Forschungs- und Studienzentrum Landwirtschaft und Umwelt. Universität Göttingen.

GEROWITT, B. u. WILDENHAYN, M. (1997, Hrsg.): Ökologische und ökonomische Auswirkungen von Extensivierungsmaßnahmen im Ackerbau. Ergebnisse des Göttinger INTEX-Projektes 1990-94. Goltze-Druck, Göttingen.

GEROWITT, B.; ISSELSTEIN, J.; MARGGRAF, R.; WILHELM, J. (1998): Ergebnisorientierte Honorierung ökologischer Leistungen der Landwirtschaft. Unveröffentlichtes Arbeitspapier des Studienzentrums für Landwirtschaft und Umwelt, Göttingen.

GESCHKA, H. (1977): Delphi. In: Bruckmann, G. (Hrsg.): Langfristige Prognosen. Möglichkeiten und Methoden der Langfristprognostik komplexer Systeme, Würzburg, Wien.

GORDON, T. J. u. HELMER, O. (1964): Report on a Long Range Forecasting Study. RAND Paper P-2982. Santa Monica.

GREINER, R. u. GROSSKOPF, W. (1990): Extensivierung landwirtschaftlicher Bodennutzung. Berichte über Landwirtschaft 68. S. 523-541.

GROSSEKETTLER, H. (1991): Theoretische Integration der Wettbewerbs- und Finanzpolitik. In: Jahrbuch für Neue Politische Ökonomie, 10. Band, Tübingen.

GRUTTKE, H. u. WILLECKE, S. (1993): Tierökologische Langzeitstudien zur Besiedlung neu angelegter Gehölzanpflanzungen in der intensiv bewirtschafteten Agrarlandschaft- ein E+E-Vorhaben. Natur und Landschaft, 68 Jg., (1993), H. 7/8.

HACKL, F. (1997): Contingent Valuation als Instrument zur ökonomischen Bewertung der Landschaft. Europäische Hochschulschriften Band 2058. Peter Lang Verlag, Frankfurt am Main, u.a.

HÄDER, M. (1996): Zur Evaluation der Delphi-Technik. Eine Ergebnisübersicht. ZUMA-Arbeitsbericht Nr. 96/02. Zentrum für Umfragen, Methoden und Analysen, Mannheim.

HÄDER, M. u. HÄDER, S. (1994): Die Grundlagen der Delphi-Methode. Ein Literaturbericht. ZUMA-Arbeitsbericht Nr. 94/02. Zentrum für Umfragen, Methoden und Analysen, Mannheim.

HÄDER, M. u. HÄDER, S. (1996): Die Delphi-Methode. Script zum ZUMA-Workshop vom 14.11.1996, Mannheim.

HÄDER, M.; HÄDER, S.; ZIEGLER, A. (1995): Punkt- vs. Verteilungsschätzungen: Ergebnisse eines Tests zur Validierung der Delphi-Methode. ZUMA-Arbeitsbericht Nr. 95/05, Mannheim.

HAMPICKE, U. (1988): Extensivierung der Landwirtschaft für den Naturschutz - Ziele, Rahmenbedingungen und Maßnahmen. In: Schriftenreihe des Bayerischen Landesamtes für Naturschutz, Heft 84, S. 9-35.

HAMPICKE, U. (1991): Naturschutz Ökonomie. UTB Taschenbuch 1650. Verlag Eugen Ulmer, Stuttgart.

HAMPICKE, U. (1994): Die Effizienz von Naturschutzmaßnahmen in ökonomischer Sicht. Schriftenreihe für Landschaftspflege und Naturschutz, Heft 40, S. 269-290. Bonn - Bad Godesberg.

HAMPICKE, U. (1996): Perspektiven umweltökonomischer Instrumente in der Forstwirtschaft insbesondere zur Honorierung ökologischer Leistungen. Materalien zur Umweltforschung, Band 27. Herausgegeben vom RSU. Metzler-Poeschel Stuttgart.

HAMPICKE, U.; HORTITZ, T.; KIEMSTEDT, H.; TAMPE, K.; WALTERS, M. (1991): Kosten und Wertschätzung des Arten- und Biotopschutzes. Umweltbundesamt Berichte 3/91. Erich Schmitd, Berlin.

HANF, C.-H. (1993): Ökonomische Überlegungen zur Ausgestaltung von Verordnungen und Verträgen mit Produktionsauflagen zum Umwelt- und Naturschutz. Agrarwirtschaft 42, Heft 3, S. 138-147.

HANK, K. u. TRENKEL, H. (1994): Zukünftige Erscheinungsformen landwirtschaftlicher Betriebe - Eine Prognose mit Hilfe der Delphi-Technik. Berichte über Landwirtschaft. Nr. 72, S. 123-145.

HANUSCH, H. (1994): Nutzen-Kosten-Analyse. 2. Auflage. Verlag Vahlen, Reihe Volkswirtschaft, München.

HEISSENHUBER, A.; HOFMANN, H.; MAIDL, F. X. (1991): Produktionstechnische und betriebswirtschaftliche Konsequenzen einer umweltschonenden Landbewirtschaftung - dargestellt am Beispiel eines Praxisbetriebes. Bayerisches Landwirtschaftliches Jahrbuch 68 (6), 741-780.

HEISSENHUBER, A.; KATZEK, J.; MEUSEL, F.; RING, H. (1994): Landwirtschaft und Umwelt. Umweltschutz - Grundlagen und Praxis, Band 9. Economica Verlag, Bonn.

HEITEFUSS, R. (1987): Pflanzenschutz. Grundlagen der praktischen Phytomedizin. 2. Auflage. Stuttgart. Thieme Verlag.

HEITEFUSS, R. (1994): Begriffsbestimmung zum Integrierten Landbau. In: Dierks, R. u. HEITEFUSS, R. (Hrsg.): Integrierter Landbau. 2. Auflage. BLV Verlagsgesellschaft München, Wien, Zürich.

HENRICHSMEYER, W. u. WITZKE, H.P. (1994): Agrarpolitik. Band 2 - Bewertung und Willensbildung. UTB Taschenbuch 1651. Verlag Eugen Ulmer, Stuttgart.

HENRICHSMEYER, W.; DEHIO, J.; STROTMANN, B. (1992): Aufbau eines computergestützten regionalisierten Agrar- und Umweltinformationssystems für die Bundesrepublik Deutschland (RAUMIS), Forschungsvorhaben des Bundesministers für Ernährung, Landwirtschaft und Forsten, Endbericht „Teil 2: Umweltpolitische Szenarien", Bonn.

HENRICHSMEYER, W; KÖPKE, U.; SCHUMACHER, W. (1994): Entwicklung von Zielsetzungen und Maßnahmen für den Politikbereich Landwirtschaft und ländlicher Raum - Natur und Umwelt. Institut für Europäische Integrationsforschung e. V. Bonn.

HERZOG, F. u. OETMANN, A. (1997): In-situ-Erhaltung von Streuobst-Synergien zwischen Naturschutz und der Bewahrung genetischer Ressourcen. Natur und Landschaft, 72 Jg. (1997), H. 7/8.

HESS, J. (1997): Systemimmanenter Zwang zu möglichst geschlossenen Nährstoffkreisläufen. Ökologie und Landbau, 25 Jg., (1997), H. 3.

HEYLAND, U. (1993): Erarbeitung eines Anbaukonzeptes zur Extensivierung von Produktionsverfahren unter besonderer Berücksichtigung von Auflagen für Wasserschutzzonen auf der Basis unterschiedlicher Fruchtfolgesysteme, Vorfrüchte und Bewirtschaftungssysteme. Forschungsberichte 9. Landwirtschaftliche Fakultät der Rheinischen Friedrich-Wilhelm-Universität, Bonn.

HILFENHANS, L. (1991): Konzepte zur Bewertung von Umweltschutzmaßnahmen im Agrarbereich. Wissenschaftsverlag Vauk Kiel.

HOFMANN, B.; PALLUTT, B.; KRÜGER, F. (1989): Ertrag von Winterroggen in Abhängigkeit von der Intensität des Herbizideinsatzes. Arch. Phytopathol. Pflanzenschutz 6, 571-578.

HOFMANN, H.; RAUH, R.; HEISSENHUBER, A.; BERG, E. (1995): Umweltleistungen der Landwirtschaft. Konzepte zur Honorierung. Teubner Reihe Umwelt. Stuttgart und Leipzig.

HOLM-MÜLLER, K.; HANSEN, H.; KLOCKMANN, M.; LUTHER, P. (1991): Die Nachfrage nach Umweltqualität in der Bundesrepublik Deutschland. Umweltbundesamt Berichte 4/91. Erich Schmitd, Berlin.

HORBACH, J. (1992): Neue Politische Ökonomie und Umweltpolitik. Reihe Wirtschaftswissenschaft, Band 22. Campus Verlag, Frankfurt u. New York.

HOTZ, A. (1995): Streuobstanbau- extensive Landschaftspflege, Veitshöchheimer Berichte aus der Landespflege, Heft 15, S. 91-97.

HUTCHINSON, W. G. (1997): Environmental Benefits of Agriculture: Evaluation Methods to Measure and Monitor Change. In: Environmental Benefits from Agriculture. The Helsinki Seminar. OECD (Hrsg.), Paris.

ISERMEYER, F. u. DE HAEN, H. (1988): Extensivierung der Landwirtschaft aus betriebswirtschaftlicher und agrarpolitischer Sicht. Zeitschrift für Kulturtechnik und Flurbereinigung 29, S. 369-374.

ISSELSTEIN, J.; STIPPICH, G.; WAHMHOFF, W. (1991): Umweltwirkungen von Extensivierungsmaßnahmen im Ackerbau - Eine Übersicht. Berichte über Landwirtschaft. 69, S. 379-413.

IVERSEN-BERICHT (1998): Bericht über den Bericht der Kommission an den Rat und das Europäische Parlament über die Anwendung der VO (EWG) 2078/92. Ausschuß für Landwirtschaft und ländliche Entwicklung des Europäischen Parlaments. Brüssel, 29.09.1998 A4-0345/98.

JUNG, M. (1996): Präferenzen und Zahlungsbereitschaft für eine verbesserte Umweltqualität im Agrarbereich. Europäische Hochschulschriften, Band 1995. Peter Lang Verlag, Frankfurt a. M. u.a.

KARL, H. (1991): Ökonomische Analyse des Wasserpfennigs und der Ausgleichszahlungen gemäß § 19 Abs. 4 Wasserhaushaltsgesetz. Diskussionsbeitrag Nr. 16 des Seminars für Wirtschafts- und Finanzpolitik der Ruhr-Universität Bochum.

KAULE, G. (1986): Arten- und Biotopschutz. UTB für Wissenschaft: Große Reihe. Ulmer Verlag Stuttgart.

KAULE, G. u. MORGAN, M. (1996): Regional Guidelines to support sustainable land use by EU-agri-environmental programmes. Part 1. EU-research Projekt AIR3-CT94-1296. 2nd annual report of the project partners for the period of 1st October 1995 to the 30th September 1996.

KAY, J. u. KEEN, M. (1988): Measuring the Inefficiencies of Tax Systems. Journal of Public Economics, 35, S. 265-287.

KERKHOF, F. (1995): Betriebswirtschaftliche Beurteilung unterschiedlich umweltverträglicher Systeme des Ackerbaus. Dissertation, Göttingen.

KNAUER, N. (1992a): Grünlandextensivierung - Landschaftsökologische Bedeutung und Möglichkeiten der Realisierung durch die Landwirtschaft. NNA-Berichte 5 (4), 49-54.

KNAUER, N. (1992b): Honorierung „ökologischer Leistungen" nach marktwirtschaftlichen Prinzipien. Z. f. Kulturtechnik u. Landentwicklung 33, 65-76.

KNAUER, N. (1993): Ökologie und Landwirtschaft - Situation, Konflikte, Lösungen. Ulmer Verlag, Stuttgart.

KÖHLER, G. (1992): Methodik und Problematik einer mehrstufigen Expertenbefragung. In: Analyse verbaler Daten. Über den Umgang mit qualitativen Daten. Hoffmeyer-Zlotnik, J. H. P. (Hrsg.). Westdeutscher Verlag, Opladen.

KÖHNE, M. u. TREMEL, S. (1997): Agrarökonomische Untersuchungen. In: Ökologische Auswirkungen von Extensivierungsmaßnahmen im Ackerbau. Zwischenbericht für das Jahr 1996. Forschung- und Studienzentrum Landwirtschaft und Umwelt Göttingen.

KOM (1992): Leitlinien zur Anwendung der Verordnung (EWG) Nr. 2078/92 vom 10.11.1992. Kommission der Europäischen Gemeinschaft, Generaldirektion Landwirtschaft, VI/F.11.2, Brüssel.

KOM (1996): Verordnung (EG) Nr. 746/96 der Kommission vom 24. April 1996 zur Durchführung der Verordnung (EWG) Nr. 2078/92 des Rates für umweltgerechte und den natürlichen Lebensraum schützende landwirtschaftliche Produktionsverfahren. Amtsblatt der EG Nr. L 102/19.

KOM (1997): Bericht der Kommission an den Rat und das Europäische Parlament über die Anwendung der Verordnung (EWG) Nr. 2078/92. KOM (97) 620 endg. Brüssel.

KOM (1998a): Agenda 2000 - Legislativvorschläge. Dokument IP/98/258. Brüssel, den 18. März 1998.

KOM (1998b): 27. Finanzbericht der Brüsseler Kommission über die Abteilung „Garantie" des EAGFL. In: AGRA-EUROPE 45/98 vom 9.11.1998, Dokumentation.

KOM (1998c): Evaluation von Agrar - Umweltprogrammen. Anwendungsstand der Verordnung (EWG) Nr. 2078/92. Arbeitsdokument der Kommission - GD VI/7655/98.

KOM (1999): Wegweiser zur nachhaltigen Landwirtschaft. Mitteilung der Kommission an den Rat, das Europäische Parlament, den Wirtschafts- und Sozialausschuß und den Ausschuß der Regionen. Amtsblatt Reihe C, Nr. 172, vom 18. Juni 1999.

KÖPKE, U. u. HAAS, G. (1997): Umweltrelevanz des Ökologischen Landbaus. In: H. Nieberg (Hrsg.): Ökologischer Landbau: Entwicklung, Wirtschaftlichkeit, Marktchancen und Umweltrelevanz. Landbauforschung Völkenrode, Sonderheft 175.

KRAUS, A. et al. (1984): Versuchsergebnisse der Bayer. Landesanstalt für Bodenkultur und Pflanzenbau über Auswirkungen abgestufter Intensitäten im Pflanzenbau auf Umwelt, Ertrag und Qualität der Produkte. Bayerisches Landwirtschaftliches Jahrbuch 61, Sonderheft 2, 6-93.

KRAUS, W. (1994): Uferstreifen- unverzichtbare Bestandteile von Tallandschaften. Zeitschrift für Kulturtechnik und Landschaft, 35. H. 3.

KUBACH, G. u. ZEBITZ, C. P. W. (1996): Bewertung von Biotopneuanlagen auf Äckern anhand der Besiedlung durch Laufkäfer. Naturschutz und Landschaftsplanung, 28, (1996), H. 9.

KUHLMANN, F. (1992): Zum 50. Todestag von Friedrich Aereboe: Einige Gedanken zu seiner Intensitätslehre. Agrarwirtschaft 41, Heft 8/9, S. 222-230.

LATACZ-LOHMANN, U. (1993): Ausgestaltung des Prämiensystems als Mittel zur Steigerung der Effektivität von Extensivierungs- und Vertragsnaturschutzprogrammen. In: Agrarwirtschaft 42, Heft 10, S. 351-358.

LINCHK, G.; SPRICH, H.; FLAIG, H.; MOHR, H. (1997): Nachhaltige Land- und Forstwirtschaft. Voraussetzungen, Möglichkeiten, Maßnahmen. Springer Verlag, Berlin u.a.

LINESTONE, H. A. u. TUROFF, M. (1975): The Delphi Method (Hrsg.). Addison-Wesley, London u.a.

LITZBARSKI, H.; JASCHKER, W.; SCHÖPS, A. (1993): Zur ökologischen Wertigkeit von Ackerbrachen. Naturschutz und Landschaftspflege in Brandenburg, (1993), H. 2.

LUICK, R. (1996): Extensive Rinderweiden. Gemeinsame Chancen für Natur, Landschaft und Landwirtschaft. Naturschutz und Landschaftsplanung 28 (1996) H. 2.

LWK (1991): Leitlinien ordnungsgemäße Landbewirtschaftung. Landwirtschaftskammern Hannover und Weser-Ems (Hrsg.).

MÄHRLEIN, A. (1993a): Kalkulationsdaten für die Grünlandbewirtschaftung unter Naturschutzauflagen. KTBL-Arbeitspapier 179, Darmstadt.

MÄHRLEIN, A. (1993b): Grünlandschutzprogramme aus Sicht der Landwirtschaft. Zeitschrift für Kulurtechnik und Landentwicklung 34, S. 311-318. Verlag Paul Paray, Berlin und Hamburg.

MARGGRAF, R. u. STREB, S. (1997): Ökonomische Bewertung der natürlichen Umwelt - Theorie, politische Bedeutung, ethische Diskussion. Spektrum Akademischer Verlag. Heidelberg, Berlin.

MARGGRAF, R. u. WILHELM, J. (1997): Agrarumweltprogramme aus Sicht des biotischen und abiotischen Ressourcenschutzes. In: Schriften der Gesellschaft für Wirtschafts- und Sozialwissenschaften des Landbaus e.V., Band 33, Münster-Hiltrup 1997, S.389-404.

MASCH, E. (1994): Feuchtgrünland-Bewirtschaftung und Wiesenbrüterschutz. Ein Beitrag aus der Sicht landwirtschaftlicher Tierhaltung. Naturschutz und Landschaftsplanung, 26, (1994), H. 4.

MAYERHOFER, P. (1996a): Regionalprogramm Ökopunkte Niederösterreich. Informationsheft der Agrarbezirksbehörde Niederösterreich, Wien.

MAYERHOFER, P. (1996b): Das Ökopunktemodell Niederösterreich - Aufbau und Umsetzung in der Agrarumweltpolitik. In: Umweltverträgliche Pflanzenproduktion - Indikatoren, Bilanzierungsansätze und ihre Einbindung in Ökobilanzen. Zeller Verlag, Osnabrück, S.197-207.

McKEAN, R. (1967): Efficiency in Government through Systems Analysis. 6. Auflage, New York.

MEURER, A.; ROUBITSCHEK, W. (1971): Planungsatlas Landwirtschaft und Ernährungswirtschaft Deutsche Demokratische Republik. Berlin.

MOERSCHNER, J; GEROWITT, B.; LÜCKE, W. (1997): Vergleiche sind schwierig. DLG-Mitteilungen 12/1997, S. 54-57.

MÜHLENBERG, M. u. SLOWIK, J. (1997): Kulturlandschaft als Lebensraum. UTB für Wissenschaft 1947. Quelle und Meyer Verlag, Wiesbaden.

MÜHLENKAMP, H. (1994): Kosten-Nutzen-Analyse. R. Oldenburg Verlag, München u.a.

MUSGRAVE, R. A.; MUSGRAVE, P. B.; KULLMER, L. (1993): Die öffentlichen Finanzen in Theorie und Praxis. 2. Band. UTB für Wissenschaft 519. Verlag J. C. B. Mohr (Paul Siebeck), Tübingen.

NEUBERT, S. (1991): Neue Bio- und Gentechnologie in der Landwirtschaft - Ergebnisse einer Delphi-Expertenbefragung. Reihe A: Angewandte Wissenschaft Heft 394. Landwirtschaftsverlag Münster-Hiltrup.

NIENDIEKER, V. (1998): Die Ratsverordnung (EWG) Nr. 2078/92 als Instrument der europäischen und nationalen Agrarumwelt- und Agrarstrukturpolitik. In: Berichte über Landwirtschaft, Band 76 (4), S. 520-539.

OECD (1997a): Environmental Indicators for Agriculture. Paris.

OECD (1997b): The Environmental Effects of Agricultural Land Diversion Schemes. Paris.

OECD (1998): The Environmental Effects of Reforming Agricultural Policies. Paris.

OHLHOFF, J. (1987): Spezialisierung im Ackerbau aus ökonomischer und ökologischer Sicht. Bestimmungsgründe und Reaktionen auf veränderte Preis-Kosten-Verhältnisse. Kiel.

ÖKOLOGIE UND LANDBAU (1998): Ökologischer Landbau in Westeuropa. Heft 105, Nr. 1/1998, S. 2.

OSTERBURG, B.; WILHELM, J.; NIEBERG, H. (1997): Darstellung und Analyse der regionalen Inanspruchnahme von Agrarumweltmaßnahmen gemäß Verordnung (EWG) 2078/92 in Deutschland. Arbeitsbericht Nr. 8/1997. Bundesforschungsanstalt für Landwirtschaft, Braunschweig.

PIFFNER, L. (1997): Welchen Beitrag leistet der ökologische Landbau zur Förderung der Kleintierfauna? Ökologie und Landbau 25. Jg., (1997), H.2.

PIORR, A. u. WERNER, W. (1998): Nachhaltige landwirtschaftliche Produktionssysteme im Vergleich: Bewertung anhand von Umweltindikatoren. Schriftenreihe *agrarspectrum* Band 28. Herausgegeben vom Dachverband Agrarforschung, Frankfurt.

PLACHTER, H. (1989): Zur biologischen Schnellansprache und Bewertung von Gebieten. In: Schriftenreihe für Landschaftspflege und Naturschutz. H. 29, S. 107-135.

PLANKL, R. (1996): Synopse. Tabellarische Übersicht über die einzelnen Umweltprogramme gemäß VO (EWG) 2078/92. Arbeitsbericht der FAL Braunschweig Nr. 1/1996.

PLANKL, R. (1998): Finanzmitteleinsatz für die Umsetzung der VO (EWG) 2078/92 in den Bundesländern. Arbeitsbericht der FAL Braunschweig Nr. 1/1998.

POMMER, G. u. KRESSIRER, E. (undatiert): Auswirkungen der Extensivierung im Akkerbau auf Boden, Wasser, Flora und Fauna. Abschlußbericht der Bayerischen Landesanstalt für Bodenkultur und Pflanzenbau (unveröffentlicht).

PRUCKNER, G. J. (1994): Die ökonomische Quantifizierung natürlicher Ressourcen - eine Bewertung überbetrieblicher Leistungen der österreichischen Land- und Forstwirtschaft. Europäischer Verlag der Wissenschaften. Frankfurt a. M.

RABE, I. (1992): Die Entwicklung von Flora und Fauna auf brachliegenden Ackerrandstreifen und -flächen und die Auswirkungen brachliegender Randstreifen auf die Arthropodenbesiedlung. Abschlußbericht, Landesamt für Naturschutz und Landschaftspflege Schleswig-Holstein, Kiel.

RASKIN, R. (1995): Das Ackerrandstreifenprogramm: tierökologisch mehr als nur ein Blütentraum? LÖBF-Mitteilingen, 4, (1995).

RASKIN, R.; GLÜCK, E.; PFLUG, W. (1992): Floren- und Faunenentwicklung auf herbizidfrei gehaltenen Agrarflächen. Auswirkungen des Ackerrandstreifenprogramms. Natur und Landschaft, 67 Jg. (1992), H. 1.

REITER, K. (1994): Ökonomische Analyse zur Akzeptanz, Wirkung und Übertragbarkeit des MEKA-Programmes in Baden-Württemberg. Arbeitsbericht der FAL Braunschweig 8/94.

RIEHL, G. (1997): Reduzierter Mitteleinsatz auf Grünland: Wirkung auf Ertrag und Umwelt. In: Infodienst 2/97 für Beratung und Schule der Sächsischen Agrarverwaltung. S. 111-119.

ROMMEL, K. (1998): Methodik umweltökonomischer Bewertungsverfahren - Kosten und Nutzen des Biosphärenreservates Schorfheide-Chorin. Transfer Verlag, Regensburg.

SALIGER, E. u. KUNZ, C. (1981): Zum Nachweis der Effizienz der Delphi-Methode. Zeitschrift für Betriebswirtschaft Nr. 51, S. 470-480.

SCHANZENBÄCHER, B. (1995): Ermittlung externer ökologischer Effekte der Landwirtschaft und ökonomische und ökologische Auswirkungen von Maßnahmen zu deren Internalisierung. Europäische Hochschulschriften, Reihe XLII, Bd. 17. Verlag Peter Lang, Frankfurt a. M. u. a.

SCHEELE, M. (1994): Reform der Gemeinsamen Agrarpolitik. Konsequenzen für die Agrarstruktur- und die Agrarumweltpolitik. In: EG-Agrarreform - Folgen für Forschung und Politik. Schriftenreihe der Forschungsgesellschaft für Agrarpolitik und Agrarsoziologie e. V. Bonn. Band 300.

SCHEELE, M. u. ISERMEYER, F. (1989): Umweltschutz und Landschaftspflege im Bereich der Landwirtschaft - Kostenwirksame Verpflichtung oder neue Einkommensquelle? Berichte über Landwirtschaft (67), S. 86-110.

SCHEELE, M. u. SCHMITT, G. (1989): Der Konflikt zwischen Landwirtschaft und Wasserschutz als Allokations- und Verteilungsproblem. Zeitschrift für Umweltpolitik und Umweltrecht, 12. Jg., S. 79-93.

SCHILLING, R. u. WIDMER, J.-P. (1997): Do rail stations at airports allow a better distribution of air passenger transport demand among airports? Report on experts' answers to a Questionnaire based on the Delphi-method. Schriftenreihe des IVT Nr. 114 der ETH Zürich.

SCHMIDT, J. (1995): Vegetationsentwicklung auf ausgewählten Grünlandflächen des Biotop-Programms. Unveröffentlichtes Gutachten erstellt für das Ministerium für Natur und Umwelt Schleswig-Holstein.

SCHMITZ, P. u. HARTMANN, M. (1993, Hrsg.): Landwirtschaft und Chemie. Simulationsstudie zu den Auswirkungen einer Reduzierung des Einsatzes von Mineraldüngern und Pflanzenschutzmitteln aus ökonomischer Sicht. Wissenschaftsverlag Vauk. Kiel.

SCHÖFFSKI, O. u. ULBER, A. (1998): Grundformen gesundheitsökonomischer Evaluationen. In: Gesundheitsökonomische Evaluationen - Grundlagen und Standortbestimmung. Schöffski, O., et al. (Hrsg.) Springer Verlag, Berlin u.a.

SCHULZE PALS, L. (1994): Ökonomische Analyse der Umstellung auf ökologischen Landbau. Schriftenreihe des Bundesministeriums für Ernährung, Landwirtschaft und Forsten. Angewandte Wissenschaft Heft 436.

SCHUMACHER, W. (1995): Ausblick und Schlußfolgerungen. In: Agrarspektrum Band 24. Ökologische Leistungen der Landwirtschaft: Definition, Beurteilung und ökonomische Bewertung. DLG-Verlag, Frankfurt.

SCHUSTER, G. (1985): The Delphi Method - Application to Elk Habitat Quality. United States Department of Agriculture. Reseach Paper INT-353.

SEEGER, T. (1979): Die Delphi-Methode - Expertenbefragungen zwischen Prognose und Gruppenmeinungsbildungsprozessen. Hochschul-Sammlung Philosophie. Sozialwissenschaft Band 8, Freiburg 1979.

SEILER, K. (1969): Introduction to Systems Cost-Effectiveness. New York u.a.

SIEBER, W. (1997): Positionspapier zur gegenwärtigen und zukünftigen Ausrichtung der Agrarförderung. Ländlicher Raum, S. 310-312. Agrarsoziale Gesellschaft e.V. (Hrsg.).

SRU (1985): Der Rat von Sachverständigen für Umweltfragen (1985): Umweltprobleme der Landwirtschaft. Verlag W. Kohlhammer GmbH Stuttgart und Mainz.

SRU (1994): Der Rat von Sachverständigen für Umweltfragen. Umweltgutachten 1994. Metzler-Poeschel, Stuttgart.

SRU (1996): Der Rat von Sachverständigen für Umweltfragen. Sondergutachten: Konzepte einer dauerhaft-umweltgerechten Nutzung ländlicher Räume. Metzler-Poeschel, Stuttgart.

SRU (1998a): Flächendeckend wirksamer Grundwasserschutz. Sondergutachten des Rates von Sachverständigen für Umweltfragen. Metzler-Poeschel, Stuttgart.

SRU (1998b): Umweltgutachten 1998. Umweltschutz: Erreichtes sichern - neue Wege gehen. Metzler-Poeschel, Stuttgart.

STATISTISCHES JAHRBUCH (versch. Jg.): Statistisches Jahrbuch über Ernährung, Landwirtschaft und Forsten. Herausgegeben vom BMEFL. Landwirtschaftsverlag Münster-Hitrup.

STEFFAN-DEWENTER, I. u. TSCHARNTKE, T. (1996): Profitieren Wildbienen oder Honigbienen von der Flächenstillegung in der Landwirtschaft? Natur und Landschaft 71 (6), 255-261.

STEINMANN, H.-H. (1995): Entwicklung der Verunkrautung in Anbausystemen unterschiedlicher Intensität und Möglichkeiten der mechanischen Bekämpfung von *Galium aparine* im Winterweizen. Dissertation, Georg-August-Universität, Göttingen.

STEINMÜLLER, K. (1995): Beiträge zu Grundlagen der Zukunftsforschung. Werkstatt-Bericht des Sekretariats für Zukunftsforschung 2/95, Gelsenkirchen.

STOBBE, A. (1983): Volkswirtschaftslehre II. Mikroökonomik. Springer Verlag, Berlin u.a.

STOLZE, M.; PIORR, A.; HÄRING, A.; DABBERT, S. (1999): Environmental and resource use impacts of organic farming in Europe. Organic farming in Europe: Economics and Policy, Volume 6, Universität Hohenheim.

STOYKE, C. (1995): Die Ökonomik einzelbetrieblicher Anpassungsmaßnahmen an Extensivierungsauflagen in der Pflanzenproduktion. Wissenschaftsverlag Vauk Kiel KG.

STOYKE, C. u. WAIBEL, H. (1995): F+E-Vorhaben. Ökologische Konsequenzen von Extensivierungsmaßnahmen im Ackerbau. Agrarökonomische Untersuchungen. Endbericht der Projektphase 1990-1994. Institut für Agrarökonomie. Universität Göttingen.

STOYKE, C. u. WAIBEL, H. (1997): Die Entwicklung der Flächennutzung und des Betriebsmitteleinsatzes im Pflanzenbau unter dem Einfluß der EU-Agrarreform - Umweltwirkungen und umweltpolitischer Handlungsbedarf. Die Zeitschrift für Umweltpolitik und Umweltrecht. 3/97, S. 289-316.

STRAUSS, E. u. JAECKEL, G. (1996): Entwicklungspotentiale von Werkstoff- und Verarbeitungstechnologien in Nordrhein-Westfalen - Ergebnisse einer Delphi-Befragung. Fraunhofer-Institut für Systemtechnik und Innovationsforschung, Karlsruhe.

STROTDRESS, J. (1992): Wirkung unterschiedlicher Produktionstechniken auf die Flora im Ackerschonsteifen. Natur und Landschaft, 67 Jg. (1992), H. 6.

SWINNEN, J. u. VAN DER ZEE, F. A. (1992): The new political economy of agricultural policies. Wageningen Economic Papers 1992-2.

TENGS, T. O.; ADAMS, M. E.; PLISKIN, J. S. (1995): Five-hundred life-saving interventions and their cost-effectiveness. Risk Analysis 15, (3), S. 369-390.

THIMM, C. u. EBBINGHAUS, R. (1992): Wirtschaftliche Aspekte extensiver Grünlandnutzung. NNA-Berichte 5 (4), 49-54.

TIMMERMANN, F. (1994): Auswirkungen einer verminderten Stickstoffdüngung im Rahmen von Extensivierungsmaßnahmen auf Ertrag und Nitratauswaschungspotential. VDLUFA-Schriftenreihe 38, 155-158.

TODT, O. (1990): Kosten-Wirksamkeits-Analyse alternativer Programme zur europäischen Beteiligung an der Erschließung des Mondes. Institut für Luft- und Raumfahrt der Technischen Universität Berlin. Mitteilungen Nr. 251.

TRESCH, R. W. (1981): Public Finance. Plano, Texas.

TSCHARNTKE, T.; GREILER, H.-J.; STEFFAN-DEWENTER, I.; KRUESS, A.; GATHMANN, A.; ZABEL, J.; DUBBERT, M.; KUHNHENNE, J.; VU, M.-H. (1996): Die Flächenstillegung in der Landwirtschaft - eine Chance für Flora und Fauna der Agrarlandschaft? NNA-Berichte 2, 59-72.

UNIVERSITÄT ROSTOCK (1996): Landwirtschaftliche Betriebsmodelle zur Strukturanpassung für eine umweltgerechte Nutzung des ländlichen Raumes in Mecklenburg-Vorpommern. Agrarwissenschaftliche Fakultät, Fachbereich Agrarökologie.

VAN ELSEN, T. u. SCHELLER, U. (1995): Zur Bedeutung einer stark gegliederten Feldflur für Ackerwildkrautgesellschaften. Beispiele aus Thüringen und Nordhessen. Natur und Landschaft, 70. Jg., (1995), H. 2.

WAGNER, P. (1995): Konsequenzen für die Projektion von Politikmaßnahmen bei Annahme unterschiedlicher Produktionsfunktionen. In: Schriften der Gesellschaft für Wirtschafts- und Sozialwissenschaften des Landbaus e.V., Band 31, Münster-Hiltrup 1995, S.389-404.

WAIBEL, H. u. STOYKE, C. (1992): Ökonomische Konsequenzen der Extensivierung. In: VDLUFA-Schriftenreihe 35, S. 98-117.

WALDHARDT, R. (1994): Flächenstillegungen und Extensivierungsmaßnahmen im Akkerbau - Flora, Vegetation und Stickstoff-Haushalt. Dissertation, Georg-August-Universität, Göttingen.

WEISSKIRCHEN, F. (1994): Das Auswahlproblem in der Kostenwirksamkeitsanalyse am Beispiel der Auswahl einer optimalen Streitkräftestruktur für die Bundeswehr. Jahrbuch für Nationalökonomie und Statistik. Band 213/2, S. 166-175. Fischer Verlag Stuttgart.

WILDENHAYN, M. (1990): Auswirkungen der Extensivierung auf Pflanzenkrankheiten und Erträge verschiedener Feldfrüchte im Ackerbausystemversuch Reinshof. Dissertation, Georg-August-Universität, Göttingen.

WILDENHAYN, M. (1996): Integriert-extensiver Pflanzenbau als Beitrag zur Entwicklung umweltverträglicher Landnutzungssysteme. In: Standortangepaßte Extensivierung. Forschungsergebnisse der Fakultät für Agrarwissenschaften Göttingen. Cuvillier Verlag Göttingen.

WILDENHAYN, M.; HESSE, W.; KOPF, D.; STEINHOFF, H. (1995): F+E-Vorhaben: Ökologische Konsequenzen von Extensivierungsmaßnahmen im Ackerbau. Pflanzenbauliche Untersuchungen. Endbericht der Projektphase 1990-1994. Institut für Pflanzenbau und Pflanzenzüchtung, Universität Göttingen.

WILHELM, J. (1995): EU-Verordnung für umweltgerechte landwirtschaftliche Produktionsverfahren und ihre Umsetzung in Niedersachsen, Hessen und Sachsen. In: Natur und Landschaft, 70. Jg. Heft 10, S. 497-499.

WILHELM, J. (1999): Umweltwirkungen von Förderungsmaßnahmen gemäß VO (EWG) 2078/92. Schriftenreihe des Bundesministeriums für Ernährung, Landwirtschaft und Forsten. Reihe A: Angewandte Wissenschaft Heft 480.

WISSENSCHAFTLICHER BEIRAT (1998): Integration der Landwirtschaft der Europäischen Union in die Weltagrarwirtschaft. Gutachten des Wissenschaftlichen Beirats beim Bundesministerium für Ernährung, Landwirtschaft und Forsten. Reihe A: Heft 476. Köllen Druck und Verlag, Bonn.

ZANGEMEISTER, C. u. NOLTING, H.-D. (1997): Kosten-Wirksamkeits-Analyse im Arbeits- und Gesundheitsschutz. Schriftenreihe der Bundesanstalt für Arbeitsschutz und Arbeitsmedizin. Sonderschrift S 44, Dortmund/Berlin.

ZEDDIES, J. u. DOLUSCHITZ; R. (1996): Marktentlastungs- und Kulturlandschaftsausgleich (MEKA) - Wissenschaftliche Begleituntersuchung und Auswirkungen. Agrarforschung in Baden-Württemberg. Band 25. Verlag Eugen Ulmer Stuttgart.

ZIMMER, Y. (1991): Über die Schwierigkeiten einen Markt für Naturschutz zu etablieren. In: Agrarwirtschaft 40, Heft 4, S. 122-128.

ZIMMER, Y. (1994): Naturschutz und Landschaftspflege - Allokationsmechanismen, Präferenzanalyse, Entwicklungspotentiale. Untersucht in Landkreis Emsland und im Werra-Meißner-Kreis. Verlag Vauk, Kiel.

ZIMMERMANN, F. u. STRASS, F. (1991): Ertrag und Qualität von Winterweizensorten bei unterschiedlicher Fungizidbehandlung. Bayerisches Landwirtschaftliches Jahrbuch 68 (5), 635-648.

ZUCCHI, H. (1997): Naturschutz oder naturgemäße Wirtschaftsweise? Ökologie und Landbau 25. Jg., (1997), H.2.

11 Anhang

Tabelle 11-1: Standardabweichungen bei der Bewertung der Wirtschaftsweisen differenziert nach Regionen und Schutzzielen

Wirtschaftsweise / Region / Schutzziele	Region 1			Region 2			Region 3		
	abiot. S.	biot. S.	ästhet. S.	abiot. S.	biot. S.	ästhet. S.	abiot. S.	biot. S.	ästhet. S.
Status quo landwirtschaftlicher Praxis	1.0	0.8	1.0	1.1	1.1	0.9	1.5	1.6	1.3
Integrierter Ackerbau	0.8	1.2	1.3	0.9	1.0	1.2	1.1	0.9	1.2
Organische Bewirtschaftung von Ackerland	1.2	1.4	1.2	0.9	1.4	1.1	1.7	1.4	1.2
Organische Bewirtschaftung von Grünland	1.0	1.1	1.4	0.8	1.1	1.2	1.1	1.2	1.7
Organischer Dauerkultur- u. Gemüsebau	1.1	1.2	1.0	0.9	1.0	0.9	1.2	1.0	0.8
Integrierter Dauerkultur- u. Gartenbau	0.8	1.3	0.8	1.0	0.9	0.7	1.0	1.3	0.7
Verzicht auf Herbizide im Ackerbau	1.2	1.2	1.1	1.2	0.9	1.0	1.2	0.9	1.1
Verzicht auf ch.-synth. Düngemittel im Ackerbau	1.5	1.2	1.0	1.8	1.2	0.8	1.2	1.4	0.7
Verzicht auf ch.-synth. Dünge- u. PSM im Ackerbau	1.6	1.2	1.3	1.4	1.1	1.1	1.2	1.2	1.0
Verzicht auf Wachstumsregulatoren	1.0	1.0	0.4	1.4	0.7	0.4	1.2	1.0	0.4
Umweltgerechte Gülleausbringung auf Ackerland	1.2	0.8	1.0	1.4	1.1	1.2	1.5	1.2	1.1
Erweiterung des Drillreihenabstandes	0.9	0.9	0.6	0.9	1.1	0.6	0.9	1.3	0.6
Mulchsaatverfahren	1.1	0.9	0.6	0.9	1.0	0.8	1.1	1.1	0.8
Untersaaten / Stoppelsaaten	0.8	1.2	0.8	0.7	1.4	0.8	0.7	1.4	0.9
Fruchtfolgen mit mindestens vier Gliedern	1.3	1.1	1.1	1.0	1.0	0.9	1.0	1.0	0.9
Verzicht auf jegliche D. u. PSM in umweltsensiblen B.	0.9	1.1	1.4	0.8	1.0	1.4	0.9	1.0	1.3
Umwandlung von Ackerland in ext. Grünland	1.4	1.3	1.2	1.1	1.2	1.0	1.4	1.6	1.7
Haltung von Rinder- u. Schafbe. < 1,4 RGV	1.0	1.2	1.3	1.0	1.2	1.3	1.2	1.3	1.3
Reduzierter Mineraldüngereinsatz auf Grünland	1.2	0.9	0.9	1.2	1.0	0.7	1.3	1.3	0.9
Verzicht auf Mineraldünger- u. PSM im G.	1.3	1.3	1.1	1.1	1.2	1.0	1.0	1.4	1.1
Umweltgerechte Gülleausbringung auf G.	1.3	1.1	1.1	1.1	1.0	1.3	1.3	1.0	1.5
Späte Schnittnutzung	0.9	1.9	1.9	0.9	1.8	1.8	0.9	2.1	1.7
Extensive Bewirtschaftung von Grünlandeinzelflächen	1.1	1.2	0.9	1.2	1.0	0.9	1.0	1.3	1.0
Pflege aufgegebener Flächen	1.5	2.1	2.2	1.4	1.9	2.1	1.4	1.4	1.6
20-jährige Stillegung zur Biotopgestaltung	1.0	0.9	1.2	1.0	1.3	1.6	1.5	1.5	2.0
Anlage von Ackerrandstreifen	1.5	1.2	1.3	1.7	1.2	1.4	1.8	1.7	1.6
Anlage von Uferrandstreifen	1.2	1.1	1.0	1.0	1.0	1.1	1.0	1.2	1.1
Einzelflächen unter Vertragsnaturschutz	1.4	1.2	1.1	1.3	1.1	1.0	1.5	1.2	1.0
Steuobstwiesenbewirtschaftung	1.4	1.3	1.3	1.3	0.8	0.8	1.2	1.0	0.6
Anlage/Pflege von Schutzpflanzungen u. Feldgehölzen	1.3	1.1	0.6	1.2	1.1	0.8	1.1	1.1	1.3

Quelle: Eigene Erhebung und Berechnungen

Tabelle 11-2: Befragungsergebnisse zur Finanzmittelverteilung in Agrarumweltprogrammen (Frage 3)

Befragungsergebnisse nach der zweiten Runde.

Frage Nr. 3: Wenn die Wirtschaftsweisen dieses Fragebogens Bestandteile von Agrarumweltprogrammen wären, wie würden Sie dann für jeden Regionstyp ein Budget von 1.000 Geldeinheiten auf die Wirtschaftsweisen verteilen, damit die positiven Umweltwirkungen der Programme am besten zum tragen kämen?

Region / Experte	1	2	3	4	5	6	7	8	9	10	11	12	13	14	15	16	17	Ergebnisse: MO	MI	t.abw	MI ger.
Region 1																					
1. Organische Wirtschaftsweisen	250	150	400	300	50	200	250	300	200	200	100	500	200	250	300	.	.	200	243	108	**240**
2. Maßnahmen auf Ackerland	150	300	300	150	250	400	250	150	200	200	150	100	200	200	300	.	.	150	220	77	**220**
3. Maßnahmen auf Grünland	300	200	100	150	200	100	250	150	300	200	300	100	200	150	200	.	.	200	193	68	**190**
4. Naturschutz u. Landschaftspflege	300	350	200	400	500	300	250	400	300	400	450	300	400	400	200	.	.	400	343	85	**350**
Region 2																					
1. Organische Wirtschaftsweisen	200	200	300	400	50	200	300	250	200	200	100	500	200	300	200	.	.	200	240	107	**240**
2. Maßnahmen auf Ackerland	250	300	200	200	150	200	200	175	200	200	150	300	200	200	200	.	.	200	208	42	**210**
3. Maßnahmen auf Grünland	200	300	200	200	300	200	250	175	250	400	350	100	200	200	400	.	.	200	248	83	**250**
4. Naturschutz u. Landschaftspflege	350	200	300	200	500	400	250	400	350	200	400	100	400	300	200	.	.	200	303	106	**300**
Region 3																					
1. Organische Wirtschaftsweisen	200	250	200	250	150	150	.	200	150	150	100	500	100	200	200	.	.	200	200	94	**200**
2. Maßnahmen auf Ackerland	100	350	100	150	50	150	.	200	150	150	150	200	100	150	100	.	.	150	150	68	**150**
3. Maßnahmen auf Grünland	300	250	300	300	100	200	.	200	250	400	350	100	400	250	300	.	.	300	264	89	**260**
4. Naturschutz u. Landschaftspflege	400	150	400	300	700	500	.	400	450	300	400	200	400	400	400	.	.	400	386	126	**390**

Quelle: Eigene Erhebung und Berechnungen MO: Modalwert MI: Mittelwert St.abw.: Standardabweichung MI ger.: gerundeter Mittelwert

Tabelle 11-3: Befragungsergebnisse zur Finanzmittelverteilung in Agrarumweltprogrammen (Frage 4 und 5)

Befragungsergebnisse nach der zweiten Runde.

Frage Nr. 5: Wie würden Sie ein Budget von 1.000 Geldeinheiten in den Regionen auf den abiotischen, biotischen und ästhetischen Ressourcenschutz verteilen, damit möglichst positive Umweltwirkungen mit dem eingesetzten Geld erzielt werden?

Region / Experte	1	2	3	4	5	6	7	8	9	10	11	12	13	14	15	16	17	Ergebnisse MO	MI	St.abw.	MI ger.
Region 1																					
abiotische Schutzziele	300	400	450	200	500	400	300	250	500	400	400	300	400	300	400	.	.	400	367	85	**370**
biotische Schutzziele	700	500	350	600	350	300	300	200	300	400	300	400	600	400	300	.	.	300	400	135	**400**
ästhetische Schutzziele	0	100	200	200	150	300	400	550	200	200	300	300	0	300	300	.	.	300	233	139	**230**
Region 2																					
abiotische Schutzziele	300	300	300	400	400	500	400	250	400	400	400	500	600	500	200	.	.	400	390	104	**390**
biotische Schutzziele	700	600	500	500	400	200	300	450	400	400	500	400	400	300	400	.	.	400	430	118	**430**
ästhetische Schutzziele	0	100	200	100	200	300	300	300	200	200	100	100	0	200	400	.	.	200	180	111	**180**
Region 3																					
abiotische Schutzziele	300	300	400	400	300	300	.	250	300	400	400	500	300	300	200	.	.	300	332	75	**330**
biotische Schutzziele	700	500	400	300	350	200	.	550	300	400	500	300	200	500	400	.	.	500	400	135	**400**
ästhetische Schutzziele	0	200	200	300	350	500	.	200	400	200	100	200	500	200	400	.	.	200	268	141	**270**

Quelle: Eigene Erhebung und Berechnungen MO: Modalwert MI: Mittelwert St.abw.: Standardabweichung MI ger.: gerundeter Mittelwert

Frage Nr. 4: Wie würden Sie ein Budget von 1.000 Geldeinheiten auf die drei Regionstypen verteilen, damit möglichst positive Umweltwirkungen mit dem eingesetzten Geld erzielt werden?

Region / Experte	1	2	3	4	5	6	7	8	9	10	11	12	13	14	15	16	17	Ergebnisse MO	MI	St.abw.	MI ger.
Region 1	300	300	300	400	200	350	400	200	300	200	250	300	500	350	200	.	.	300	303	85	**300**
Region 2	300	400	400	400	400	350	300	400	400	400	650	500	300	350	400	.	.	400	397	85	**400**
Region 3	400	300	300	200	400	300	300	400	300	400	100	200	200	300	400	.	.	300	300	89	**300**

Quelle: Eigene Erhebung und Berechnungen MO: Modalwert MI: Mittelwert St.abw.: Standardabweichung MI ger.: gerundeter Mittelwert

Georg-August-Universität Göttingen
Umwelt- und Ressourcenökonomik
PROF. DR. RAINER MARGGRAF
JÜRGEN WILHELM

Februar 1997

Delphi - Studie:

"Umweltwirkungen landwirtschaftlicher Wirtschaftsweisen und Agrarumweltprogramme"

Ziel dieser Delphi-Studie ist es, die Umweltwirkungen verschiedener landwirtschaftlicher Wirtschaftsweisen abzubilden sowie Informationen für eine sinnvolle Verteilung von Finanzmitteln in Agrarumweltprogrammen zu gewinnen.

Es ist bereits eine Basiserhebung durchgeführt worden. Die Ergebnisse der ersten Befragungsrunde wurden ausgewertet und die Anregungen der Experten bei der Konzeption der sich hier anschließenden zweiten Erhebung berücksichtigt.

Bei der Wiedergabe der Befragungsergebnisse wurde Wert auf eine optisch ansprechende und leicht zugängliche Darstellungsweise gelegt. Für alle Wirtschaftsweisen wurde deshalb eine Grafik erstellt sowie jeweils die Modalwerte (der am häufigsten genannte Wert) und der arithmetische Mittelwert der Antworten berechnet. Anhand der Grafik können Sie mit einen Blick feststellen wie "gut" oder wie "schlecht" die betroffene Wirtschaftsweise von dem Expertenpanel im Hinblick auf ihre Umweltwirkungen bewertet wurde. Die meisten Grafiken zeigen ein sehr einheitliches Expertenvotum.

Die Modalwerte und die Mittelwerte werden getrennt nach Regionstypen und Schutzzielen aufgeführt und verdeutlichen so, welche Wirtschaftsweise in welcher Region für welches Schutzziel am besten geeignet ist.

Die erneute Bewertung der Wirtschaftsweisen vor dem Hintergrund der Gruppenmeinung soll, wie bei der Basiserhebung, im Vergleich zu einer flächendeckenden Bewirtschaftung nach den "Grundsätzen einer ordnungsgemäßen Landbewirtschaftung" erfolgen. Zur Erinnerung an die verschiedenen Regionstypen und die Einteilung der Schutzziele in abiotische, biotische und ästhetische Ressourcen ist auf der Seite 4 die Fragebogenstruktur der Basiserhebung nochmals dargestellt.

Bitte beachten Sie beim Ausfüllen des Fragebogens folgende Hinweise:

- Auf den Seiten 5 bis 34 werden alle Wirtschaftsweisen, die Sie bewerten sollen, dargestellt. Sie sollen die Wirtschaftsweisen nur aus ökologischer Sicht, d. h. unabhängig davon, ob sie Bestandteil von Agrarumweltprogrammen sind, bewerten. Vergeben Sie bitte ökologische Bewertungszahlen von -5 bis (+) 5:

  Minus 5 bedeutet, daß eine Wirtschaftsweise im Vergleich zur "ordnungsgemäßen Landbewirtschaftung" zu einer erheblichen Mehrbelastung der Ressourcen führt. Führt die Wirtschaftsweise hingegen zu einer deutlichen Verbesserung, soll eine 5 eingetragen werden. Zur Veranschaulichung ist das Bewertungsschema auf Seite 3 grafisch dargestellt.

  Wenn Sie die Auswirkungen einer Wirtschaftsweise nicht abschätzen können, machen Sie in das entsprechende Kästchen bitte einen Strich.

- Einige der zu bewertenden Wirtschaftsweisen sind durch differenzierte Bewirtschaftungsauflagen gekennzeichnet. Diese werden im Anhang erläutert. Dem Anhang sind ebenfalls die "Grundsätze einer ordnungsgemäßen Landbewirtschaftung" im Wortlaut beigefügt.

- Anmerkungen zum Fragebogen können auf jeder Seite gemacht werden und sind ausdrücklich erwünscht! Bitte versuchen Sie, den Fragebogen bis Anfang März an uns zurückzuschicken.

Bewertungsschema

	+5	einer deutlichen Verbesserung	
	+4		
	+3	einer mittleren Verbesserung	
Im Vergleich zur "ordnungsgemäßen Landbewirtschaftung" führt die Wirtschaftsweise zu	+2		
	+1	einer geringen Verbesserung	
	0	keiner Verbesserung oder Mehrbelastung	.... der Ressourcen und der Umwelt.
	-1	einer geringen Mehrbelastung	
	-2		
	-3	einer mittleren Mehrbelastung	
	-4		
	-5	einer deutlichen Mehrbelastung	

Auf der folgenden Seite wird zu Ihrer Erinnerung die Struktur der Basiserhebung dargestellt.

Seite (238) bitte nicht ausfüllen.

Vergleichende Bewertung landwirtschaftlicher Wirtschaftsweisen hinsichtlich ihrer Auswirkungen auf die natürlichen Ressourcen

Regionen:	Regionstyp I (Gebiete mit deutlich überdurchschnittlicher Ertragsfähigkeit, Acker- u. Grünlandzahlen i.d.R. über 60)			Regionstyp II (Gebiete mit deutlich unterdurchschnittlicher Ertragsfähigkeit, Acker- u. Grünlandzahlen i.d.R. unter 35)			Regionstyp III (Hanglagen und Mittelgebirgslandlandschaften)		
Schutzziele / Wirtschaftsweisen	abiotische Ressourcen: Wasser, Boden, Atmosphäre	biotische Ressourcen: Vielfalt von Flora, Fauna u. Biotopen	ästhetische Ressourcen: Landschaftsbild, kulturelle Aspekte	abiotische Ressourcen: Wasser, Boden, Atmosphäre	biotische Ressourcen: Vielfalt von Flora, Fauna u. Biotopen	ästhetische Ressourcen: Landschaftsbild, kulturelle Aspekte	abiotische Ressourcen: Wasser, Boden, Atmosphäre	biotische Ressourcen: Vielfalt von Flora, Fauna u. Biotopen	ästhetische Ressourcen: Landschaftsbild, kulturelle Aspekte
Frage Nr.1:	**Wie bewerten Sie die Auswirkungen des "Status quo landwirtschaftlicher Praxis" auf die oben genannten Schutzziele im Vergleich zu einer flächendeckenden "ordnungsgemäßen Landbewirtschaftung"?**								
0. Referenzsituation:	"Ordnungsgemäße Landbewirtschaftung" = 0								
	In die Kästchen bitte Ihre Bewertungszahlen (Zielbeiträge) von - 5 (deutliche Mehrbelastung) bis 5 (deutliche Verbesserung) eintragen.								
0.1. "Status quo landwirtschaftlicher Praxis"									
Frage Nr. 2:	**Wie bewerten Sie die Auswirkungen organischer Wirtschaftsweisen im Vergleich zur "ordnungsgemäßen Landbewirtschaftung"?**								
1. Organische Wirtschaftsweisen:									
1.1. Organische Bewirtschaftung des Ackerlandes									
1.2. Organische Bewirtschaftung des Grünlandes									
1.3. Organische Anbauverfahren bei Dauerkulturen und im Gartenbau									

Frage Nr. 1: (gilt für die Seiten 5 bis 34)

Wie bewerten Sie die Auswirkungen der folgenden Wirtschaftsweisen auf die Schutzziele der Umwelt im Vergleich zu einer flächendeckenden ordnungsgemäßen Landbewirtschaftung?

Abbildung 1: Umweltwirkungen des "Status quo landwirtschaftlicher Praxis "

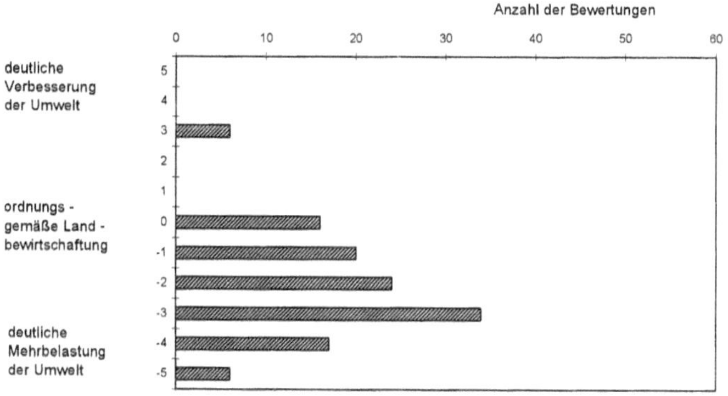

Schutzziele:	Modalwerte (= häufigster Wert): abiotische	biotische	ästhetische	Mittelwerte: abiotische	biotische	ästhetische
Regionstyp I: (guter Standort)	-3	-3	-2	-2.8	-3.4	-2.9
Regionstyp II: (schlechter Standort)	-4	-3	-2	-2.7	-2.4	-1.4
Regionstyp III: (Mittelgebirgslagen)	-3	-1	-1	-1.7	-0.8	-0.1

Schutzziele:	Ihre Bewertung in Runde 1: abiotische	biotische	ästhetische	Ihre Bewertung in dieser Runde: abiotische	biotische	ästhetische
Regionstyp I: (guter Standort)	☐	☐	☐	☐	☐	☐
Regionstyp II: (schlechter Standort)	☐	☐	☐	☐	☐	☐
Regionstyp III: (Mittelgebirgslagen)	☐	☐	☐	☐	☐	☐

Raum für Anmerkungen: ....

Abbildung 2: Umweltwirkungen des "integrierten Ackerbaus "

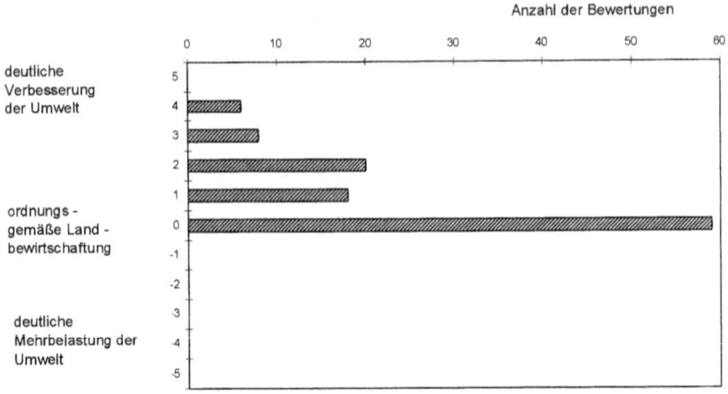

Schutzziele:	Modalwerte: abiotische	biotische	ästhetische	Mittelwerte: abiotische	biotische	ästhetische
Regionstyp I: (guter Standort)	3	0	0	1.6	0.8	0.5
Regionstyp II: (schlechter Standort)	2	0	0	1.9	0.9	0.5
Regionstyp III: (Mittelgebirgslagen)	0	0	0	1.4	0.6	0.3

Schutzziele:	Ihre Bewertung in Runde 1: abiotische	biotische	ästhetische	Ihre Bewertung in dieser Runde: abiotische	biotische	ästhetische
Regionstyp I: (guter Standort)	☐	☐	☐	☐	☐	☐
Regionstyp II: (schlechter Standort)	☐	☐	☐	☐	☐	☐
Regionstyp III: (Mittelgebirgslagen)	☐	☐	☐	☐	☐	☐

Anmerkungen: ....

....

Abbildung 3: Umweltwirkungen eines "integrierten Garten- und Dauerkulturanbaus"

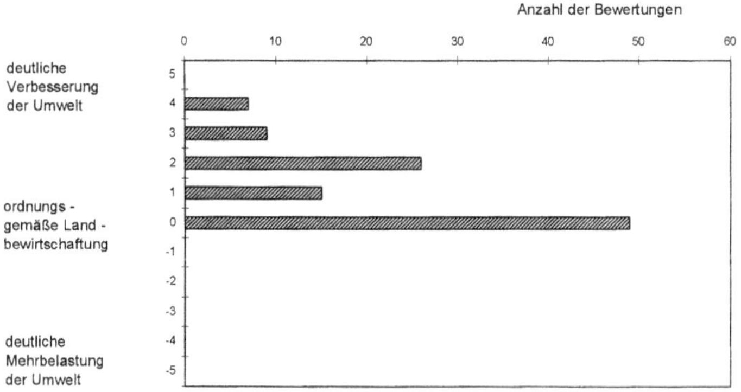

Schutzziele:	Modalwerte: abiotische	biotische	ästhetische	Mittelwerte: abiotische	biotische	ästhetische
Regionstyp I: (guter Standort)	3	0	0	1.8	1.1	0.5
Regionstyp II: (schlechter Standort)	2	0	0	2.0	1.2	0.5
Regionstyp III: (Mittelgebirgslagen)	2	2	0	1.7	1.0	0.3

Schutzziele:	Ihre Bewertung in Runde 1: abiotische	biotische	ästhetische	Ihre Bewertung in dieser Runde: abiotische	biotische	ästhetische
Regionstyp I: (guter Standort)	☐	☐	☐	☐	☐	☐
Regionstyp II: (schlechter Standort)	☐	☐	☐	☐	☐	☐
Regionstyp III: (Mittelgebirgslagen)	☐	☐	☐	☐	☐	☐

Anmerkungen: ....

....

Abbildung 4: Umweltwirkungen einer "organischen Bewirtschaftung von Ackerland"

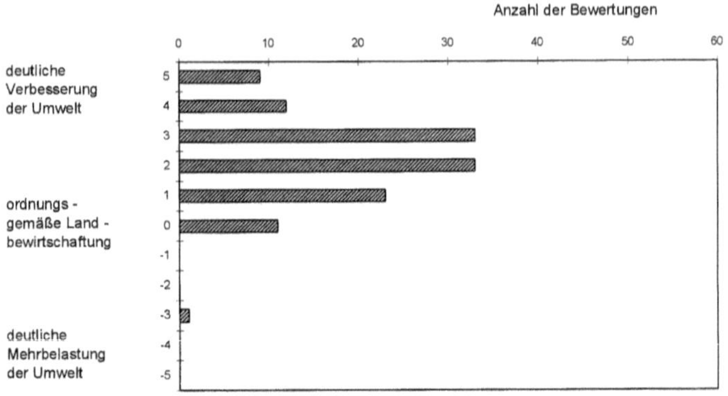

Schutzziele:	Modalwerte: abiotische	biotische	ästhetische	Mittelwerte: abiotische	biotische	ästhetische
Regionstyp I: (guter Standort)	3	2	3	2.9	2.2	1.6
Regionstyp II: (schlechter Standort)	2	2	2	3.1	2.6	1.6
Regionstyp III: (Mittelgebirgslagen)	3	3	1	2.2	2.5	1.7

Schutzziele:	Ihre Bewertung in Runde 1: abiotische	biotische	ästhetische	Ihre Bewertung in dieser Runde: abiotische	biotische	ästhetische
Regionstyp I: (guter Standort)	☐	☐	☐	☐	☐	☐
Regionstyp II: (schlechter Standort)	☐	☐	☐	☐	☐	☐
Regionstyp III: (Mittelgebirgslagen)	☐	☐	☐	☐	☐	☐

Anmerkungen:

....

....

Abbildung 5: Umweltwirkungen einer "organischen Bewirtschaftung von Grünland"

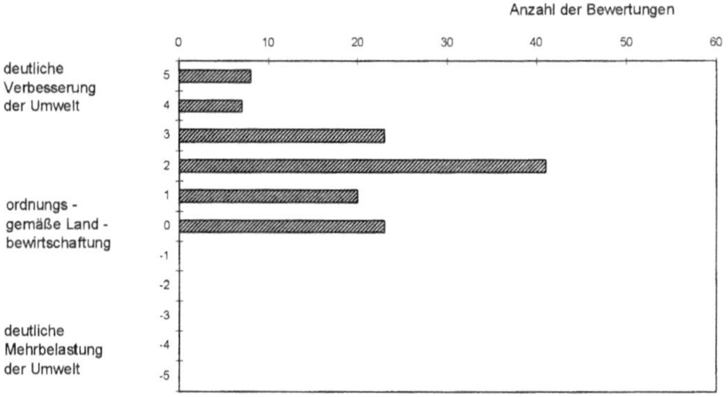

	Modalwerte:			Mittelwerte:		
Schutzziele:	abiotische	biotische	ästhetische	abiotische	biotische	ästhetische
Regionstyp I: (guter Standort)	2	3	0	2.1	2.3	1.6
Regionstyp II: (schlechter Standort)	2	2	0	2.2	2.4	1.5
Regionstyp III: (Mittelgebirgslagen)	2	2	0	1.7	2.4	1.4

	Ihre Bewertung in Runde 1:			Ihre Bewertung in dieser Runde:		
Schutzziele:	abiotische	biotische	ästhetische	abiotische	biotische	ästhetische
Regionstyp I: (guter Standort)	☐	☐	☐	☐	☐	☐
Regionstyp II: (schlechter Standort)	☐	☐	☐	☐	☐	☐
Regionstyp III: (Mittelgebirgslagen)	☐	☐	☐	☐	☐	☐

Anmerkungen:

....

....

Abbildung 6: Umweltwirkungen "organischer Anbauverfahren bei Dauerkulturen und im Gartenbau"

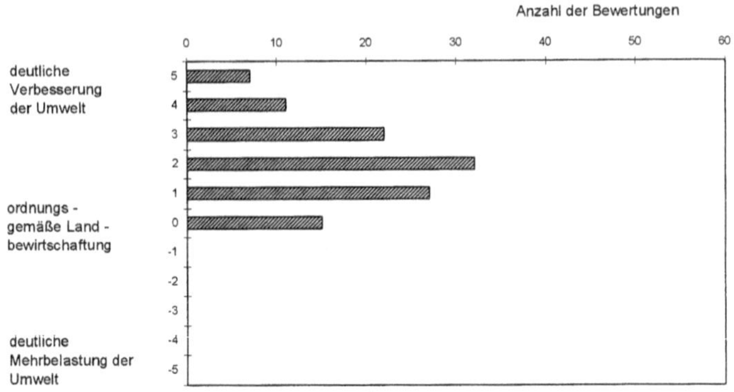

Schutzziele:	Modalwerte: abiotische	biotische	ästhetische	Mittelwerte: abiotische	biotische	ästhetische
Regionstyp I: (guter Standort)	4	2	1	3.1	2.0	1.3
Regionstyp II: (schlechter Standort)	3	1	1	2.9	1.9	1.2
Regionstyp III: (Mittelgebirgslagen)	2	3	2	2.8	2.2	1.3

Schutzziele:	Ihre Bewertung in Runde 1: abiotische	biotische	ästhetische	Ihre Bewertung in dieser Runde: abiotische	biotische	ästhetische
Regionstyp I: (guter Standort)	☐	☐	☐	☐	☐	☐
Regionstyp II: (schlechter Standort)	☐	☐	☐	☐	☐	☐
Regionstyp III: (Mittelgebirgslagen)	☐	☐	☐	☐	☐	☐

Anmerkungen:

....

....

Abbildung 7: Umweltwirkungen eines "Verzichts auf Herbizide im Ackerbau"

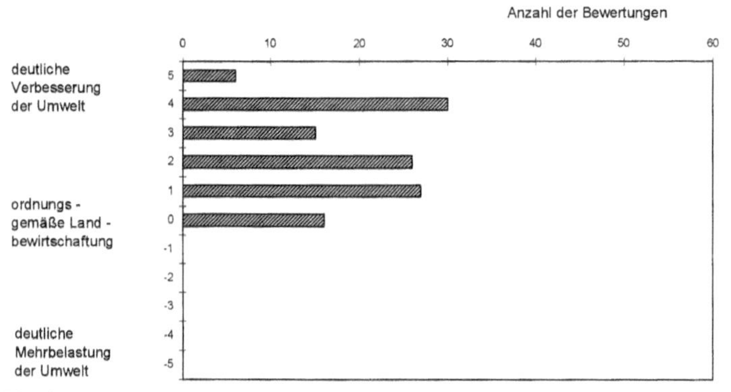

Schutzziele:	Modalwerte: abiotische	biotische	ästhetische	Mittelwerte: abiotische	biotische	ästhetische
Regionstyp I: (guter Standort)	2	4	1	2.3	3.1	1.6
Regionstyp II: (schlechter Standort)	2	4	1	2.3	3.3	1.4
Regionstyp III: (Mittelgebirgslagen)	2	4	0	2.0	3.3	1.2

Schutzziele:	Ihre Bewertung in Runde 1: abiotische	biotische	ästhetische	Ihre Bewertung in dieser Runde: abiotische	biotische	ästhetische
Regionstyp I: (guter Standort)						
Regionstyp II: (schlechter Standort)						
Regionstyp III: (Mittelgebirgslagen)						

Anmerkungen:

....

....

Abbildung 8: Umweltwirkungen eines "Verzichts auf ch.-synth. Düngemittel im Ackerbau"

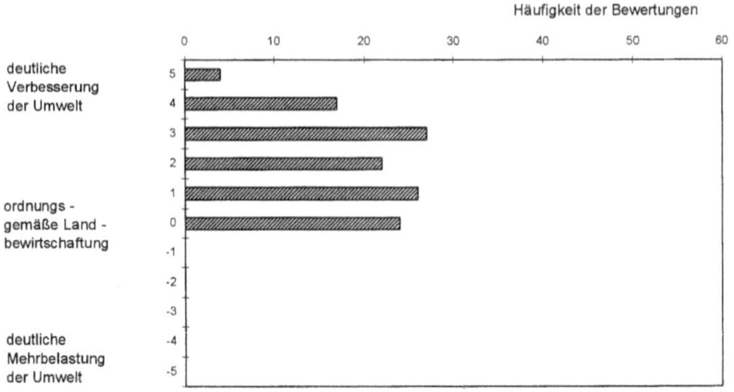

Schutzziele:	Modalwerte: abiotische	biotische	ästhetische	Mittelwerte: abiotische	biotische	ästhetische
Regionstyp I: (guter Standort)	4	2	0	2.7	2.0	1.1
Regionstyp II: (schlechter Standort)	4	2	0	3.0	2.1	0.9
Regionstyp III: (Mittelgebirgslagen)	3	3	0	3.0	2.3	0.8

Schutzziele:	Ihre Bewertung in Runde 1: abiotische	biotische	ästhetische	Ihre Bewertung in dieser Runde: abiotische	biotische	ästhetische
Regionstyp I: (guter Standort)	☐	☐	☐	☐	☐	☐
Regionstyp II: (schlechter Standort)	☐	☐	☐	☐	☐	☐
Regionstyp III: (Mittelgebirgslagen)	☐	☐	☐	☐	☐	☐

Anmerkungen:

....

....

Abbildung 9: Umweltwirkungen eines "Verzichts auf ch.-synth. Dünge- u. Pfls.-mittel im Ackerbau"

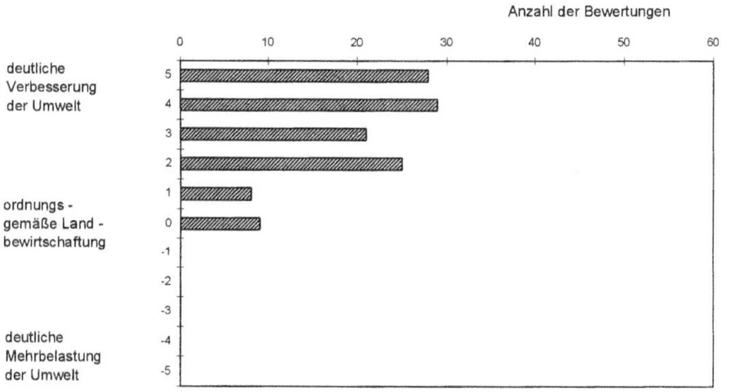

Schutzziele:	Modalwerte: abiotische	biotische	ästhetische	Mittelwerte: abiotische	biotische	ästhetische
Regionstyp I: (guter Standort)	5	5	4	3.6	3.6	2.1
Regionstyp II: (schlechter Standort)	4	5	2	3.8	3.8	1.9
Regionstyp III: (Mittelgebirgslagen)	4	5	1	3.8	3.9	1.7

Schutzziele:	Ihre Bewertung in Runde 1: abiotische	biotische	ästhetische	Ihre Bewertung in dieser Runde: abiotische	biotische	ästhetische
Regionstyp I: (guter Standort)	☐	☐	☐	☐	☐	☐
Regionstyp II: (schlechter Standort)	☐	☐	☐	☐	☐	☐
Regionstyp III: (Mittelgebirgslagen)	☐	☐	☐	☐	☐	☐

<u>Anmerkungen:</u> ....

....

Abbildung 10: Umweltwirkungen eines "Verzichts auf Wachstumsregulatoren im Ackerbau"

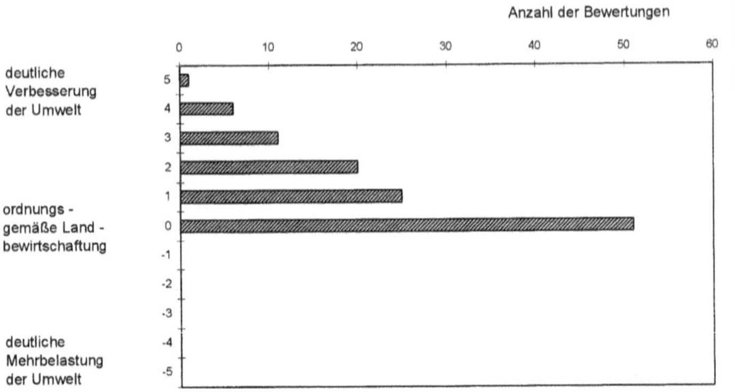

Schutzziele:	Modalwerte: abiotische	Modalwerte: biotische	Modalwerte: ästhetische	Mittelwerte: abiotische	Mittelwerte: biotische	Mittelwerte: ästhetische
Regionstyp I: (guter Standort)	3	0	0	1.8	1.2	0.6
Regionstyp II: (schlechter Standort)	0	0	0	1.8	1.1	0.3
Regionstyp III: (Mittelgebirgslagen)	1	0	0	1.7	1.2	0.3

Schutzziele:	Ihre Bewertung in Runde 1: abiotische	Ihre Bewertung in Runde 1: biotische	Ihre Bewertung in Runde 1: ästhetische	Ihre Bewertung in dieser Runde: abiotische	Ihre Bewertung in dieser Runde: biotische	Ihre Bewertung in dieser Runde: ästhetische
Regionstyp I: (guter Standort)	☐	☐	☐	☐	☐	☐
Regionstyp II: (schlechter Standort)	☐	☐	☐	☐	☐	☐
Regionstyp III: (Mittelgebirgslagen)	☐	☐	☐	☐	☐	☐

Anmerkungen:

....

....

Abbildung 11: Umweltwirkungen einer "umweltgerechten Gülleausbringung auf Ackerland"

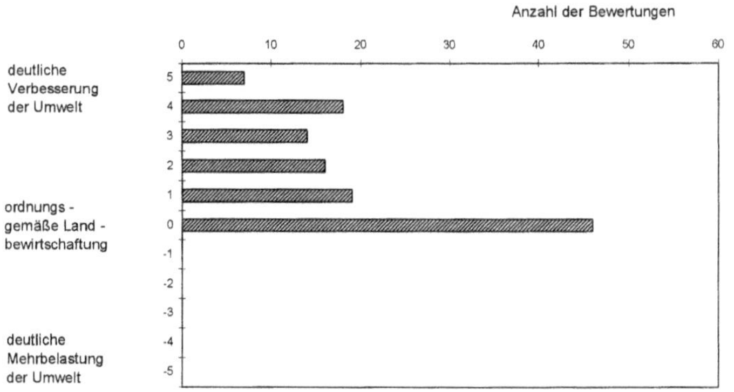

Schutzziele:	Modalwerte: abiotische	biotische	ästhetische	Mittelwerte: abiotische	biotische	ästhetische
Regionstyp I: (guter Standort)	3	0	0	2.8	0.8	0.9
Regionstyp II: (schlechter Standort)	4	0	0	3.5	1.2	0.8
Regionstyp III: (Mittelgebirgslagen)	4	0	0	3.3	1.0	0.8

Schutzziele:	Ihre Bewertung in Runde 1: abiotische	biotische	ästhetische	Ihre Bewertung in dieser Runde: abiotische	biotische	ästhetische
Regionstyp I: (guter Standort)	☐	☐	☐	☐	☐	☐
Regionstyp II: (schlechter Standort)	☐	☐	☐	☐	☐	☐
Regionstyp III: (Mittelgebirgslagen)	☐	☐	☐	☐	☐	☐

Anmerkungen:

....

....

Abbildung 12: Umweltwirkungen einer "Erweiterung des Drillreihenabstandes"

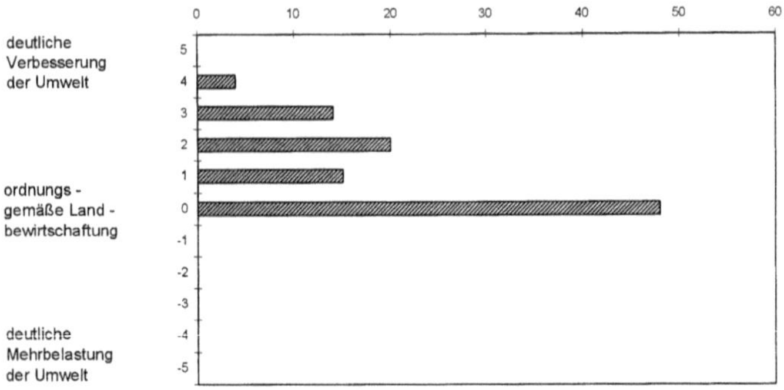

Schutzziele:	Modalwerte: abiotische	biotische	ästhetische	Mittelwerte: abiotische	biotische	ästhetische
Regionstyp I: (guter Standort)	0	2	0	0.5	1.8	0.7
Regionstyp II: (schlechter Standort)	0	2	0	0.6	2.1	0.8
Regionstyp III: (Mittelgebirgslagen)	0	3	0	0.5	2.2	0.8

Schutzziele:	Ihre Bewertung in Runde 1: abiotische	biotische	ästhetische	Ihre Bewertung in dieser Runde: abiotische	biotische	ästhetische
Regionstyp I: (guter Standort)	☐	☐	☐	☐	☐	☐
Regionstyp II: (schlechter Standort)	☐	☐	☐	☐	☐	☐
Regionstyp III: (Mittelgebirgslagen)	☐	☐	☐	☐	☐	☐

Anmerkungen:

....

....

Abbildung 13: Umweltwirkungen von "Mulchsaatverfahren"

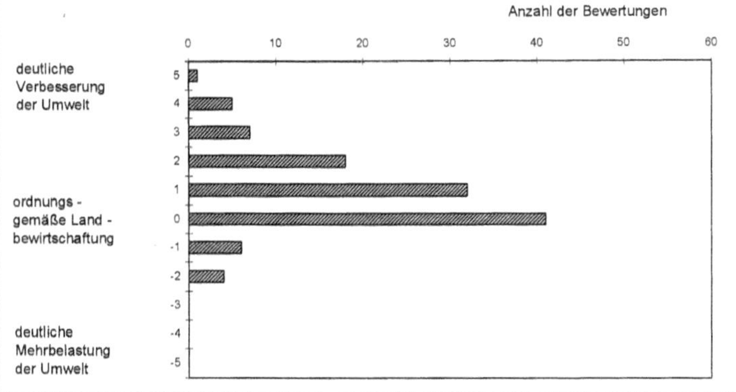

Schutzziele:	Modalwerte: abiotische	biotische	ästhetische	Mittelwerte: abiotische	biotische	ästhetische
Regionstyp I: (guter Standort)	1	0	0	1.8	0.6	0.2
Regionstyp II: (schlechter Standort)	1	1	0	2.0	0.7	-0.1
Regionstyp III: (Mittelgebirgslagen)	3	0	0	2.3	0.5	0.0

Schutzziele:	Ihre Bewertung in Runde 1: abiotische	biotische	ästhetische	Ihre Bewertung in dieser Runde: abiotische	biotische	ästhetische
Regionstyp I: (guter Standort)						
Regionstyp II: (schlechter Standort)						
Regionstyp III: (Mittelgebirgslagen)						

Anmerkungen:

....

....

Abbildung 14: Umweltwirkungen von "Untersaaten und Stoppelsaaten"

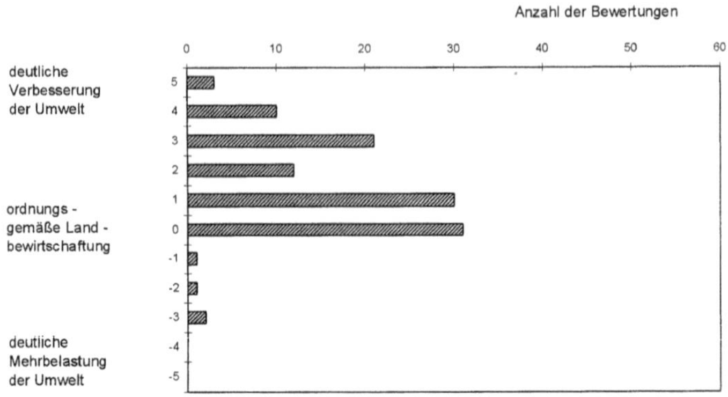

Schutzziele:	Modalwerte: abiotische	biotische	ästhetische	Mittelwerte: abiotische	biotische	ästhetische
Regionstyp I: (guter Standort)	2	1	0	2.2	0.8	0.8
Regionstyp II: (schlechter Standort)	3	1	0	2.8	1.1	0.8
Regionstyp III: (Mittelgebirgslagen)	3	0	0	2.7	0.9	1.0

Schutzziele:	Ihre Bewertung in Runde 1: abiotische	biotische	ästhetische	Ihre Bewertung in dieser Runde: abiotische	biotische	ästhetische
Regionstyp I: (guter Standort)	☐	☐	☐	☐	☐	☐
Regionstyp II: (schlechter Standort)	☐	☐	☐	☐	☐	☐
Regionstyp III: (Mittelgebirgslagen)	☐	☐	☐	☐	☐	☐

Anmerkungen:

....

....

Abbildung 15: Umweltwirkungen von "mindestens viergliedrigen Fruchtfolgen" im Ackerbau

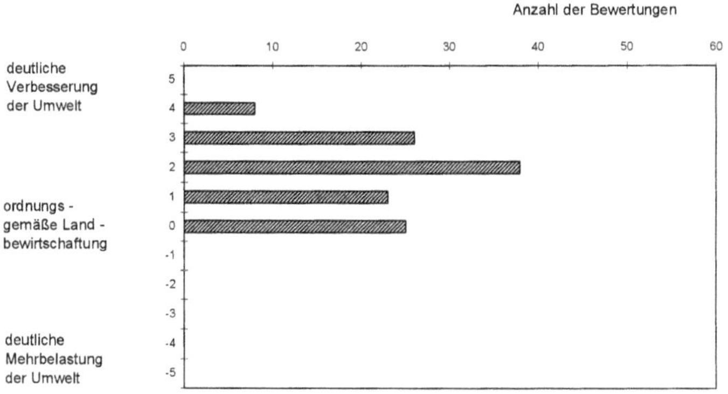

Schutzziele:	Modalwerte: abiotische	biotische	ästhetische	Mittelwerte: abiotische	biotische	ästhetische
Regionstyp I: (guter Standort)	3	2	2	1.9	1.4	1.9
Regionstyp II: (schlechter Standort)	2	2	1	2.0	1.6	1.7
Regionstyp III: (Mittelgebirgslagen)	2	3	1	1.9	1.7	1.7

Schutzziele:	Ihre Bewertung in Runde 1: abiotische	biotische	ästhetische	Ihre Bewertung in dieser Runde: abiotische	biotische	ästhetische
Regionstyp I: (guter Standort)	☐	☐	☐	☐	☐	☐
Regionstyp II: (schlechter Standort)	☐	☐	☐	☐	☐	☐
Regionstyp III: (Mittelgebirgslagen)	☐	☐	☐	☐	☐	☐

Anmerkungen:

....

....

Abbildung 16: Umweltwirkungen eines "Verzichts auf jegliche Düngung und Pflanzenschutz an Gewässern oder anderen umweltsensiblen Bereichen"

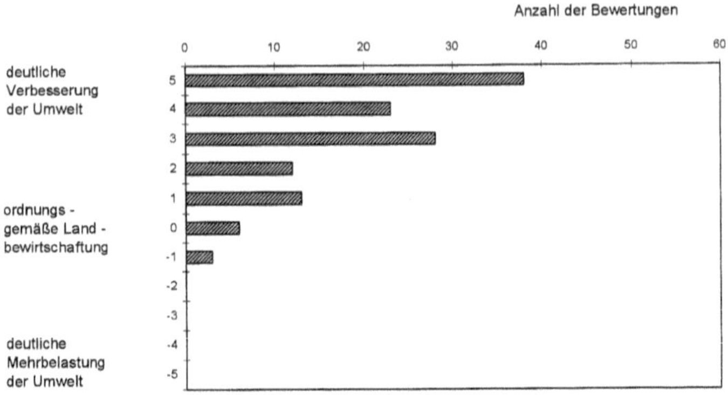

Schutzziele:	Modalwerte: abiotische	biotische	ästhetische	Mittelwerte: abiotische	biotische	ästhetische
Regionstyp I: (guter Standort)	5	3	3	3.8	3.4	2.5
Regionstyp II: (schlechter Standort)	5	3	5	3.9	3.5	2.6
Regionstyp III: (Mittelgebirgslagen)	4	3	2	3.7	3.4	2.5

Schutzziele:	Ihre Bewertung in Runde 1: abiotische	biotische	ästhetische	Ihre Bewertung in dieser Runde: abiotische	biotische	ästhetische
Regionstyp I: (guter Standort)	☐	☐	☐	☐	☐	☐
Regionstyp II: (schlechter Standort)	☐	☐	☐	☐	☐	☐
Regionstyp III: (Mittelgebirgslagen)	☐	☐	☐	☐	☐	☐

Anmerkungen:

....

....

Abbildung 17: Umweltwirkungen einer "Umwandlung von Ackerland in extensives Grünland"

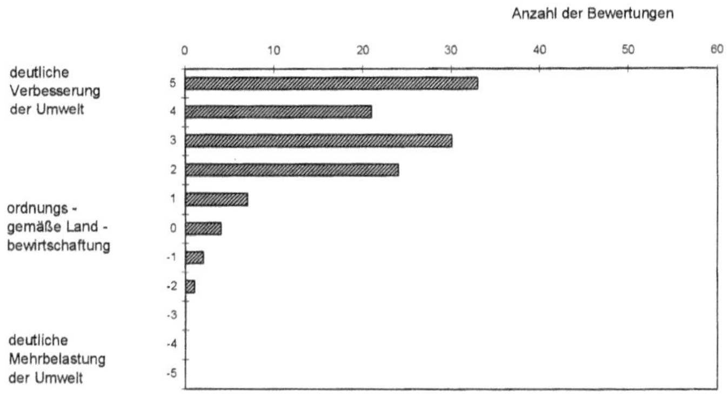

Schutzziele:	Modalwerte: abiotische	biotische	ästhetische	Mittelwerte: abiotische	biotische	ästhetische
Regionstyp I: (guter Standort)	5	4	2	3.3	3.2	2.9
Regionstyp II: (schlechter Standort)	5	5	2	3.9	3.6	2.9
Regionstyp III: (Mittelgebirgslagen)	5	5	3	3.9	3.1	2.1

Schutzziele:	Ihre Bewertung in Runde 1: abiotische	biotische	ästhetische	Ihre Bewertung in dieser Runde: abiotische	biotische	ästhetische
Regionstyp I: (guter Standort)	☐	☐	☐	☐	☐	☐
Regionstyp II: (schlechter Standort)	☐	☐	☐	☐	☐	☐
Regionstyp III: (Mittelgebirgslagen)	☐	☐	☐	☐	☐	☐

Anmerkungen:

....

....

Abbildung 18: Umweltwirkungen einer "Haltung von Rinder- und Schafbeständen mit weniger als 1,4 RGV / HFF"

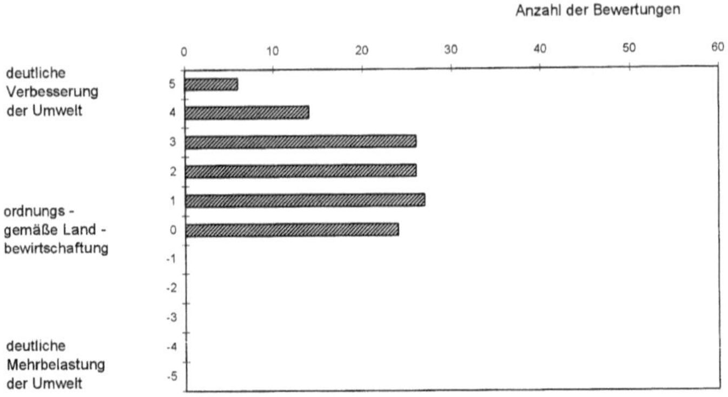

Schutzziele:	Modalwerte: abiotische	biotische	ästhetische	Mittelwerte: abiotische	biotische	ästhetische
Regionstyp I: (guter Standort)	2	1	0	2.1	1.8	1.1
Regionstyp II: (schlechter Standort)	3	1	0	2.4	2.3	1.4
Regionstyp III: (Mittelgebirgslagen)	3	4	0	2.5	2.7	1.5

Schutzziele:	Ihre Bewertung in Runde 1: abiotische	biotische	ästhetische	Ihre Bewertung in dieser Runde: abiotische	biotische	ästhetische
Regionstyp I: (guter Standort)	☐	☐	☐	☐	☐	☐
Regionstyp II: (schlechter Standort)	☐	☐	☐	☐	☐	☐
Regionstyp III: (Mittelgebirgslagen)	☐	☐	☐	☐	☐	☐

Anmerkungen: ....

....

Abbildung 19: Umweltwirkungen eines "reduzierten Mineraldüngereinsatzes auf dem Grünland"

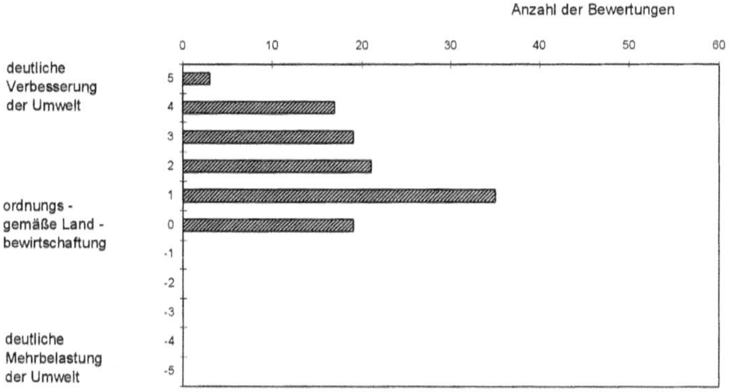

Schutzziele:	Modalwerte: abiotische	biotische	ästhetische	Mittelwerte: abiotische	biotische	ästhetische
Regionstyp I: (guter Standort)	3	2	0	2.4	2.1	0.8
Regionstyp II: (schlechter Standort)	1	3	1	2.5	2.5	0.8
Regionstyp III: (Mittelgebirgslagen)	1	4	1	2.7	2.7	0.9

Schutzziele:	Ihre Bewertung in Runde 1: abiotische	biotische	ästhetische	Ihre Bewertung in dieser Runde: abiotische	biotische	ästhetische
Regionstyp I: (guter Standort)	☐	☐	☐	☐	☐	☐
Regionstyp II: (schlechter Standort)	☐	☐	☐	☐	☐	☐
Regionstyp III: (Mittelgebirgslagen)	☐	☐	☐	☐	☐	☐

Anmerkungen:

....

....

Abbildung 20: Umweltwirkungen eines "Verzichts auf Mineraldünger- und Pflanzenschutzmitteleinsatz auf Grünland"

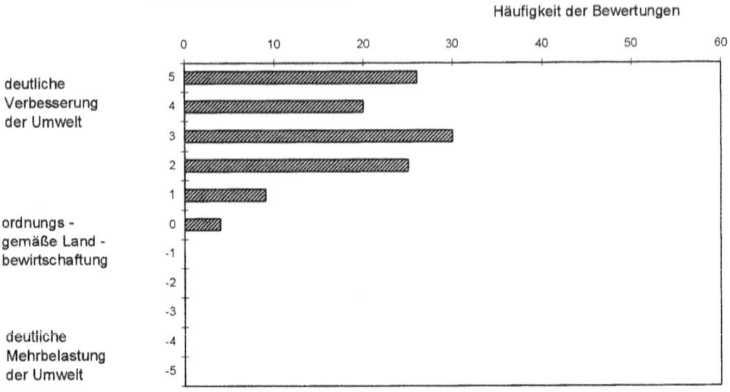

	Modalwerte:			Mittelwerte:		
Schutzziele:	abiotische	biotische	ästhetische	abiotische	biotische	ästhetische
Regionstyp I: (guter Standort)	2	3	2	3.5	3.5	2.2
Regionstyp II: (schlechter Standort)	3	5	2	3.5	3.7	2.2
Regionstyp III: (Mittelgebirgslagen)	2	3	2	3.4	3.8	2.6

	Ihre Bewertung in Runde 1:			Ihre Bewertung in dieser Runde:		
Schutzziele:	abiotische	biotische	ästhetische	abiotische	biotische	ästhetische
Regionstyp I: (guter Standort)	☐	☐	☐	☐	☐	☐
Regionstyp II: (schlechter Standort)	☐	☐	☐	☐	☐	☐
Regionstyp III: (Mittelgebirgslagen)	☐	☐	☐	☐	☐	☐

Anmerkungen:

....

....

Abbildung 21: Umweltwirkungen einer "umweltgerechten Gülleausbringung auf Grünland"

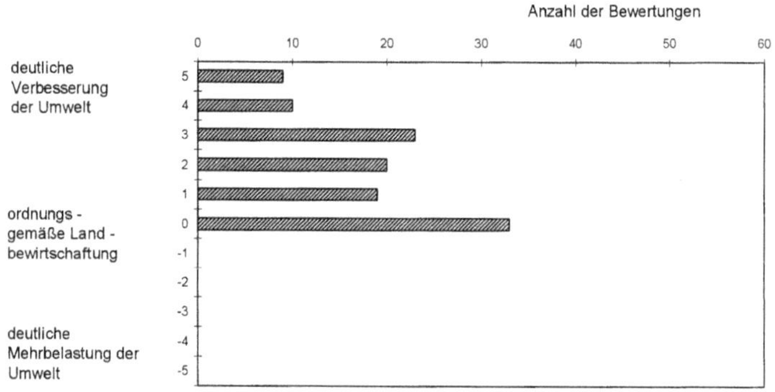

Schutzziele:	Modalwerte: abiotische	biotische	ästhetische	Mittelwerte: abiotische	biotische	ästhetische
Regionstyp I: (guter Standort)	3	2	0	2.8	1.5	1.1
Regionstyp II: (schlechter Standort)	3	2	0	2.8	1.5	1.2
Regionstyp III: (Mittelgebirgslagen)	3	2	0	3.1	1.6	1.3

Schutzziele:	Ihre Bewertung in Runde 1: abiotische	biotische	ästhetische	Ihre Bewertung in dieser Runde: abiotische	biotische	ästhetische
Regionstyp I: (guter Standort)	☐	☐	☐	☐	☐	☐
Regionstyp II: (schlechter Standort)	☐	☐	☐	☐	☐	☐
Regionstyp III: (Mittelgebirgslagen)	☐	☐	☐	☐	☐	☐

Anmerkungen:

....

....

Abbildung 22: Umweltwirkungen einer "späten Schnittnutzung von Grünland"

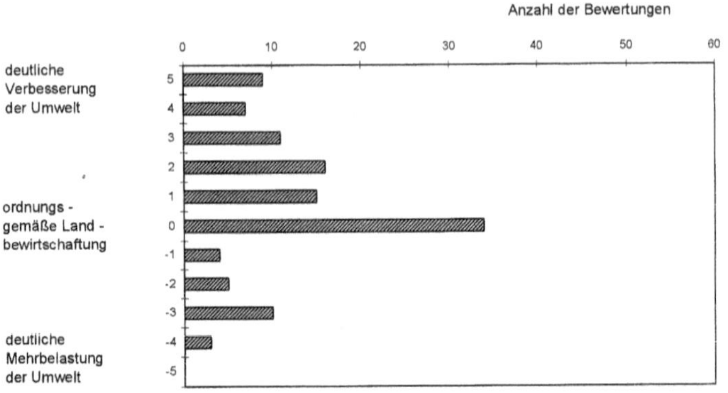

Schutzziele:	Modalwerte: abiotische	biotische	ästhetische	Mittelwerte: abiotische	biotische	ästhetische
Regionstyp I: (guter Standort)	0	5	0	-0.3	2.3	0.8
Regionstyp II: (schlechter Standort)	0	2	3	-0.2	2.2	0.8
Regionstyp III: (Mittelgebirgslagen)	0	5	0	-0.1	1.6	0.6

Schutzziele:	Ihre Bewertung in Runde 1: abiotische	biotische	ästhetische	Ihre Bewertung in dieser Runde: abiotische	biotische	ästhetische
Regionstyp I: (guter Standort)	☐	☐	☐	☐	☐	☐
Regionstyp II: (schlechter Standort)	☐	☐	☐	☐	☐	☐
Regionstyp III: (Mittelgebirgslagen)	☐	☐	☐	☐	☐	☐

Anmerkungen:

....

....

Abbildung 23: Umweltwirkungen einer "extensiven Bewirtschaftung von Grünlandeinzelflächen"

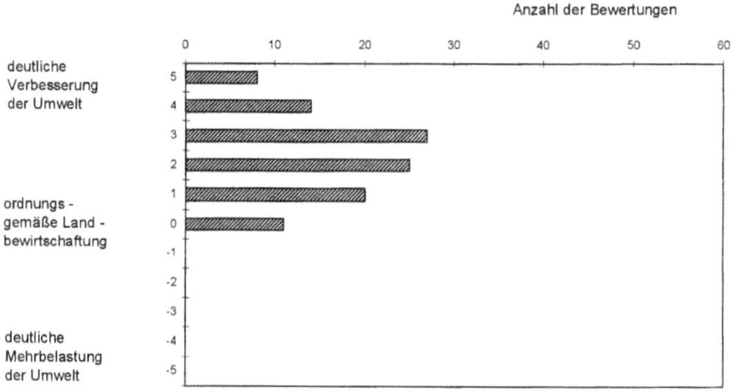

	Modalwerte:			Mittelwerte:		
Schutzziele:	abiotische	biotische	ästhetische	abiotische	biotische	ästhetische
Regionstyp I: (guter Standort)	1	4	1	1.8	2.8	2.2
Regionstyp II: (schlechter Standort)	3	3	2	1.8	3.2	2.3
Regionstyp III: (Mittelgebirgslagen)	1	3	2	1.6	3.2	2.4

	Ihre Bewertung in Runde 1:			Ihre Bewertung in dieser Runde:		
Schutzziele:	abiotische	biotische	ästhetische	abiotische	biotische	ästhetische
Regionstyp I: (guter Standort)	☐	☐	☐	☐	☐	☐
Regionstyp II: (schlechter Standort)	☐	☐	☐	☐	☐	☐
Regionstyp III: (Mittelgebirgslagen)	☐	☐	☐	☐	☐	☐

Anmerkungen:

....

....

Abbildung 24: Umweltwirkungen einer "Pflege aufgegebener Flächen"

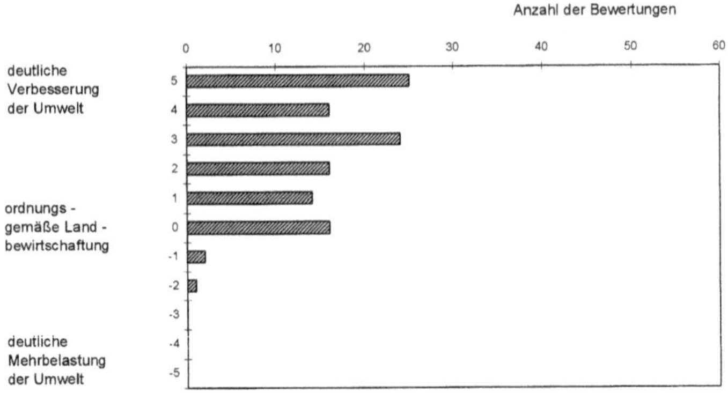

Schutzziele:	Modalwerte: abiotische	biotische	ästhetische	Mittelwerte: abiotische	biotische	ästhetische
Regionstyp I: (guter Standort)	3	4	5	2.2	2.5	2.7
Regionstyp II: (schlechter Standort)	3	3	5	2.2	2.9	2.9
Regionstyp III: (Mittelgebirgslagen)	2	5	5	2.0	3.5	3.1

Schutzziele:	Ihre Bewertung in Runde 1: abiotische	biotische	ästhetische	Ihre Bewertung in dieser Runde: abiotische	biotische	ästhetische
Regionstyp I: (guter Standort)	☐	☐	☐	☐	☐	☐
Regionstyp II: (schlechter Standort)	☐	☐	☐	☐	☐	☐
Regionstyp III: (Mittelgebirgslagen)	☐	☐	☐	☐	☐	☐

Anmerkungen:

....

....

Abbildung 25: Umweltwirkungen einer "20-jährigen Stillegung zur Biotopgestaltung"

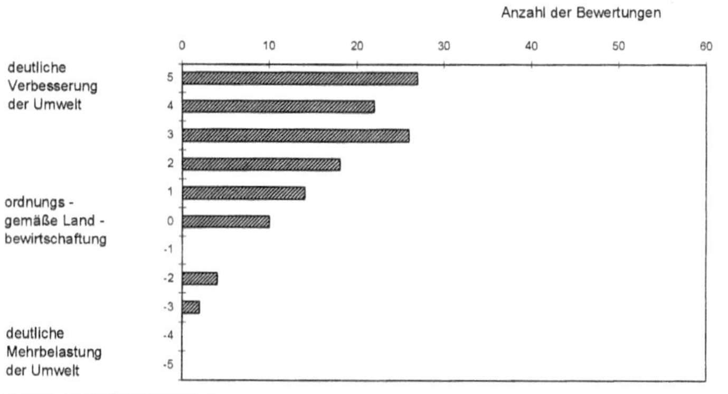

Schutzziele:	Modalwerte: abiotische	biotische	ästhetische	Mittelwerte: abiotische	biotische	ästhetische
Regionstyp I: (guter Standort)	3	4	4	2.9	3.4	3.0
Regionstyp II: (schlechter Standort)	3	5	4	2.9	2.9	2.6
Regionstyp III: (Mittelgebirgslagen)	2	5	5	2.2	2.6	2.2

Schutzziele:	Ihre Bewertung in Runde 1: abiotische	biotische	ästhetische	Ihre Bewertung in dieser Runde: abiotische	biotische	ästhetische
Regionstyp I: (guter Standort)	☐	☐	☐	☐	☐	☐
Regionstyp II: (schlechter Standort)	☐	☐	☐	☐	☐	☐
Regionstyp III: (Mittelgebirgslagen)	☐	☐	☐	☐	☐	☐

Anmerkungen:

....

....

Abbildung 26: Umweltwirkungen von "mehrjährigen Ackerrandstreifen"

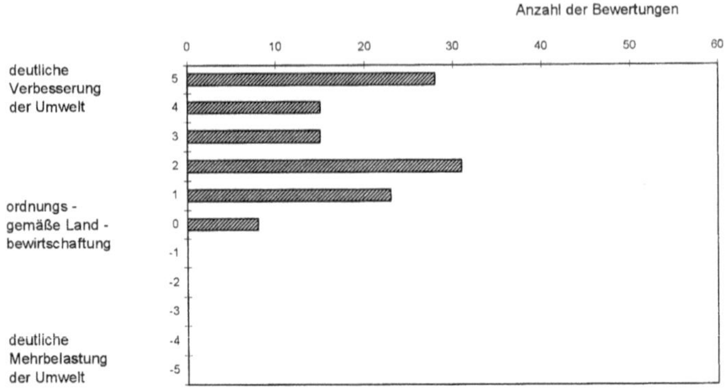

	Modalwerte:			Mittelwerte:		
Schutzziele:	abiotische	biotische	ästhetische	abiotische	biotische	ästhetische
Regionstyp I: (guter Standort)	2	2	2	2.2	2.8	2.9
Regionstyp II: (schlechter Standort)	2	5	5	2.4	3.1	3.1
Regionstyp III: (Mittelgebirgslagen)	2	5	5	2.2	3.1	3.1

	Ihre Bewertung in Runde 1:			Ihre Bewertung in dieser Runde:		
Schutzziele:	abiotische	biotische	ästhetische	abiotische	biotische	ästhetische
Regionstyp I: (guter Standort)	☐	☐	☐	☐	☐	☐
Regionstyp II: (schlechter Standort)	☐	☐	☐	☐	☐	☐
Regionstyp III: (Mittelgebirgslagen)	☐	☐	☐	☐	☐	☐

Anmerkungen:

....

....

Abbildung 27: Umweltwirkungen von "mehrjährigen Uferrandstreifen"

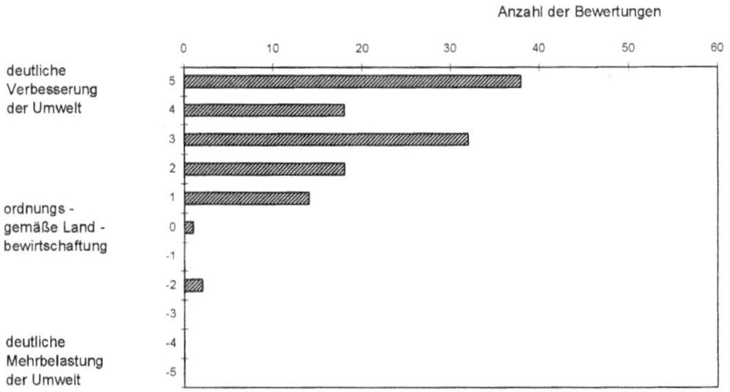

	Modalwerte:			Mittelwerte:		
Schutzziele:	abiotische	biotische	ästhetische	abiotische	biotische	ästhetische
Regionstyp I: (guter Standort)	3	5	5	3.5	3.0	3.3
Regionstyp II: (schlechter Standort)	3	3	5	3.4	3.1	3.3
Regionstyp III: (Mittelgebirgslagen)	5	5	4	3.5	3.3	3.2

	Ihre Bewertung in Runde 1:			Ihre Bewertung in dieser Runde:		
Schutzziele:	abiotische	biotische	ästhetische	abiotische	biotische	ästhetische
Regionstyp I: (guter Standort)	☐	☐	☐	☐	☐	☐
Regionstyp II: (schlechter Standort)	☐	☐	☐	☐	☐	☐
Regionstyp III: (Mittelgebirgslagen)	☐	☐	☐	☐	☐	☐

Anmerkungen:

....

....

Abbildung 28: Umweltwirkungen einer "Einzelflächenbewirtschaftung unter Vertragsnaturschutzbedingungen"

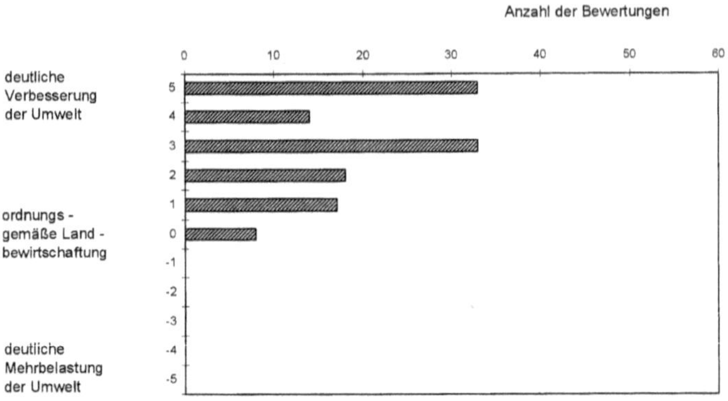

Schutzziele:	Modalwerte: abiotische	biotische	ästhetische	Mittelwerte: abiotische	biotische	ästhetische
Regionstyp I: (guter Standort)	3	5	3	2.4	3.5	3.2
Regionstyp II: (schlechter Standort)	3	5	3	2.6	3.6	3.1
Regionstyp III: (Mittelgebirgslagen)	2	5	5	2.2	3.8	2.7

Schutzziele:	Ihre Bewertung in Runde 1: abiotische	biotische	ästhetische	Ihre Bewertung in dieser Runde: abiotische	biotische	ästhetische
Regionstyp I: (guter Standort)	☐	☐	☐	☐	☐	☐
Regionstyp II: (schlechter Standort)	☐	☐	☐	☐	☐	☐
Regionstyp III: (Mittelgebirgslagen)	☐	☐	☐	☐	☐	☐

Anmerkungen:

....

....

Abbildung 29: Umweltwirkungen einer "Streuobstwiesenbewirtschaftung"

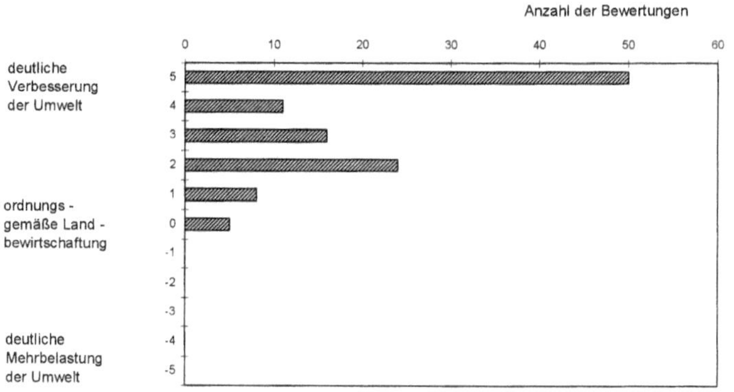

Schutzziele:	Modalwerte: abiotische	biotische	ästhetische	Mittelwerte: abiotische	biotische	ästhetische
Regionstyp I: (guter Standort)	2	5	5	2.4	4.0	4.5
Regionstyp II: (schlechter Standort)	2	5	5	2.4	3.9	4.1
Regionstyp III: (Mittelgebirgslagen)	2	5	5	2.2	4.0	4.0

Schutzziele:	Ihre Bewertung in Runde 1: abiotische	biotische	ästhetische	Ihre Bewertung in dieser Runde: abiotische	biotische	ästhetische
Regionstyp I: (guter Standort)	☐	☐	☐	☐	☐	☐
Regionstyp II: (schlechter Standort)	☐	☐	☐	☐	☐	☐
Regionstyp III: (Mittelgebirgslagen)	☐	☐	☐	☐	☐	☐

Anmerkungen:

....

....

Abbildung 30: Umweltwirkungen von "Schutzpflanzungen und Feldgehölzen"

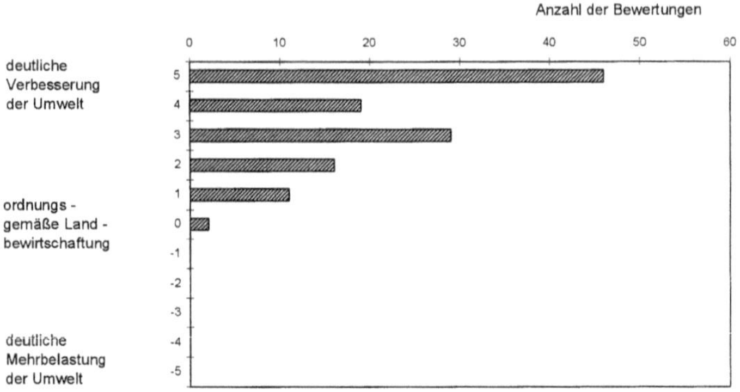

	Modalwerte:			Mittelwerte:		
Schutzziele:	abiotische	biotische	ästhetische	abiotische	biotische	ästhetische
Regionstyp I: (guter Standort)	3	5	5	3.0	3.7	4.6
Regionstyp II: (schlechter Standort)	3	5	5	2.9	3.6	4.2
Regionstyp III: (Mittelgebirgslagen)	2	3	5	2.7	3.4	3.7

	Ihre Bewertung in Runde 1:			Ihre Bewertung in dieser Runde:		
Schutzziele:	abiotische	biotische	ästhetische	abiotische	biotische	ästhetische
Regionstyp I: (guter Standort)	☐	☐	☐	☐	☐	☐
Regionstyp II: (schlechter Standort)	☐	☐	☐	☐	☐	☐
Regionstyp III: (Mittelgebirgslagen)	☐	☐	☐	☐	☐	☐

<u>Anmerkungen:</u>

....

....

Frage Nr. 2: **In der Basiserhebung wurden die Experten darum gebeten, eigene Vorschläge für umweltschonende Wirtschaftsweisen zu unterbreiten. Wie bewerten Sie die Auswirkungen dieser Wirtschaftsweisen auf die Schutzziele der Umwelt im Vergleich zu einer flächendeckenden ordnungsgemäßen Landbewirtschaftung?**

Regionen:	Regionstyp I (Gebiete mit deutlich überdurchschnittlicher Ertragsfähigkeit, Acker- u. Grünlandzahlen i.d.R. über 60)			Regionstyp II (Gebiete mit deutlich unterdurchschnittlicher Ertragsfähigkeit, Acker- u. Grünlandzahlen i.d.R. unter 35)			Regionstyp III (Mittelgebirgslandlandschaften und Hanglagen)		
Schutzziele / Wirtschaftsweisen	abiotische Ressourcen: Wasser, Boden, Atmosphäre	biotische Ressourcen: Vielfalt von Flora, Fauna u. Biotopen	ästhetische Ressourcen: Landschaftsbild, kulturelle Aspekte	abiotische Ressourcen: Wasser, Boden, Atmosphäre	biotische Ressourcen: Vielfalt von Flora, Fauna u. Biotopen	ästhetische Ressourcen: Landschaftsbild, kulturelle Aspekte	abiotische Ressourcen: Wasser, Boden, Atmosphäre	biotische Ressourcen: Vielfalt von Flora, Fauna u. Biotopen	ästhetische Ressourcen: Landschaftsbild, kulturelle Aspekte
	In die Kästchen bitte Ihre Bewertungen von - 5 (deutliche Mehrbelastung) bis 5 (deutliche Verbesserung) eintragen.								
1. Aushagerung von Grünland; zunächst einige Jahre früh schneiden, dann spät.									
2. Verzicht auf Maisanbau									
3. Verzicht auf Drainage									
4. Platz für weitere Vorschläge									
....									

Frage Nr. 3: **Wenn die Wirtschaftsweisen dieses Fragebogens Bestandteile von Agrarumweltprogrammen wären, wie würden Sie dann für jeden Regionstyp ein Budget von 1000 Geldeinheiten auf die Wirtschaftsweisen verteilen, damit die positiven Umweltwirkungen der Programme am besten zum tragen kämen?**

Auf die oben genannten ...

Regionstyp:	Regionstyp I (guter Standort)		Regionstyp II schlechter Standort)		Regionstyp III (Mittelgebirgslagen)	
	Mittelwerte der Basiserhebung:	Ihr Votum:	Mittelwerte:	Ihr Votum:	Mittelwerte:	Ihr Votum:
1. **organischen Wirtschaftsweisen:** (Abbildungen 4 bis 6)	290		220		190	
2. **Wirtschaftsweisen auf Ackerland:** (Abbildungen 7 bis 16)	260		240		150	
3. **Wirtschaftsweisen auf Grünland:** (Abbildungen 17 bis 24)	200		240		260	
4. **Wirtschaftsweisen zur Landschaftspflege:** (Abbildungen 25 bis 30)	250		300		400	
		1000		**1000**		**1000**

Frage Nr. 4: **Wie würden Sie ein Budget von 1000 Geldeinheiten auf die drei Regionstypen verteilen, damit möglichst positive Umweltwirkungen mit dem eingesetzten Geld erzielt werden?**

Regionstyp:		**Regionstyp I** (guter Standort)	**Regionstyp II** schlechter Standort)	**Regionstyp III** (Mittelgebirgslagen)
Mittelwerte der Basiserhebung:		340	340	320
Ihr Votum:	**1000**			

Frage Nr. 5: **Einige der Experten regten folgende Frage an:**
Wie würden Sie ein Budget von 1000 Geldeinheiten in den Regionen auf den abiotischen, biotischen und ästhetischen Ressourcenschutz verteilen, damit möglichst positive Umweltwirkungen mit dem eingesetzten Geld erzielt werden?

Regionstyp:	**Regionstyp I** (guter Standort)	**Regionstyp II** schlechter Standort)	**Regionstyp III** (Mittelgebirgslagen)
für abiotischen Ressourcenschutz:			
für biotischen Ressourcenschutz:			
für ästhetischen Ressourcenschutz:			
	1000	**1000**	**1000**

6. und letzte Frage: **Wieviel Prozent der finanziellen Mittel von Agrarumweltprogrammen sollten Ihrer Meinung nach für die folgenden Maßnahmen bereitgestellt werden? (bitte ankreuzen)**

Das Ergebnis der Basiserhebung lautete (als prozentuale Verteilung der Antwortkreuzchen):

	< 1 %	1 - 2 %	2 - 5 %	5 - 10 % der Finanzmittel	Interpretation der Ergebnisse:
5.1. Haltung und Aufzucht von Nutztierrassen, die vom Aussterben bedroht sind.	29	36	21	14	Für 5.1. sollten gut 1 %,
5.2. Anbau und Züchtung von Nutzpflanzen, die von genetischer Erosion bedroht sind.	29	29	21	21	für 5.2. sollten 1 - 2 %,
6.1. Maßnahmen beruflicher Bildung von Landwirten	0	7	50	43	für 6.1. sollten ca. 5 %
6.2. Demonstrationsvorhaben	0	21	58	21	und für 6.2. sollten 2-5 % des Finanzvolumens bereitgestellt werden.

	Ihr Votum in der Basiserhebung lautete:				Hier bitte Ihr Votum eintragen:			
	< 1 %	1 - 2 %	2 - 5 %	5 - 10 %	< 1 %	1 - 2 %	2 - 5 %	5 - 10 %
5.1. Haltung und Aufzucht von Nutztierrassen, die vom Aussterben bedroht sind.								
5.2. Anbau und Züchtung von Nutzpflanzen, die von genetischer Erosion bedroht sind.								
6.1. Maßnahmen beruflicher Bildung von Landwirten								
6.2. Demonstrationsvorhaben								

Wie lange haben Sie für die Bearbeitung des Fragebogens gebraucht?

....

Welche Anmerkungen zu dieser Delphi-Studie möchten Sie gerne noch anbringen?

....

....

Ihre Anschrift:

Bitte senden sie den ausgefüllten Fragebogen an:

Universität Göttingen
Institut für Agrarökonomie
z.H. Jürgen Wilhelm
Platz der Göttinger Sieben 5
3 7 0 7 3 Göttingen

Rückfragen unter Tel.: 0551 - 39 48 13(29)

Vielen Dank für Ihre freundliche Unterstützung!

Beschreibung und Eingrenzung der im Fragebogen zu bewertenden Wirtschaftsweisen

Abbildungen 2 und 3: Integrierter Acker-, Garten- und Dauerkulturbau	Viehbesatzbegrenzung (max. 2,5 Großvieheinheiten pro Hektar), Grünlandumbruchverbot, Führen einer Schlagkartei, Bodenuntersuchungen und Bilanzierung der Hauptnährstoffe, Pflanzenschutzmitteleinsatz nach dem Schadensschwellenprinzip, ggf. Beitritt zu einer Erzeugergemeinschaft und Vorgaben für Fruchtfolgen und Sortenwahl.
Abb. 4 - 6: Organische Wirtschaftsweisen	Diese Wirtschaftsweisen sollen mindestens den Bestimmungen der VO (EWG) 2092/91 über den ökologischen Landbau genügen.
Abb. 11 u. 21: Umweltgerechte Gülleausbringung auf Acker- oder Grünland	Ausbringungstechniken mit Schleppschlauchverteilern, Schleppschuhverteilern oder Schlitzgeräten. Hierbei wird der organische Dünger in oder unmittelbar auf dem Boden ausgebracht, um Emissionen zu verringern.
Abb. 16: Verzicht auf jegliche Düngung und Pflanzenschutz an Gewässern und sonstigen umweltsensiblen Bereichen	Hierbei dürfen auch keine organischen Dünger in einem Abstand von mindestens 10 Metern bis zum Wasserlauf oder einem angrenzenden Biotop ausgebracht werden.
Abb. 17: Umwandlung von Ackerland in extensives Grünland	Auf dem neuen Grünland gelten dann Auflagen wie bei Abb. 18.
Abb. 18: Haltung von Rinder- und Schafbeständen mit weniger als 1,4 RGV/ha HFF	Begrenzung des Viehbesatzes auf max. 1,4 Raufutter fressende Großvieh-einheiten pro Hektar Hauptfutterfläche. Einsatz von Pflanzenschutzmitteln nur in Ausnahmefällen nach Genehmigung durch die Landwirtschaftsbehörde. Es dürfen außerdem keine Meliorationsmaßnahmen mehr durchgeführt und keine Klärschlämme ausgebracht werden.
Abb. 19: Reduzierter Mineraldüngereinsatz auf Grünland	Reduzierung des Mineraldüngereinsatzes auf dem gesamten Grünland des Betriebes um 30 - 50 % auf z.B. 60 kg N, 80 kg P_2O_5 und 80 kg K_2O.
Abb. 22: Späte Schnittnutzung	Nicht vor dem 15.06. eines Jahres (regionale Anpassung möglich: 30.06., 10.07. oder 31.08.).
Abb. 23: Extensive Bewirtschaftung von Grünlandeinzelflächen	Kein Einsatz von Dünge- und Pflanzenschutzmitteln, niedriger Weidebesatz, extensive Beweidung (evt. Schafe u. Ziegen). Diese Wirtschaftsweise muß nicht auf dem gesamten Betriebszweig Grünland eines Betriebes angewendet werden.
Abb. 24: Pflege aufgegebener Flächen	Hierunter ist das Mulchen oder die Mahd und der Abtransport des Aufwuchses brachgefallener Flächen zu verstehen.
Abb. 25: 20-jährige Stillegung zur Biotopgestaltung	Langfristige Stillegung von Acker- und Grünlandflächen an ausgewählten Standorten zur Schaffung von Biotopen.
Abb. 26: Ackerrandstreifen (mehrjährig)	Mehrjähriger, genereller Verzicht auf jegliche Düngung und Pflanzenschutz auf Ackerrändern, mindestens 10 m breit.
Abb. 27: Uferrandstreifen (mehrjährig)	Wie Abb. 26, aber an Gewässern und auch auf Grünland möglich.
Abb. 28: Extensive Bewirtschaftung von Einzelflächen unter Vertragsnaturschutzbedingungen	Mindestens Auflagen wie Abb. 23, darüber hinausgehende individuelle Auflagen als Vertragsnaturschutz, diese Wirtschaftsweise wird von der Behörde nur an ausgewählten Standorten unterstützt.
Abb. 29: Streuobstwiesen	Extensive Nutzung durch Beweidung, mindestens Auflagen wie bei Abb. 19.
6.1.: Maßnahmen beruflicher Bildung von Landwirten	Beratungs- und Bildungsveranstaltungen, die die Landwirte mit den Prinzipien "umweltverträglicher Landwirtschaft" besser vertraut machen.
6.2.: Demonstrationsvorhaben	Einzelne Projekte mit Vorbildcharakter für eine umweltverträgliche Nutzung von Ressourcen im ländlichen Raum. Bspw. Nutzpflanzenanbau zur Energiegewinnung, Biogasanlagen, extensiv bewirtschaftete Pilotbetriebe sowie wissenschaftliche Begleitung der Projekte.

Wortlaut der auf den Agrarministerkonferenzen vom 1987 und 1993 beschlossenen:

- Grundsätze einer ordnungsgemäßen Landbewirtschaftung -

Vorbemerkung :

Die Sorge der Menschen um ihre natürlichen Lebensgrundlagen wird ständig größer. Eine stärkere Berücksichtigung ökologischer Belange bei grundsätzlichen Entscheidungen und im alltäglichen Handeln gewinnt zunehmend an Bedeutung.
Auch für die Landwirtschaft ergeben sich in diesem Zusammenhang schwerwiegende Probleme, insbesondere, da an sie aus Gründen der Vorsorge weitreichende Forderungen zum Schutz der Landschaft und Artenvielfalt, zum Schutz des Bodens und seiner Funktionen sowie zum Schutz des Grundwassers und der Oberflächengewässer zunehmend gestellt werden.
Es ist daher erforderlich, grundsätzlich Rahmen und Inhalt ordnungsgemäßen Handelns für denjenigen Bereich der Landwirtschaft abzustecken, der für die obengenannten Belange des Natur-, Boden- und Wasserschutzes von unmittelbarer Bedeutung ist und somit auch von Auflagen und Verboten betroffen sein kann.

I. Abgrenzung:

Der Begriff "Landbewirtschaftung" umfaßt diejenigen Bereiche der Landwirtschaft, die dem Acker- und Pflanzenbau einschließlich der Grünlandbewirtschaftung und der Sonderkulturen (Garten-, Hopfen- und Weinbau) zuzuordnen sind.

II. Zielformulierung:

Die ordnungsgemäße Landbewirtschaftung hat zum Ziel, gesundheitlich unbedenkliche und qualitativ hochwertige sowie kostengünstige landwirtschaftliche Produkte zu erzeugen. Dabei sind gleichzeitig die Bodenfruchtbarkeit und Leistungsfähigkeit des Bodens als natürliche Ressource nachhaltig zu sichern und gegebenenfalls zu verbessern.

III. Grundsätze:

Das vielfältige Zusammenwirken der unterschiedlichen Standortfaktoren auf die verschiedensten Ansprüche der Kulturpflanzen bei sich stets ändernden Bedingungen erlaubt es lediglich, Grundsätze einer ordnungsgemäßen Landbewirtschaftung zu formulieren.

1. Gestaltung der Feldflur (Agrarlandschaft):

Die naturbetonten Strukturelemente der Feldflur (Hecken, Feldgehölze, Feldraine, Ackerterassen u.a.) sind auch wegen ihrer günstigen abiotischen (Boden, Kleinklima und Wasserhaushalt) und biotischen (Nützlinge) Wirkung zu erhalten und zu entwickeln.

2. Bodenbearbeitung:

Die Bodenbearbeitung hat unter Berücksichtigung der Witterung und grundsätzlich standortangepaßt so zu erfolgen, daß die Bodenstruktur möglichst günstig beeinflußt, das Bodenleben geschont und gefördert, Erosionsrisiken gemindert und schädliche Bodenverdichtungen vermieden werden.

3. Anbau und Bodennutzung:

Ordnungsgemäße pflanzenbauliche Maßnahmen zielen grundsätzlich auf einen standortgerechten Anbau der Kulturpflanzen ab. Die Fruchtfolgegestaltung soll dazu dienen, die Bodenfruchtbarkeit nachhaltig zu sichern sowie unerwünschte Pflanzen und Schadorganismen abzuwehren.
Soweit möglich, ist mit Untersaaten und Zwischen-Fruchtanbau dem Stickstoffaustrag und der Erosion entgegenzuwirken. Auch die Erhaltung des Grünlandes auf erosionsgefährdeten Hanglagen, in überschwemmungsgefährdeten Flußauen sowie zusätzliche erosionsmindernde Wirtschaftsweisen auf gefährdeten Ackerstandorten sind zur Minderung ökologischer und ökonomischer Schäden erforderlich.
Bei der Sortenwahl ist neben den Qualitäts- und Ertragsaspekten auch den Resistenzeigenschaften Beachtung zu schenken.

4. Pflanzenernährung (Düngung):

Die Düngung ist nach Art und Menge auf die Sicherung des Nährstoffbedarfs der Pflanze unter Berücksichtigung der verfügbaren Nährstoffe im Boden auszurichten; z. B. nach Maßgabe von Boden- oder Pflanzenuntersuchungen; oder nach Berechnung auf der Grundlage regelmäßiger schlagspezifischer Aufzeichnungen. Beim Einsatz von Mineraldünger sind der jeweilige Nährstoffbedarf der Pflanze sowie die nutzbaren Nährstoffe der Wirtschaftsdünger, der

Ernterückstände, der Gründüngung und der aufgebrachten Siedlungsabfälle zu berücksichtigen.
Auf die Sicherung des Humusgehaltes und auf ausreichende Kalkversorgung des Bodens ist zu achten.
Die Ausbringung von Düngemitteln muß sachgemäß und mit funktionsgerechtem Gerät erfolgen.

5. Pflanzenschutz:

Gute fachliche Praxis im Pflanzenschutz bedeutet, daß die Anwendung chemischer Pflanzenschutzmittel auf das notwendige Maß beschränkt wird. Dabei sind vorrangig biologische, biotechnische, pflanzenzüchterische sowie anbau- und kulturtechnische Maßnahmen zu nutzen.

Werden chemische Pflanzenschutzmittel angewandt, so hat dies durch sachkundige Personen bestimmungsgemäß und sachgerecht zu erfolgen; Schadensschwellen sind zu beachten. Beeinträchtigungen aus Abdrift und Abschwemmung sind zu vermeiden. Für eine einwandfreie Funktion der Geräte sowie eine sachgerechte Beseitigung von Resten und leeren Behältern ist zu sorgen.

6. Tierhaltung:

Schädliche Umweltwirkungen durch die Tierhaltung sind zu vermeiden.
Um eine flächengebundene, umweltverträgliche Tierhaltung sicherzustellen, ist der Tierbestand der Fläche anzupassen. Beim Einsatz von Wirtschaftsdüngern ist die "gute fachliche Praxis" der Düngung zu berücksichtigen.
Mit 'Wirtschaftsdüngern tierischer Herkunft einschließlich der durch die Tiere bei Beweidung hinterlassenen Nährstoffmengen darf grundsätzlich nicht mehr Stickstoff zugeführt werden, als von der jeweiligen Fläche mit dem Erntegut abgefahren bzw. durch Weidetiere tatsächlich aufgenommen wird.
Bei der Fütterung soll der Nährstoffbedarf der Tiere Berücksichtigung finden. Eine Überversorgung, insbesondere mit Rohprotein und Phosphor ist im Hinblick auf eine Reduzierung der Stickstoff- und Phosphorgehalte in den tierischen Exkrementen zu vermeiden.
Bei der Behandlung, Lagerung und Ausbringung von Wirtschaftsdüngern tierischer Herkunft sollen durch produktionstechnische und bauliche Maßnahmen die Emission von Ammoniak und auch mögliche andere Belastungen begrenzt werden.
Für Wirtschaftsdünger tierischer Herkunft ist ausreichender Lagerraum zu schaffen, um diese Stoffe entsprechend den Regeln ordnungsgemäßer Düngung ausbringen zu können.
Die Aussagen über die Ausbringung von Wirtschaftsdüngern gelten auch für Siedlungsabfälle in flüssiger und fester Form.

7. Anlage von Feldmieten für Gärfutter, Festmist und Mistkomposte:

Feldmieten dürfen nicht zur Beeinträchtigung von Oberflächengewässern oder Grundwasser führen. Zu oberirdischen Gewässern sind deshalb angemessene Abstände einzuhalten. In natürlichen Überschwämmungsgebieten dürfen Feldmieten nicht angelegt werden, ebenso sollen hängige Flächen gemieden werden.
Feldmieten sollen nach Möglichkeit nur auf bindigen, tiefgründigen Böden außerhalb des Einflußbereichs des Grundwassers angelegt werden. Außerdem sollte der Standort jährlich gewechselt werden.

8. Beregnung:

Beregnung kann durch Stabilisierung der Erträge die Nährstoffentzüge erhöhen und damit Restnitratmengen nach der Ernte vermindern. Ebenso können durch Beregnung die durch die Trockenheit mit anschließender Wiederbefeuchtung bedingten Mineralisationsschübe ausgeglichen und damit ein Nitrataustrag vermindert werden.
Zeitpunkt und Höhe von Beregnungsgaben ergeben sich aus dem Witterungsverlauf, der Feldkapazität des Bodens und dem Wasserbedarf der Kulturen.
Wasser- und energiesparende Bewässerungstechniken sind - soweit verfügbar - zu bevorzugen.

Anmerkungen:

Bei der Bewertung des Einzelfalls ist zu bedenken, daß der Landwirt bei seinen Entscheidungen über die Wahl der zum Anbau anstehenden Früchte und der Fruchtfolge den vorgegebenen Rahmenbedingungen des Marktes unterworfen ist. Unbeschadet dessen hat der Landwirt seine Bewirtschaftungsmaßnahmen - unterstützt durch Beratungs- und Versuchswesen sowie sonstige Hilfen - so zu gestalten, daß sie ökologischen und ökonomischen Belangen soweit wie möglich gerecht werden.

Bildung von Maßnahmengruppen

Maßnahmengruppe 0: Missing value, keine Berücksichtigung

K81 Teichwirtschaft	Bayern
K40 Aufrechterhaltung der Grünlandnutzung	Bayern
Teichpflege	Sachsen
ZFII-Begrünung Stillegungsflächen	Sachsen
A3 Verzicht, außer Qualitätsdüngung Brotgetreide	Thüringen

Quelle: Eigene Zuordnung auf Grundlage der Länderprogramme 1996

Maßnahmengruppe 2a: Integrierter Ackerbau

Umweltbezogene Grundförderung	Bayern
Umweltbezogene Grundförderung	Sachsen
Kontrolliert-integrierter Ackerbau A7	Thüringen

Quelle: Eigene Zuordnung auf Grundlage der Länderprogramme 1996

Maßnahmengruppe 2b: Integrierter Acker- u. Dauerkulturanbau

Integriert kontrollierte Wirtschaftsweise	Rheinland-Pf.

Quelle: Eigene Zuordnung auf Grundlage der Länderprogramme 1996

Maßnahmengruppe 3: Integrierter Dauerkultur- und Gemüsebau

Steillagenweinbau 10	Baden-Württ.
Integrierter Gemüsebau	Brandenburg
Integrierter Obstbau (Varianten)	Brandenburg
Integrierter Obstbau	Hamburg
Förderung integr.-kontr. Gemüseproduktion	Mecklenburg-V.
Förderung integr.-kontr. Obstproduktion	Mecklenburg-V.
Intergrierter Anbau von Gemüse	Sachsen
Kontrolliert-integr. Anbau von Obst	Sachsen
Kontrolliert-umweltschonender Weinbau	Sachsen
Kontrolliert-integrierter Anbau von Hopfen	Sachsen
A4 Kontrolliert integrierter Anbau bei Feldgemüse oder Dauerkulturen	Thüringen

Quelle: Eigene Zuordnung auf Grundlage der Länderprogramme 1996

Maßnahmengruppe 4: Organische Bewirtschaftung von Ackerland

K11 Ackerland-1	Bayern
K11 Ackerland-2	Bayern
K12 Ackerland-1	Bayern
K12 Ackerland-2	Bayern
Ökologischer Landbau Acker Beibehaltung	Berlin
Ökol. Landbau AL	Niedersachsen
Einführung des ökologischen Landbaus Acker	Nordrhein-W.
Beibehaltung des ökologischen Landbaus Acker	Nordrhein-W.
ÖL Einf. Acker	Rheinland-Pf.
ÖL Einf. Ausgleichsflächen	Rheinland-Pf.
ÖL Beib. Acker	Rheinland-Pf.
ÖL Beib. Ausgleichsflächen	Rheinland-Pf.
Ökologischer Landbau-Umstellung	Sachsen

Ökol. Anbau-Acker-MO-Flächen (Code: 104)	Sachsen-Anh.
Ökol. Anbau-Acker-keine MO-Flächen (Code: 207)	Sachsen-Anh.
A1 Gesamtbetr. nach Krite. des ökol. Landb. AL	Thüringen

Quelle: Eigene Zuordnung auf Grundlage der Länderprogramme 1996

Maßnahmengruppe 5a: Organische Bewirtschaftung von Grünland

K11 Grünland	Bayern
K11 komb. mit K51 bis K56	Bayern
K11 komb. mit K65	Bayern
K11 komb. mit K66	Bayern
K12 Grünland	Bayern
K12 komb. mit K51 bis K56	Bayern
K12 komb. mit K65	Bayern
K12 komb. mit K66	Bayern
Ökol. Landbau GL	Niedersachsen
Einführung des ökologischen Landbaus DGL	Nordrhein-W.
Beibehaltung des ökologischen Landbaus DGL	Nordrhein-W.
Ökol. Anbau Grünland (Code: 221)	Sachsen-Anh.
A1 Gesamtbetr. nach Krite. des ökol. Landb. GL	Thüringen

Quelle: Eigene Zuordnung auf Grundlage der Länderprogramme 1996

Maßnahmengruppe 5b: Organische Bewirtschaftung Acker- u. Grünland

Öko. Anbau Grün/Acker. 13	Baden-Württ.
Öko. Anbau Grün/Acker. 10	Baden-Württ.
Ökolandbau Form L1	Brandenburg
Ökolandbau AL/GL Einführung	Hamburg
Ökolandbau AL/GL Beibehaltung	Hamburg
Ökolog.bewirtschf. restliche LF in ha	Mecklenburg-V.
Ökologischer Landbau	Schleswig-H.

Quelle: Eigene Zuordnung auf Grundlage der Länderprogramme 1996

Maßnahmengruppe 6a: Organischer Dauerkultur- u. Gemüseanbau

Ökol. Anbau Dauerk. 60	Baden-Württ.
Ökol. Anbau Dauerk. 50	Baden-Württ.
K28 Dauerkulturen	Bayern
K84 Weinbau	Bayern
K82 Weinbau	Bayern
K11 Dauerkulturen	Bayern
K12 Dauerkulturen	Bayern
K11 komb. mit K82	Bayern
Ökolandbau FormL2	Brandenburg
Ökolandbau Dauerkultur Einführung	Hamburg
Ökolandbau Dauerkultur Beibehaltung	Hamburg
Ökol. Landbau DK	Niedersachsen
Verzicht Dünger und PS, DK	Nordrhein-W.
Einführung des ökologischen Landbaus DK	Nordrhein-W.
Einführung des ökologischen LandbausGemüse	Nordrhein-W.
Beibehaltung des ökologischen Landbaus DK	Nordrhein-W.
Beibehaltung des ökologischen Landbaus Gemüse	Nordrhein-W.
ÖL Einf. Obst	Rheinland-Pf.

ÖL Einf. Wein m.S.	Rheinland-Pf.
ÖL Einf. Wein o.S.	Rheinland-Pf.
ÖL Beib. Obst	Rheinland-Pf.
ÖL Beib. Wein m.S.	Rheinland-Pf.
ÖL Beib. Wein o.S.	Rheinland-Pf.
Gemüsebau-Betrieb in Umstellung	Sachsen
Obstbau-Betrieb in Umstellung	Sachsen
Ökologischer Obstbau-anerkannter Betrieb	Sachsen
Weinbaubetrieb in Umstellung	Sachsen
Ökologischer Gemüseanbau-anerkannter Betrieb	Sachsen
Biolog./biotechn PSM Dauerkulturen (Code: 601)	Sachsen-Anh.
Biolog./biotechn PSM Gemüse (Code: 602)	Sachsen-Anh.
Ökol. Anbau in Dauerkult. (Code: 505)	Sachsen-Anh.
A1 Gesamtbetr. nach Krite. des ökol. Landb. DK	Thüringen

Quelle: Eigene Zuordnung auf Grundlage der Länderprogramme 1996

Maßnahmengruppe 6b: Organische Bew. Acker-, Grünland u. Dauerkulturen

ÖL Einf., davon mit Verbandsanschluß	Hessen
ÖL Einf., davon ohne Verbandsanschluß	Hessen
ÖL Beib., davon mit Verbandsanschluß	Hessen
ÖL Beib., davon ohne Verbandsanschluß	Hessen

Quelle: Eigene Zuordnung auf Grundlage der Länderprogramme 1996

Maßnahmengruppe 7: Verzicht auf Herbizide im Ackerbau

Herbizidverzicht 5	Baden-Württ.
K30 komb. mit K35-1	Bayern
K30 komb. mit K35-2	Bayern
K35-1	Bayern
K35-2	Bayern
Herbizidverzicht im Acker-und Obstbau	Berlin
Ext. Ackerbau C1	Brandenburg
Ext. Dauerkulturen C2	Brandenburg
Ext.Dauerkulturen (Obst) C3	Brandenburg
Einf. AC/DK ohne Herbizide	Hessen
Einf. ext. Ackerbau u. Grünlandn.: AC/DK ohne H.	Hessen
Beib. Extensiver Ackerbau; AC/DK ohne Herbizide	Hessen
Beib. ext. Ackerbau u. Grünlandn.: AC/DK ohne H.	Hessen
Verzicht auf chem. Düngung/Herbizide AL	Niedersachsen
Verzicht auf chem. Düngung/Herbizide DK	Niedersachsen
Verzicht auf Herbizide, AL	Nordrhein-W.
Verzicht auf Herbizide, Obst	Nordrhein-W.
Verzicht auf Herbizide, DK	Nordrhein-W.
Verzicht auf Herbizide-Acker-MO-Fl. (Code: 103)	Sachsen-Anh.
Verzicht auf Herbizide-Acker-keine MO-Fl. (Code: 203)	Sachsen-Anh.
Verzicht auf Herbizide-Obstkulturen (Code: 503)	Sachsen-Anh.
Verzicht auf Herbizide-Dauerkulturen (Code: 504)	Sachsen-Anh.
A2 Verzicht auf Herbizide in Betriebszweigen AL	Thüringen
A2 Verzicht auf Herbizide in Betriebszweigen Obst	Thüringen
A2 Verzicht auf Herbizide in Betriebszweigen Dk	Thüringen

Quelle: Eigene Zuordnung auf Grundlage der Länderprogramme 1996

Maßnahmengruppe 8: Verzicht auf Mineraldünger im Ackerbau

K30 komb. mit K36-1	Bayern
K30 komb. mit K36-2	Bayern
K36-1	Bayern
K36-2	Bayern
Ext. Ackerbau B1	Brandenburg
Ext. Dauerkulturen B2	Brandenburg
Einf. AC/DK ohne MinDue	Hessen
Einf. ext. Ackerbau u. Grünl.: AC/DK ohne min. Due	Hessen
Beib. Extensiver Ackerbau; AC/DK ohne min. Düng.	Hessen
Beib. Extensiver Ackerb. u. Grünl.: AC/DK ohne Düng.	Hessen
Verzicht chemisch-synthetische Dünger, AL	Nordrhein-W.
Verzicht chemisch-synthetische Dünger, DK	Nordrhein-W.
V. auf chem.-synth. DM-Acker-MO Fl. (Code: 102)	Sachsen-Anh.
V. auf chem.-synth. DM-Acker-keine MO Fl. (C.: 202)	Sachsen-Anh.
V. auf chem.-synth. DM-Dauerkulturen (Code: 502)	Sachsen-Anh.

Quelle: Eigene Zuordnung auf Grundlage der Länderprogramme 1996

Maßnahmengruppe 9: Verzicht auf Mineraldünger u. PSM im Ackerbau

Völliger Verzicht 8	Baden-Württ.
K28 Ackerland-1	Bayern
K28 Ackerland-2	Bayern
K30 komb. mit K37-1	Bayern
K30 komb. mit K37-2	Bayern
K37-1	Bayern
K37-2	Bayern
Ext. Ackerbau A1	Brandenburg
Ext. Dauerkulturen A2	Brandenburg
Verzicht Dünger und PS, AL	Nordrhein-W.
V. auf chem.-synth. DM/PM-Acker-MO Fl. (C.: 101)	Sachsen-Anh.
V. auf chem.-synth. DM/PM-AC-keine MO Fl. (C.: 201)	Sachsen-Anh.
V. auf chem.-synth. DM/PM-Dauerkulturen (C.: 501)	Sachsen-Anh.

Quelle: Eigene Zuordnung auf Grundlage der Länderprogramme 1996

Maßnahmengruppe 10: Verzicht auf Wachstumsregulatoren im Ackerbau

Verzicht bei Weizen 10	Baden-Württ.
Verzicht bei Roggen 6	Baden-Württ.
ZFI-Hackfrüchte	Sachsen
ZFI-übrige Fruchtarten	Sachsen

Quelle: Eigene Zuordnung auf Grundlage der Länderprogramme 1996

Maßnahmengruppe 11: Umweltgerechte Gülleausbringung Acker

keine Daten

Maßnahmengruppe 12: Erweiterung des Drillreihenabstandes

Drillreihenabstand 6	Baden-Württ.

Quelle: Eigene Zuordnung auf Grundlage der Länderprogramme 1996

Maßnahmengruppe 13: Mulchsaatverfahren

Mulchsaat 6	Baden-Württ.
ZFII-Mulchsaat im Herbst	Sachsen
ZFII-Mulchsaat im Frühjahr	Sachsen

Quelle: Eigene Zuordnung auf Grundlage der Länderprogramme 1996

Maßnahmengruppe 14: Untersaaten / Stoppelsaaten

Begrünung 7	Baden-Württ.
Teilbegrünung (40%) 2,8	Baden-Württ.
Teilbegrünung (70%) 4,9	Baden-Württ.
K80 Stoppelbrache	Bayern
Bodensch. Bewirtschaftung D1	Brandenburg
Bodensch. Bewirtschaftung D2	Brandenburg
Bodensch. Bewirtschaftung D3	Brandenburg
ZFII-Ansaat von Zwischenfrüchten	Sachsen
ZFII-Untersaaten / Mais	Sachsen

Quelle: Eigene Zuordnung auf Grundlage der Länderprogramme 1996

Maßnahmengruppe 15: Mindestens viergliedrige Fruchtfolge

K30 - Fruchtfolge-1	Bayern
K30 - Fruchtfolge-2	Bayern
A5 Ökol. Vielfalt durch Anbau von Extensivkulturarten	Thüringen

Quelle: Eigene Zuordnung auf Grundlage der Länderprogramme 1996

Maßnahmengruppe 16: Umwandlung von Ackerland in ext. Grünland

Ext. Grünland G3	Brandenburg
Umwandlung Acker in ext. GL (Wirtschaftsbehörde)	Hamburg
1.1.1 Umwandlung AL-ext. GL	Hessen
Umwandlung AL-GL	Mecklenburg-V.
Flächenbezogene Grünlandext. Umwandlung AL-GL	Nordrhein-W.
Umwandlung Acker in ext. GL	Saarland
Umwandlung Ackerland in Grünland	Sachsen
Umwandlung von Ackerflächen in extensives Grünland	Sachsen-Anh.
5.4.a)bb): VTN Umwandlung AL-ext. GL	Sachsen-Anh.
Umwandlung Acker in Extensivgrünland	Schleswig-H.
B4 Umwandlung Ackerl. in Grünl. und ext. Nutzung	Thüringen

Quelle: Eigene Zuordnung auf Grundlage der Länderprogramme 1996

Maßnahmengruppe 17: Haltung von Rinder- u. Schafbest. mit < 1,4 RGV/HFF

Grünland bis 1,2 RGV 5	Baden-Württ.
Extens. Dauergrünland 8	Baden-Württ.
Grünland feucht und naß 5	Baden-Württ.
K41 Ext. Weidenutzung	Bayern
K65 Steilhangwiese	Bayern
K66 Steilhangwiese	Bayern
K68 Gemeinsch.alm	Bayern
K71 Privatalm	Bayern
K72 Gemeinschalm	Bayern
K74 Privatalm	Bayern

K88 Donaumoos-1	Bayern
K88 Donaumoos-2	Bayern
Ext. Grünland G1	Brandenburg
Ext. Grünland G2	Brandenburg
Einhaltung < 1,4 RGV/ha HFF	Bremen
Aufstockung der Fläche bei gegebenen Viehbestand	Bremen
Ext. Dauergrünland (Wirtschaftsbehörde)	Hamburg
Einf. Ext. Grünlandnutzung	Hessen
Einf. Extensiver Ackerbau u. Grünlandn.: Ext.GL	Hessen
Beib. Ext. Grünlandnutzung	Hessen
Beib. Extensiver Ackerbau u. Grünlandn.: Ext.GL	Hessen
übriges extensiv genutztes Grünlnad	Mecklenburg-V.
Extensives Grünland	Niedersachsen
Extensivierung durch Verringerung der RGV	Nordrhein-W.
Extensivierung durch Grünlandaufstockung	Nordrhein-W.
Flächenbezogene Grünlandext. Beibehaltung	Nordrhein-W.
Grünlandvariante 1	Rheinland-Pf.
Extensivgrünland Einhaltung < 0,7 - 1,4 GV/ha	Saarland
extensive Weidenutzung	Sachsen
Beibehaltung Grünlandnutzung	Sachsen
Pensionsweidehaltung	Sachsen
Einhaltung einer ext. Dauergrünlandbew. (Code: 220)	Sachsen-Anh.
5.4.a)aa): VTN Grünland	Sachsen-Anh.
5.4.a)cc): VTN-Pensionsweide	Sachsen-Anh.
Extensivierung von Grünland - Einführung	Schleswig-H.
Extensivierung von Grünland - Beibehaltung	Schleswig-H.
B1 Einhaltung < 1,4 RGV / HFF, Verzicht auf PSM	Thüringen
B2 Extensive Weidenutzung, kein Zukauf org. Dünger	Thüringen

Quelle: Eigene Zuordnung auf Grundlage der Länderprogramme 1996

Maßnahmengruppe 18: Reduzierter Mineraldüngereinsatz auf Grünland

Grünland über 1,2 RGV	Baden-Württ.
Grünlandnutzung mit reduziertem Mittelaufwand	Sachsen

Quelle: Eigene Zuordnung auf Grundlage der Länderprogramme 1996

Maßnahmengruppe 19: Verzicht auf Mineraldünger u. PSM auf Grünland

K28 Grünland	Bayern
K28 komb.mit K51 bis K56	Bayern
K28 komb.mit K65	Bayern
K28 komb.mit K66	Bayern
K42 Düngerverzicht	Bayern
K86 Donaumoos	Bayern
1.1.2a Extensivgrünland Totalverzicht	Hessen
1.1.2ac Extensivgrünland Totalverzicht+Spätschnitt	Hessen

Quelle: Eigene Zuordnung auf Grundlage der Länderprogramme 1996

Maßnahmengruppe 20: Umweltgerechte Gülleausbringung Grünland

keine Daten

Maßnahmengruppe 21: Späte Schnittnutzung auf Grünland

K51 bis K56 Schnittzeitpkt.	Bayern
späte Schnittnutzung I	Sachsen
späte Schnittnutzung II	Sachsen
B3 u. C4 Extensg. von Wiesen mit Schnittzeitauflage	Thüringen

Quelle: Eigene Zuordnung auf Grundlage der Länderprogramme 1996

Maßnahmengruppe 22: Ext. Bewirtschaftung von Grünlandeinzelflächen

Grünlandnutzung über 25 % Neigung	Baden-Württ.
Donaumoos	Bayern

Quelle: Eigene Zuordnung auf Grundlage der Länderprogramme 1996

Maßnahmengruppe 23: Pflege aufgegebener Flächen

Landschaftspflege-GL M	Brandenburg
Landschaftspflege-GL N	Brandenburg
1.1.3 Pflege aufgegeb. Flächen (meist GL)	Hessen
Pflege aufgegebener Flächen	Saarland
davon Acker	Saarland
davon Grünland	Saarland
davon Dauerkulturen	Saarland
Pflege aufgegebener ldw. Flächen	Sachsen
5.4.c)aa): VTN-Pflege aufgegeb. Flächen - Mahd	Sachsen-Anh.
C6 Pflege aufgegebener ldw. Nutzflächen	Thüringen

Quelle: Eigene Zuordnung auf Grundlage der Länderprogramme 1996

Maßnahmengruppe 24: 20-jährige Stillegung zur Biotopgestaltung

K91 Ackerland	Bayern
K96 Grünland	Bayern
20jährige Stillegung von Ackerflächen	Niedersachsen
20 jährige ökologische Stillegung	Rheinland-Pf.
20jährige Ackerstillegung	Sachsen
C2 20-jährige Stillegung von Ackerland	Thüringen

Quelle: Eigene Zuordnung auf Grundlage der Länderprogramme 1996

Maßnahmengruppe 25: Mehrjährige Ackerrandstreifen

1.1.7 Ackerrandstreifen/Feldraine	Hessen
Ackerwildkräuterprogramm	Nordrhein-W.
Ackerrandstreifen	Rheinland-Pf.
Extensive Bewirtschaftung Ackerrandstreifen	Sachsen
Ackerrandstreifenprogramme (Code: 0)	Sachsen-Anh.
Ackerbrache	Schleswig-H.
Ackerwildkräuter	Schleswig-H.
C1 Extensive Bewirtschaftung von Ackerrandstreifen	Thüringen
C7 Schaffung von Zwischenstrukturen durch Acker.str.	Thüringen

Quelle: Eigene Zuordnung auf Grundlage der Länderprogramme 1996

Maßnahmengruppe 26: Mehrjährige Uferrandstreifen

Gewässerauenprogramm	Nordrhein-W.
Uferrandstreifen	Nordrhein-W.
Uferrandstreifen	Schleswig-H.

Quelle: Eigene Zuordnung auf Grundlage der Länderprogramme 1996

Maßnahmengruppe 27: Verzicht auf Düngung u. PSM in umwelts. Bereichen

K83 Abtsdorf. See	Bayern
K30 komb. mit K38-1	Bayern
K30 komb. mit K38-2	Bayern
K38-1	Bayern
K38-2	Bayern

Quelle: Eigene Zuordnung auf Grundlage der Länderprogramme 1996

Maßnahmengruppe 28: Einzelflächen unter Vertragsnaturschuz

Feucht-/Naßbiotope 15	Baden-Württ.
Mager-/Trockenbiotope 10	Baden-Württ.
Sonderbiotope	Baden-Württ.
K92 bis K94 Grünland	Bayern
K87 Donaumoos	Bayern
Überfl.GL:Form1	Brandenburg
Überfl.GL:Form2	Brandenburg
Spreewald-GL S1 - S5	Brandenburg
Wiesen- u. Weidenökos.; erweiterter Grundschutz	Bremen
Grünlandschutz (Umweltbehörde)	Hamburg
Naturschutzgerechte Grünlandnutzung	Mecklenburg-V.
Feuchtgrünlandschutzprogramm	Niedersachsen
Kooperationmodell Sieben Berge / Sackwald	Niedersachsen
Feuchtwiesenschutz	Nordrhein-W.
Mittelgebirgsprogramm (ab 200 m. über NN)	Nordrhein-W.
Kulturlandschaftsprogramm	Nordrhein-W.
Grünlandvariante 2	Rheinland-Pf.
Grünlandvariante 3	Rheinland-Pf.
5.4.b)aa): VTN-DK-Weinberge	Sachsen-Anh.
5.4.d)aa): VTN-Stoppelbrache/Hamster	Sachsen-Anh.
5.4.d)bb): VTN-Großtrappe	Sachsen-Anh.
5.4.d)cc): VTN-Ackerwildkräuter	Sachsen-Anh.
5.4.d)dd): VTN-Gewässerrandstreifen	Sachsen-Anh.
C3 Extensive Weidenutzung, Mager-, Trockenstd.	Thüringen
Wiesen- u. Weidenökosystemschutz	Schleswig-H.
Sumpfdotterblumenwiesen	Schleswig-H.
Kleinseggenwiesen	Schleswig-H.
Trockenes Magergrünland	Schleswig-H.

Quelle: Eigene Zuordnung auf Grundlage der Länderprogramme 1996

Maßnahmengruppe 29: Streuobstwiesenbewirtschaftung

K76 Streuobstbau	Bayern
K76 Streuobstbau	Bayern
Streuobstbestände 10	Baden-Württ.

Erhaltung/Pflege von Streuobstwiesen	Brandenburg
Streuobst	Sachsen
5.4.b)bb): VTN-Streuobstwiesen	Sachsen-Anh.
5.4.c)bb): VTN-Pflege aufgegeb. Flächen - Streuobst	Sachsen-Anh.
C5 Pflege von Streuobstbeständen	Thüringen
Obstwiesen	Schleswig-H.

Quelle: Eigene Zuordnung auf Grundlage der Länderprogramme 1996

Maßnahmengruppe 30: Schutzpflanzungen und Feldgehölze

keine Daten

FSC
www.fsc.org
MIX
Papier | Fördert gute Waldnutzung
FSC® C083411

Kolibri 360 GmbH
Ferdinand-Jühlke-Straße 7
99095 Erfurt, Deutschland
produktsicherheit@kolibri360.de

Druck:
CPI Druckdienstleistungen GmbH
im Auftrag der
Kolibri 360 GmbH
Ferdinand-Jühlke-Str. 7
99095 Erfurt